建设工程造价指标案例分析系列丛书　住房和城乡建设领域“十四五”热点培训教材

建设工程造价指标案例分析
——房屋建筑工程

永道工程咨询有限公司
永 道 科 技 有 限 公 司　著

中国建筑工业出版社

图书在版编目（CIP）数据

建设工程造价指标案例分析 ：房屋建筑工程 / 永道工程咨询有限公司，永道科技有限公司著. — 北京 ：中国建筑工业出版社，2024.4

（建设工程造价指标案例分析系列丛书）

住房和城乡建设领域"十四五"热点培训教材

ISBN 978-7-112-29677-4

Ⅰ.①建⋯ Ⅱ.①永⋯ ②永⋯ Ⅲ.①房屋建筑设备-建筑安装工程-工程造价-技能培训-教材 Ⅳ.①TU723.3

中国国家版本馆 CIP 数据核字（2024）第 057270 号

责任编辑：周娟华

责任校对：赵 力

建设工程造价指标案例分析系列丛书 住房和城乡建设领域"十四五"热点培训教材

建设工程造价指标案例分析——房屋建筑工程

永道工程咨询有限公司
永 道 科 技 有 限 公 司 著

*

中国建筑工业出版社出版、发行（北京海淀三里河路 9 号）

各地新华书店、建筑书店经销

北京科地亚盟排版公司制版

北京君升印刷有限公司印刷

*

开本：787 毫米×1092 毫米 横 1/16 印张：18¼ 字数：440 千字

2024 年 6 月第一版 2024 年 6 月第一次印刷

定价：**88.00** 元

ISBN 978-7-112-29677-4

（42751）

如有内容及印装质量问题，请与本社读者服务中心联系

电话：（010）58337283 QQ：2885381756

（地址：北京海淀三里河路 9 号中国建筑工业出版社 604 室 邮政编码：100037）

本书主要内容包括各种类型的实际工程案例以及针对这些案例的造价指标分析，具体包括以下内容：工程概况表、工程造价指标分析表、工程造价及工程费用分析表、建筑装饰单方含量指标表、安装工程单方含量指标表、以图形化方式展示项目费用组成情况。内容丰富，实用性强。

本书可供从事工程造价领域的相关人员，包括造价工程师、工程师、建筑师、设计师等参考借鉴，也可作为院校师生研究和学习工程造价领域的参考书籍。

编制组成员

主　　审： 赖铭华　周舜英

主　　编： 周　成　庄承荣　林玉茹

副 主 编： 郑少雄　林日楠　杨雪珍　祝建红

编 制 人： 杨燕玲　江结真　郑则健　刘佳凯　宁赵容　徐静璇　周晓锋　庞天有　郑泽敏　吴天伟　张　宏

审 核 人： 秦真营　周明科　谢望平　王圣祥　杨文才　董礼伟

序

为响应党的二十大精神和全国住房城乡建设工作会议的倡议，广东省作为工程造价改革试点省份，正在紧锣密鼓推进工程造价改革工作，促进建筑业向高质量发展。工程造价改革工作方案提出：加快建立国有资金投资的工程造价数据库，按地区、工程类型、建筑结构等分类发布人工、材料、项目等造价指标指数，利用大数据、人工智能等信息化技术为概预算编制提供依据。继往开来，永道公司顺势而为，高度关注工程造价指标数据建设，积极推进大数据、人工智能技术应用于工程造价领域中，矢志建立工程造价数据库，致力搭建工程造价大数据平台。

建设工程造价指标是通过数字化技术测算、分析从而反映工程建设经济的一系列指标，它涵盖了建设项目投资指标、建安工程造价指标、单项工程造价指标、工程经济指标、主要工程量指标等多个方面，为建设项目的投资估算、预算编制和成本控制等提供重要的参考依据。工程造价指标具有综合性、动态性和可比性，有利于建设、咨询、施工等单位更好地评估项目价值、控制项目成本和研判市场行情。

随着科技的高速发展，利用先进的科技手段提高工程造价指标的准确性和推广应用已成为建筑业的迫切需求。本书的独特之处在于，它不仅提供了丰富的工程造价指标案例，更重要的是展示了科技助力深度挖掘和分析工程造价数据的成果，通过对大量数据的分析，揭示了工程造价指标背后的规律和趋势，为决策者提供了有力的数据支撑。

本书指标覆盖居住建筑等 8 类建筑物类型，所引用的工程造价指标数据均来源于永道公司，并采用永道公司自主研发的建设工程造价指标指数系统（ICII）进行收集和分析。ICII 是运用云计算、大数据和人工智能等科学技术开发而成的前沿科技产品，通过 ICII 可实现工程造价指标数据的沉淀，形成工程造价数据库，指导未来新建项目的投资决策，提高工程造价管控水平。

赖铭华（永道工程咨询/永道科技有限公司董事长）

前　　言

本书指标旨在为开展投资估算、设计概算、施工图预算、招标控制价、合同价、工程结算等业务活动提供参考。

科学技术是第一生产力。借力科技，推动建设工程造价数据的收集、分析和应用，是工程造价领域的未来发展方向。本书指标数据均采用永道公司自主研发的建设工程造价指标指数系统（ICII）进行数据收集、智能处理、自动生成和智慧输出。ICII 支持构建工程造价数据库，为建筑业提供有价值的数据分析和应用服务，既能复活历史建设项目投资数据，又推进建设投资数据的深度分析和推广应用，为建设项目投资决策提供科学依据，实现建设项目投资价值最大化。

本书指标主要包括居住建筑、办公建筑、卫生建筑、教育建筑、文化建筑、体育建筑、厂房建筑、其他建筑 8 类建筑物类型。

本书指标内容包括：工程概况表、建设项目投资指标表、工程造价指标分析表、工程造价及工程费用分析表、地下工程造价指标分析表、地下工程造价及工程费用分析表、室外配套工程造价指标分析表、室外配套工程造价及工程费用分析表、其他工程造价指标分析表、建筑工程含量指标表、安装工程含量指标表、项目费用组成图（专业造价占比图、造价形成占比图、费用要素占比图）等。

本书指标所称“国标 13 清单计价规范”是指《建设工程工程量清单计价规范》GB 50500—2013；“广东省 2010 系列定额”是指《广东省建设工程计价依据（2010）》系列定额；“广东省 2018 系列定额”是指《广东省建设工程计价依据（2018）》系列定额；“采价时间”是指案例工程采用的材料价格时期。

本书案例有限，存在数值四舍五入导致的误差问题，难免出现疏漏和不足之处，欢迎业界朋友多提出宝贵意见，如蒙雅正，不胜感激！

如有与本图书相关的问题或建议，欢迎您致电 020-38857288 或者发送邮件至：support@agt. cn。

目　　录

第一章 居住建筑

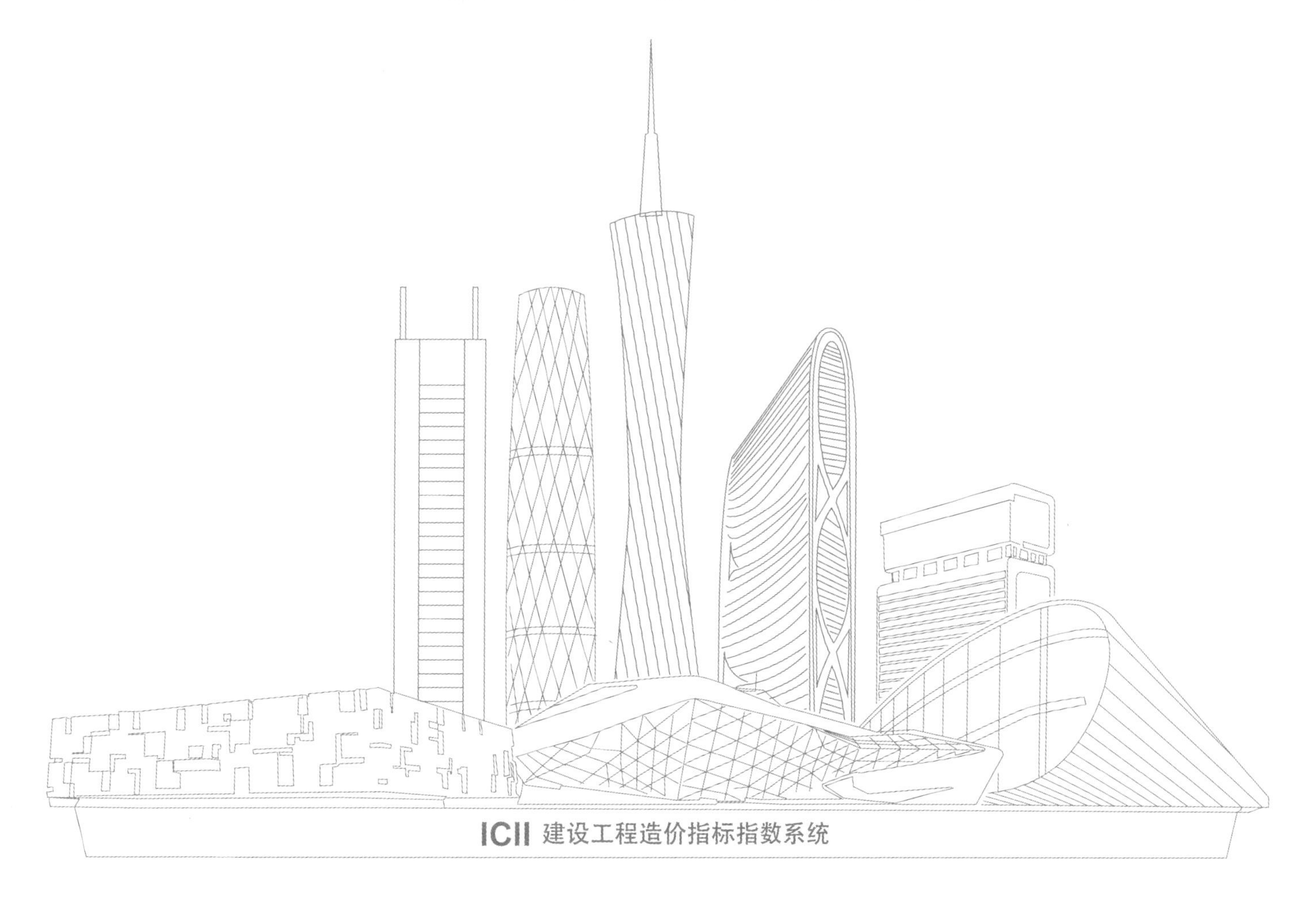

1. 高层住宅楼 1

工程概况表　　表 1-1-1

工程类别	住宅小区		计价依据	清单	国标 13 清单计价规范
工程所在地	广东省广州市			定额	广东省 2018 系列定额
建设性质	新建			其他	—
建筑面积（m^2）	合计	24019.73	计税形式		增值税
	其中：±0.00 以上	14502.81	采价时间		2019-4
	±0.00 以下	9516.92	工程造价（万元）		6041.63
人防面积（m^2）	—		单方造价（元/m^2）		2515.28
其他规模	室外面积（m^2）	—	资金来源		企业自筹
	其他规模	—			
建筑高度（m）	±0.00 以上	60.50	装修标准		初装
	±0.00 以下	12.50	绿色建筑标准		—
层数	±0.00 以上	9/17	装配率（%）		—
	±0.00 以下	2	文件形式		设计概算
层高（m）	首层	—	场地类别		—
	标准层	3.6	结构类型		框架-剪力墙
	顶层	—	抗震设防烈度		—
	地下室	5.3	抗震等级		—

本工程主要包含：
1. 建筑工程：土石方工程，桩基础工程，砌筑工程，钢筋混凝土工程，金属结构工程，门窗工程，屋面及防水工程，保温隔热防腐工程，模板工程，脚手架工程；
2. 装饰工程：楼地面工程，内墙面工程，天棚工程，外墙面工程，其他工程；
3. 安装工程：电气工程，给排水工程，通风空调工程，消防水工程，消防电工程，气体灭火工程，智能化（弱电）工程，电梯工程，抗震支架工程；
4. 其他工程：燃气工程

建设项目投资指标表

表 1-1-2

总建筑面积：24019.73m²，其中：地上面积（±0.00 以上）：14502.81m²，地下面积（±0.00 以下）：9516.92m²

序号	名称	金额（万元）	单位指标（元/m²）	造价占比（%）	备注
1	建筑安装工程费用	6041.62	2515.28	100.00	
1.1	建筑工程	4157.07	1730.69	68.81	
1.2	装饰工程	998.83	415.84	16.53	
1.3	安装工程	862.86	359.23	14.28	
1.4	其他工程	22.86	9.52	0.38	包含燃气工程等

地上工程造价指标分析表

表 1-1-3

地上面积（±0.00 以上）：14502.81m²

专业		工程造价（万元）	经济指标（元/m²）	总造价占比（%）	备注
建筑工程		1933.62	1333.28	62.31	
装饰工程		752.72	519.01	24.25	
安装工程		417.08	287.58	13.44	
合计		3103.42	2139.87	100.00	
建筑工程	砌筑工程	158.75	109.46	5.12	
	钢筋混凝土工程	686.15	473.12	22.11	
	金属结构工程	15.17	10.46	0.49	
	门窗工程	208.68	143.89	6.72	
	屋面及防水工程	102.38	70.59	3.30	
	保温隔热防腐工程	9.52	6.56	0.31	
	脚手架工程	138.46	95.47	4.46	
	模板工程	326.48	225.12	10.52	
	单价措施项目	79.91	55.10	2.57	
	总价措施项目	35.41	24.42	1.14	
	其他项目	13.05	9.00	0.42	
	税金	159.66	110.09	5.14	

续表

专业		工程造价（万元）	经济指标（元/m²）	总造价占比（%）	备注
装饰工程	楼地面工程	121.05	83.47	3.90	
	内墙面工程	124.13	85.59	4.00	
	天棚工程	8.07	5.56	0.26	
	外墙面工程	326.54	225.15	10.52	
	其他工程	40.31	27.80	1.30	
	总价措施项目	51.49	35.51	1.66	
	其他项目	18.97	13.08	0.61	
	税金	62.15	42.85	2.00	
安装工程	电气工程	88.48	61.01	2.85	
	给排水工程	42.67	29.42	1.37	
	通风空调工程	5.31	3.66	0.17	
	消防电工程	26.68	18.39	0.86	
	消防水工程	12.20	8.41	0.39	
	智能化（弱电）工程	31.95	22.03	1.03	
	电梯工程	134.27	92.58	4.33	
	措施项目	32.96	22.72	1.06	
	其他项目	8.12	5.60	0.26	
	税金	34.44	23.75	1.11	

地上工程造价及工程费用分析表

表 1-1-4

地上面积（±0.00 以上）：14502.81m²

工程造价分析												
工程造价组成分析	工程造价（万元）	单方造价（元/m²）	构成	分部分项工程费		措施项目费		其他项目费		税金		总造价占比（%）
				万元	占比（%）	万元	占比（%）	万元	占比（%）	万元	占比（%）	
建筑工程	1933.62	805.01		1180.65	61.06	580.27	30.01	13.05	0.67	159.66	8.26	62.31
装饰工程	752.72	313.37		620.10	82.38	51.49	6.84	18.97	2.52	62.15	8.26	24.25
安装工程	417.08	173.64		341.57	81.90	32.96	7.90	8.12	1.95	34.44	8.26	13.44
合计	3103.42	1292.03		2142.32	69.03	664.71	21.42	40.14	1.29	256.25	8.26	100.00

续表

<table>
<tr><th colspan="14">工程费用分析（分部分项工程费）</th></tr>
<tr><th colspan="2" rowspan="2">费用组成分析</th><th rowspan="2">分部分项工程费（万元）</th><th rowspan="24">构成</th><th colspan="2">人工费</th><th colspan="2">材料费</th><th colspan="2">机械费</th><th colspan="2">管理费</th><th colspan="2">利润</th></tr>
<tr><th>万元</th><th>占比（%）</th><th>万元</th><th>占比（%）</th><th>万元</th><th>占比（%）</th><th>万元</th><th>占比（%）</th><th>万元</th><th>占比（%）</th></tr>
<tr><td colspan="2">建筑工程</td><td>1180.65</td><td>172.39</td><td>14.60</td><td>914.50</td><td>77.46</td><td>14.00</td><td>1.19</td><td>42.49</td><td>3.60</td><td>37.28</td><td>3.16</td></tr>
<tr><td colspan="2">装饰工程</td><td>620.10</td><td>270.05</td><td>43.55</td><td>252.05</td><td>40.65</td><td>0.97</td><td>0.16</td><td>42.83</td><td>6.91</td><td>54.20</td><td>8.74</td></tr>
<tr><td colspan="2">安装工程</td><td>341.57</td><td>74.75</td><td>21.88</td><td>218.51</td><td>63.97</td><td>6.42</td><td>1.88</td><td>25.68</td><td>7.52</td><td>16.20</td><td>4.74</td></tr>
<tr><td colspan="2">合计</td><td>2142.32</td><td>517.19</td><td>24.14</td><td>1385.06</td><td>64.65</td><td>21.39</td><td>1.00</td><td>110.99</td><td>5.18</td><td>107.68</td><td>5.03</td></tr>
<tr><td rowspan="6">建筑工程</td><td>砌筑工程</td><td>158.75</td><td>40.22</td><td>25.33</td><td>104.39</td><td>65.76</td><td>—</td><td>—</td><td>6.09</td><td>3.84</td><td>8.04</td><td>5.07</td></tr>
<tr><td>钢筋混凝土工程</td><td>686.15</td><td>90.16</td><td>13.14</td><td>531.24</td><td>77.42</td><td>13.99</td><td>2.04</td><td>29.94</td><td>4.36</td><td>20.82</td><td>3.03</td></tr>
<tr><td>金属结构工程</td><td>15.17</td><td>6.85</td><td>45.13</td><td>5.89</td><td>38.82</td><td>—</td><td>—</td><td>1.06</td><td>7.00</td><td>1.37</td><td>9.05</td></tr>
<tr><td>门窗工程</td><td>208.68</td><td>10.10</td><td>4.84</td><td>195.08</td><td>93.48</td><td>—</td><td>—</td><td>1.48</td><td>0.71</td><td>2.02</td><td>0.97</td></tr>
<tr><td>屋面及防水工程</td><td>102.38</td><td>23.24</td><td>22.70</td><td>70.83</td><td>69.19</td><td>0.01</td><td>0.01</td><td>3.65</td><td>3.56</td><td>4.65</td><td>4.54</td></tr>
<tr><td>保温隔热防腐工程</td><td>9.52</td><td>1.84</td><td>19.33</td><td>7.04</td><td>74.02</td><td>—</td><td>—</td><td>0.27</td><td>2.79</td><td>0.37</td><td>3.86</td></tr>
<tr><td rowspan="5">装饰工程</td><td>楼地面工程</td><td>121.05</td><td>39.88</td><td>32.94</td><td>65.86</td><td>54.40</td><td>0.11</td><td>0.09</td><td>7.21</td><td>5.95</td><td>7.99</td><td>6.60</td></tr>
<tr><td>内墙面工程</td><td>124.13</td><td>52.94</td><td>42.65</td><td>52.41</td><td>42.22</td><td>0.02</td><td>0.01</td><td>8.17</td><td>6.58</td><td>10.59</td><td>8.53</td></tr>
<tr><td>天棚工程</td><td>8.07</td><td>1.95</td><td>24.14</td><td>5.43</td><td>67.27</td><td>0.01</td><td>0.09</td><td>0.29</td><td>3.65</td><td>0.39</td><td>4.85</td></tr>
<tr><td>外墙面工程</td><td>326.54</td><td>165.53</td><td>50.69</td><td>101.74</td><td>31.16</td><td>0.37</td><td>0.11</td><td>25.72</td><td>7.88</td><td>33.18</td><td>10.16</td></tr>
<tr><td>其他工程</td><td>40.31</td><td>9.78</td><td>24.25</td><td>26.60</td><td>65.99</td><td>0.45</td><td>1.12</td><td>1.44</td><td>3.57</td><td>2.05</td><td>5.07</td></tr>
<tr><td rowspan="7">安装工程</td><td>电气工程</td><td>88.48</td><td>16.93</td><td>19.13</td><td>61.51</td><td>69.52</td><td>1.20</td><td>1.35</td><td>5.21</td><td>5.89</td><td>3.63</td><td>4.10</td></tr>
<tr><td>给排水工程</td><td>42.67</td><td>16.35</td><td>38.33</td><td>17.39</td><td>40.77</td><td>0.86</td><td>2.01</td><td>4.66</td><td>10.92</td><td>3.41</td><td>7.98</td></tr>
<tr><td>通风空调工程</td><td>5.31</td><td>0.92</td><td>17.34</td><td>3.90</td><td>73.49</td><td>0.04</td><td>0.69</td><td>0.26</td><td>4.87</td><td>0.19</td><td>3.61</td></tr>
<tr><td>消防电工程</td><td>26.68</td><td>7.61</td><td>28.53</td><td>15.06</td><td>56.44</td><td>0.23</td><td>0.87</td><td>2.21</td><td>8.28</td><td>1.57</td><td>5.88</td></tr>
<tr><td>消防水工程</td><td>12.20</td><td>1.67</td><td>13.68</td><td>9.47</td><td>77.59</td><td>0.19</td><td>1.58</td><td>0.50</td><td>4.09</td><td>0.37</td><td>3.05</td></tr>
<tr><td>智能化（弱电）工程</td><td>31.95</td><td>11.37</td><td>35.60</td><td>14.14</td><td>44.24</td><td>0.50</td><td>1.57</td><td>3.56</td><td>11.15</td><td>2.38</td><td>7.44</td></tr>
<tr><td>电梯工程</td><td>134.27</td><td>19.88</td><td>14.81</td><td>97.04</td><td>72.27</td><td>3.41</td><td>2.54</td><td>9.28</td><td>6.91</td><td>4.66</td><td>3.47</td></tr>
</table>

地下工程造价指标分析表

表 1-1-5

地下面积（±0.00 以下）：9516.92m^2

专业		工程造价（万元）	经济指标（元/m^2）	总造价占比（%）	备注
建筑工程		2223.45	2336.31	76.27	
装饰工程		246.12	258.61	8.44	
安装工程		445.79	468.42	15.29	
合计		2915.35	3063.34	100.00	
建筑工程	土石方工程	9.96	10.46	0.34	
	桩基础工程	426.68	448.34	14.64	
	砌筑工程	28.40	29.84	0.97	
	钢筋混凝土工程	1081.60	1136.50	37.10	
	金属结构工程	0.11	0.11	0.00	
	门窗工程	12.13	12.75	0.42	
	防水工程	175.08	183.97	6.01	
	保温隔热防腐工程	8.27	8.69	0.28	
	脚手架工程	33.67	35.38	1.15	
	模板工程	140.61	147.74	4.82	
	单价措施项目	47.74	50.16	1.64	
	总价措施项目	55.26	58.07	1.90	
	其他项目	20.36	21.39	0.70	
	税金	183.59	192.91	6.30	
装饰工程	楼地面工程	90.01	94.57	3.09	
	内墙面工程	70.80	74.40	2.43	
	天棚工程	9.90	10.40	0.34	
	其他工程	32.99	34.67	1.13	
	总价措施项目	16.14	16.96	0.55	
	其他项目	5.95	6.25	0.20	
	税金	20.32	21.35	0.70	

续表

专业		工程造价（万元）	经济指标（元/m²）	总造价占比（%）	备注
安装工程	电气工程	69.99	73.55	2.40	
	给排水工程	28.39	29.83	0.97	
	通风空调工程	67.35	70.77	2.31	
	消防电工程	21.67	22.77	0.74	
	消防水工程	52.10	54.75	1.79	
	气体灭火工程	3.88	4.07	0.13	
	智能化（弱电）工程	24.07	25.29	0.83	
	抗震支架工程	76.42	80.29	2.62	
	措施项目	56.44	59.31	1.94	
	其他项目	8.67	9.11	0.30	
	税金	36.81	38.68	1.26	

地下工程造价及工程费用分析表

表 1-1-6

地下面积（±0.00 以下）：9516.92m²

工程造价分析

工程造价组成分析	工程造价（万元）	单方造价（元/m²）		分部分项工程费		措施项目费		其他项目费		税金		总造价占比（%）
				万元	占比（%）	万元	占比（%）	万元	占比（%）	万元	占比（%）	
建筑工程	2223.45	2336.31	构成	1742.22	78.36	277.28	12.47	20.36	0.92	183.59	8.26	76.27
装饰工程	246.12	258.61		203.70	82.77	16.14	6.56	5.95	2.42	20.32	8.26	8.44
安装工程	445.79	468.42		343.87	77.14	56.44	12.66	8.67	1.94	36.81	8.26	15.29
合计	2915.35	3063.34		2289.80	78.54	349.86	12.00	34.98	1.20	240.72	8.26%	100.00

工程费用分析（分部分项工程费）

费用组成分析	分部分项工程费（万元）		人工费		材料费		机械费		管理费		利润	
			万元	占比（%）	万元	占比（%）	万元	占比（%）	万元	占比（%）	万元	占比（%）
建筑工程	1742.22	构成	194.93	11.19	1329.75	76.32	95.93	5.51	63.44	3.64	58.18	3.34
装饰工程	203.70		79.81	39.18	91.98	45.15	5.16	2.53	10.08	4.95	16.68	8.19
安装工程	343.87		77.40	22.51	215.77	62.75	9.28	2.70	24.07	7.00	17.34	5.04
合计	2289.80		352.14	15.38	1637.51	71.51	110.37	4.82	97.59	4.26	92.20	4.03

续表

费用组成分析		分部分项工程费（万元）		人工费		材料费		机械费		管理费		利润	
				万元	占比（%）	万元	占比（%）	万元	占比（%）	万元	占比（%）	万元	占比（%）
建筑工程	土石方工程	9.96	构成	0.84	8.45	—	—	6.51	65.35	1.14	11.45	1.47	14.77
	桩基础工程	426.68		32.85	7.70	283.71	66.49	70.93	16.62	18.43	4.32	20.76	4.86
	砌筑工程	28.40		11.07	38.99	13.91	48.99	—	—	1.20	4.22	2.21	7.80
	钢筋混凝土工程	1081.60		104.76	9.69	898.37	83.06	18.42	1.70	35.41	3.27	24.63	2.28
	金属结构工程	0.11		0.02	14.54	0.07	73.32	0.01	6.15	0.01	5.99	—	—
	门窗工程	12.13		1.05	8.64	10.75	88.66	0.01	0.05	0.11	0.91	0.21	1.74
	防水工程	175.08		42.00	23.99	117.80	67.28	0.06	0.04	6.80	3.88	8.42	4.81
	保温隔热防腐工程	8.27		2.34	28.32	5.12	61.92	—	—	0.34	4.10	0.47	5.67
装饰工程	楼地面工程	90.01		30.11	33.45	49.68	55.19	0.16	0.18	4.01	4.45	6.05	6.73
	内墙面工程	70.80		38.00	53.67	20.92	29.54	0.09	0.12	4.18	5.90	7.62	10.76
	天棚工程	9.90		6.09	61.49	1.95	19.66	—	—	0.65	6.58	1.22	12.27
	其他工程	32.99		5.62	17.04	19.43	58.88	4.92	14.90	1.24	3.76	1.79	5.42
安装工程	电气工程	69.99		11.36	16.23	52.36	74.81	0.50	0.72	3.40	4.85	2.38	3.40
	给排水工程	28.39		6.42	22.61	17.11	60.27	1.14	4.00	2.21	7.80	1.51	5.32
	通风空调工程	67.35		17.94	26.63	40.37	59.94	0.41	0.61	4.96	7.37	3.67	5.45
	消防电工程	21.67		7.92	36.55	9.77	45.11	0.09	0.43	2.28	10.53	1.60	7.39
	消防水工程	52.10		12.97	24.89	31.46	60.39	1.10	2.11	3.76	7.21	2.81	5.40
	气体灭火工程	3.88		0.42	10.90	3.23	83.39	0.01	0.34	0.12	3.12	0.09	2.25
	智能化（弱电）工程	24.07		6.52	27.10	13.96	57.99	0.24	1.00	2.00	8.30	1.35	5.62
	抗震支架工程	76.42		13.85	18.13	47.49	62.15	5.80	7.59	5.34	6.99	3.93	5.14

其他工程造价指标分析表

表 1-1-7

总建筑面积：24019.73m^2

专业	工程造价（万元）	经济指标（元/m^2）	备注
燃气工程	22.86	9.52	
合计	22.86	9.52	

建筑工程含量指标表

表 1-1-8

总建筑面积：24019.73m^2，其中：地上面积（±0.00 以上）：14502.81m^2，地下面积（±0.00 以下）：9516.92m^2

部位	名称	单方含量	工程总量	总价（万元）	单方造价（元/m^2）	备注
地上	砌筑工程	0.16m^3/m^2	2324.84m^3	158.75	109.46	
	钢筋工程	39.84kg/m^2	577785.00kg	340.47	234.76	
	混凝土工程	0.31m^3/m^2	4538.53m^3	344.57	237.59	
	模板工程	3.28m^2/m^2	47554.52m^2	326.48	225.12	
	门窗工程	0.29m^2/m^2	4136.32m^2	208.68	143.89	
	屋面工程	0.23m^2/m^2	3380.92m^2	30.36	20.93	
	防水工程	0.63m^2/m^2	9146.67m^2	72.02	49.66	
	楼地面工程	0.65m^2/m^2	9400.06m^2	121.05	83.47	
	内墙面工程	2.79m^2/m^2	40399.42m^2	124.13	85.59	
	外墙面工程	1.12m^2/m^2	16211.65m^2	326.54	225.15	
	天棚工程	0.06m^2/m^2	858.10m^2	8.07	5.56	
地下	土石方开挖工程	0.12m^3/m^2	1176.56m^3	0.94	0.99	
	土石方回填工程	0.04m^3/m^2	420.37m^3	2.79	2.93	
	管桩工程	2.30m/m^2	21932.30m	426.68	448.34	
	砌筑工程	0.04m^3/m^2	407.24m^3	28.40	29.84	
	钢筋工程	96.47kg/m^2	918082.00kg	494.44	519.54	
	混凝土工程	0.82m^3/m^2	7786.66m^3	587.16	616.96	
	模板工程	2.27m^2/m^2	21564.79m^2	140.61	147.74	
	防火门工程	0.02m^2/m^2	204.84m^2	11.25	11.82	
	普通门工程	0.28m^2/m^2	26.53m^2	0.88	0.93	
	防水工程	0.39m^2/m^2	3732.75m^2	87.57	92.02	
	楼地面工程	0.95m^2/m^2	8993.61m^2	90.01	94.57	
	墙柱面工程	1.31m^2/m^2	12420.72m^2	70.80	74.40	
	天棚工程	1.22m^2/m^2	11610.31m^2	9.90	10.40	

安装工程含量指标表

表 1-1-9

总建筑面积：24019.73m^2，其中：地上面积（±0.00 以上）：14502.81m^2，地下面积（±0.00 以下）：9516.92m^2

部位	专业	名称	百方含量	工程总量	总价（万元）	单方造价（元/m^2）	备注
地上	电气工程	电气配管	21.41m/100m^2	3104.89m	3.33	2.29	
	电气工程	电线	74.12m/100m^2	10749.99m	7.10	4.90	
	电气工程	母线电缆	3.44m/100m^2	499.01m	5.03	3.47	
	电气工程	开关插座	0.94 套/100m^2	136 套	0.29	0.20	
	电气工程	灯具	2.68 套/100m^2	389 套	4.95	3.42	
	电气工程	设备	1.07 台/100m^2	155 台	47.49	32.75	
	给排水工程	给水管道	49.23m/100m^2	7139.96m	34.51	23.80	
	给排水工程	阀部件类	5.27 套/100m^2	765 套	5.76	3.97	
	给排水工程	卫生器具	2.83 套/100m^2	410 套	1.59	1.10	
	消防电工程	消防配电管	15.24m/100m^2	2210.10m	5.09	3.51	
	消防电工程	消防电配线、缆	19.01m/100m^2	2757.52m	3.44	2.37	
	消防电工程	消防电末端装置	2.03 套/100m^2	294 套	5.70	3.93	
	消防电工程	消防电设备	1.61 台/100m^2	233 台	12.45	8.58	
	消防水工程	消防水管道	2.65m/100m^2	385.01m	3.37	2.32	
	消防水工程	消防水阀类	0.12 套/100m^2	17 套	0.44	0.30	
	消防水工程	消防水末端装置	1.04 套/100m^2	151 套	0.66	0.45	
	消防水工程	消防水设备	0.81 台/100m^2	118 台	7.74	5.34	
	通风空调工程	通风管道	0.50m^2/100m^2	72.90m^2	1.18	0.81	
	通风空调工程	通风阀部件	0.12 套/100m^2	18 套	1.56	1.08	
	通风空调工程	通风设备	0.08 台/100m^2	11 台	2.57	1.77	
地下	电气工程	电气配管	59.90m/100m^2	5700.76m	7.83	8.22	

续表

部位	专业	名称	百方含量	工程总量	总价（万元）	单方造价（元/m^2）	备注
地下	电气工程	电线	189.72m/100m^2	18055.27m	6.69	7.03	
	电气工程	母线电缆	21.50m/100m^2	2045.84m	27.74	29.15	
	电气工程	桥架线槽	5.01m/100m^2	477.06m	4.70	4.94	
	电气工程	开关插座	0.67 套/100m^2	64 套	0.14	0.14	
	电气工程	灯具	5.73 套/100m^2	545 套	6.39	6.71	
	电气工程	设备	0.30 台/100m^2	29 台	14.84	15.59	
	给排水工程	给水管道	6.71m/100m^2	638.60m	9.28	9.75	
	给排水工程	排水管道	4.74m/100m^2	451.25m	4.86	5.10	
	给排水工程	阀部件类	0.95 套/100m^2	90 套	4.60	4.84	
	给排水工程	卫生器具	0.25 套/100m^2	24 套	0.33	0.34	
	给排水工程	给排水设备	0.21 台/100m^2	20 台	9.33	9.80	
	给排水工程	消防水设备	0.92 台/100m^2	88 台	9.20	9.67	
	消防电工程	消防电配管	49.29m/100m^2	4690.94m	10.57	11.11	
	消防电工程	消防电配线、缆	49.00m/100m^2	4663.61m	3.65	3.83	
	消防电工程	消防电末端装置	2.96 套/100m^2	282 套	3.30	3.47	
	消防电工程	消防电设备	2.50 台/100m^2	238 台	4.15	4.36	
	消防水工程	消防水管道	57.04m/100m^2	5428.92m	35.72	37.54	
	消防水工程	消防水阀类	0.47 套/100m^2	45 套	2.17	2.28	
	消防水工程	消防水末端装置	12.43 套/100m^2	1183 套	5.01	5.26	
	通风空调工程	通风管道	24.37m^2/100m^2	2319.52m^2	37.79	39.71	
	通风空调工程	通风阀部件	1.75 套/100m^2	166 套	13.56	14.25	
	通风空调工程	通风设备	0.12 台/100m^2	11 台	16.01	16.82	

项目费用组成图

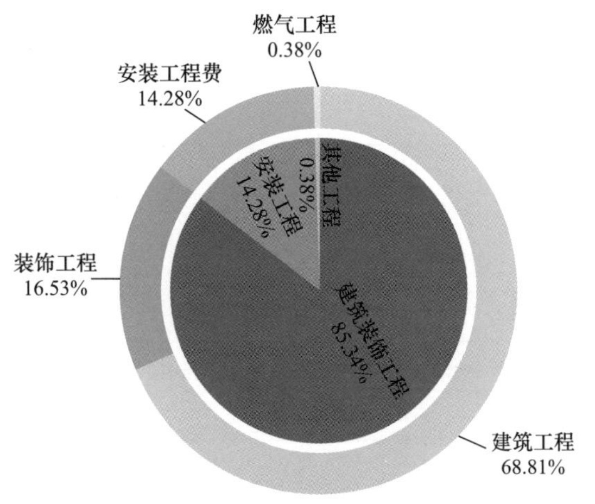

图 1-1-1 专业造价占比

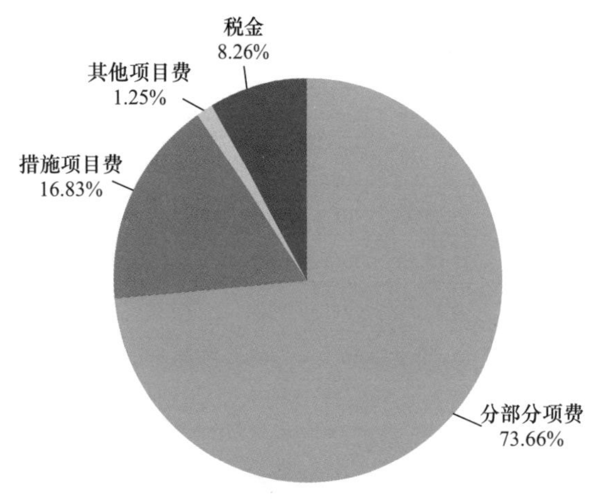

图 1-1-2 造价形成占比

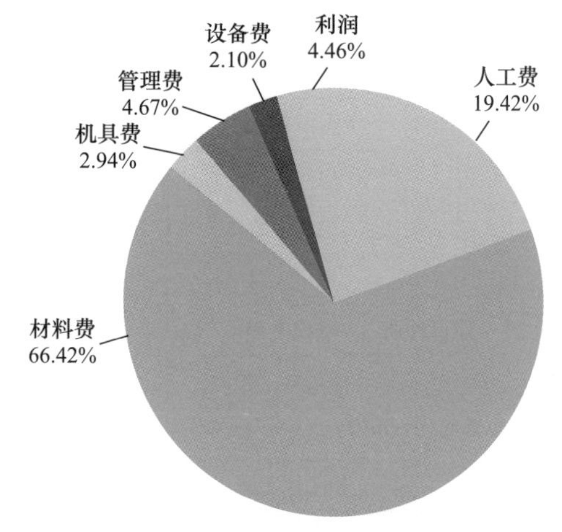

图 1-1-3 费用要素占比

专业名称	金额（元）	费用占比（%）
建筑装饰工程	51559066.96	85.34
安装工程	8628635.00	14.28
其他工程	228571.83	0.38

费用名称	金额（元）	费用占比（%）
分部分项费	44502340.59	73.66
措施项目费	10169028.15	16.83
其他项目费	756405.39	1.25
税金	4988499.66	8.26

费用名称	金额（元）	费用占比（%）
人工费	8741377.73	19.42
材料费	29902763.50	66.42
机具费	1322363.66	2.94
管理费	2100393.68	4.67
设备费	943175.38	2.10
利润	2009369.18	4.46

2. 高层住宅楼 2

工程概况表 表 1-2-1

<table>
<tr><td>工程类别</td><td colspan="2">住宅小区</td><td rowspan="3">计价依据</td><td>清单</td><td>国标 13 清单计价规范</td></tr>
<tr><td>工程所在地</td><td colspan="2">广东省广州市</td><td>定额</td><td>广东省 2018 系列定额</td></tr>
<tr><td>建设性质</td><td colspan="2">新建</td><td>其他</td><td>—</td></tr>
<tr><td rowspan="3">建筑面积（m^2）</td><td>合计</td><td>80733.08</td><td colspan="2">计税形式</td><td>增值税</td></tr>
<tr><td>其中：±0.00 以上</td><td>52185.08</td><td colspan="2">采价时间</td><td>2019-4</td></tr>
<tr><td>±0.00 以下</td><td>28548.00</td><td colspan="2">工程造价（万元）</td><td>21029.88</td></tr>
<tr><td>人防面积（m^2）</td><td colspan="2">14274.00</td><td colspan="2">单方造价（元/m^2）</td><td>2604.87</td></tr>
<tr><td rowspan="2">其他规模</td><td>室外面积（m^2）</td><td>—</td><td colspan="2" rowspan="2">资金来源</td><td rowspan="2">企业自筹</td></tr>
<tr><td>其他规模</td><td>—</td></tr>
<tr><td rowspan="2">建筑高度（m）</td><td>±0.00 以上</td><td>70.50</td><td colspan="2">装修标准</td><td>初装</td></tr>
<tr><td>±0.00 以下</td><td>12.50</td><td colspan="2">绿色建筑标准</td><td>—</td></tr>
<tr><td rowspan="2">层数</td><td>±0.00 以上</td><td>18/19</td><td colspan="2">装配率（%）</td><td>—</td></tr>
<tr><td>±0.00 以下</td><td>2</td><td colspan="2">文件形式</td><td>设计概算</td></tr>
<tr><td rowspan="4">层高（m）</td><td>首层</td><td>—</td><td colspan="2">场地类别</td><td>—</td></tr>
<tr><td>标准层</td><td>3.6</td><td colspan="2">结构类型</td><td>框架-剪力墙</td></tr>
<tr><td>顶层</td><td>—</td><td colspan="2">抗震设防烈度</td><td>—</td></tr>
<tr><td>地下室</td><td>5.3</td><td colspan="2">抗震等级</td><td>—</td></tr>
<tr><td colspan="6">本工程主要包含：
1. 建筑工程：土石方工程，桩基础工程，砌筑工程，钢筋混凝土工程，金属结构工程，门窗工程，屋面及防水工程，保温隔热防腐工程，模板工程，脚手架工程，人防门工程；
2. 装饰工程：楼地面工程，内墙面工程，天棚工程，外墙面工程，其他工程；
3. 安装工程：电气工程，给排水工程，通风空调工程，消防水工程，消防电工程，气体灭火工程，智能化（弱电）工程，电梯工程，发电机工程，抗震支架工程，人防安装工程；
4. 其他工程：燃气工程</td></tr>
</table>

建设项目投资指标表

表 1-2-2

总建筑面积：80733.08 m^2，其中：地上面积（±0.00 以上）：52185.08m^2，地下面积（±0.00 以下）：28548.00m^2

序号	名称	金额（万元）	单位指标（元/m^2）	造价占比（%）	备注
1	建筑安装工程费用	21029.88	2604.87	100.00	
1.1	建筑工程	14400.41	1783.71	68.48	
1.2	装饰工程	3349.06	414.83	15.93	
1.3	安装工程	2867.05	355.13	13.63	
1.4	人防工程	330.09	40.89	1.57	
1.5	其他工程	83.28	10.32	0.40	包含燃气工程等

地上工程造价指标分析表

表 1-2-3

地上面积（±0.00 以上）：52185.08m^2

专业		工程造价（万元）	经济指标（元/m^2）	总造价占比（%）	备注
建筑工程		7692.72	1474.12	65.22	
装饰工程		2653.22	508.42	22.49	
安装工程		1449.91	277.84	12.29	
合计		11795.84	2260.39	100.00	
建筑工程	土石方工程	17.77	3.40	0.15	
	砌筑工程	566.11	108.48	4.80	
	钢筋混凝土工程	2921.41	559.82	24.77	
	金属结构工程	43.72	8.38	0.37	
	门窗工程	821.10	157.34	6.96	
	屋面及防水工程	367.46	70.41	3.12	
	保温隔热防腐工程	45.52	8.72	0.39	
	脚手架工程	669.38	128.27	5.67	

续表

专业		工程造价（万元）	经济指标（元/m^2）	总造价占比（%）	备注
建筑工程	模板工程	1090.43	208.95	9.24	
	单价措施项目	327.36	62.73	2.78	
	总价措施项目	136.85	26.22	1.16	
	其他项目	50.42	9.66	0.43	
	税金	635.18	121.72	5.38	
装饰工程	楼地面工程	419.10	80.31	3.55	
	内墙面工程	386.12	73.99	3.27	
	天棚工程	54.86	10.51	0.47	
	外墙面工程	1205.73	231.05	10.22	
	其他工程	118.13	22.64	1.00	
	总价措施项目	182.85	35.04	1.55	
	其他项目	67.36	12.91	0.57	
	税金	219.07	41.98	1.86	
安装工程	电气工程	352.39	67.53	2.99	
	给排水工程	152.54	29.23	1.29	
	通风空调工程	63.32	12.13	0.54	
	消防电工程	77.00	14.75	0.65	
	消防水工程	68.24	13.08	0.58	
	智能化（弱电）工程	141.11	27.04	1.20	
	电梯工程	316.11	60.58	2.68	
	措施项目	129.62	24.84	1.10	
	其他项目	29.87	5.72	0.25	
	税金	119.72	22.94	1.01	

地上工程造价及工程费用分析表

表 1-2-4

地上面积（±0.00 以上）：52185.08m^2

工程造价分析

工程造价组成分析	工程造价（万元）	单方造价（元/m^2）		分部分项工程费		措施项目费		其他项目费		税金		总造价占比（%）
				万元	占比（%）	万元	占比（%）	万元	占比（%）	万元	占比（%）	
建筑工程	7692.72	952.86	构成	4783.09	62.18	2224.03	28.91	50.42	0.66	635.18	8.26	65.22
装饰工程	2653.22	328.64		2183.94	82.31	182.85	6.89	67.36	2.54	219.07	8.26	22.49
安装工程	1449.91	179.59		1170.70	80.74	129.62	8.94	29.87	2.06	119.72	8.26	12.29
合计	11795.84	1461.09		8137.72	68.99	2536.50	21.50	147.65	1.25	973.97	8.26	100.00

工程费用分析（分部分项工程费）

费用组成分析		分部分项工程费（万元）		人工费		材料费		机械费		管理费		利润	
				万元	占比（%）	万元	占比（%）	万元	占比（%）	万元	占比（%）	万元	占比（%）
建筑工程		4783.09	构成	666.13	13.93	3750.76	78.42	54.16	1.13	167.97	3.51	144.06	3.01
装饰工程		2183.94		958.83	43.90	877.03	40.16	3.52	0.16	152.09	6.96	192.46	8.81
安装工程		1170.70		278.76	23.81	720.56	61.55	19.89	1.70	91.77	7.84	59.72	5.10
合计		8137.72		1903.72	23.39	5348.35	65.72	77.57	0.95	411.84	5.06	396.24	4.87
建筑工程	土石方工程	17.77		4.55	25.63	9.86	55.49	0.76	4.30	1.53	8.60	1.06	5.99
	砌筑工程	566.11		141.59	25.01	374.75	66.20	—	—	21.44	3.79	28.32	5.00
	钢筋混凝土工程	2921.41		370.33	12.68	2291.46	78.44	53.18	1.82	121.75	4.17	84.68	2.90
	金属结构工程	43.72		19.73	45.13	16.97	38.82	—	—	3.06	7.00	3.96	9.05
	门窗工程	821.10		38.26	4.66	769.57	93.72	—	—	5.62	0.68	7.65	0.93
	屋面及防水工程	367.46		82.85	22.55	254.45	69.25	0.24	0.06	13.30	3.62	16.62	4.52
	保温隔热防腐工程	45.52		8.85	19.43	33.63	73.88	—	—	1.28	2.81	1.77	3.88
装饰工程	楼地面工程	419.10		139.85	33.37	225.54	53.82	0.41	0.10	25.24	6.02	28.04	6.69
	内墙面工程	386.12		159.38	41.28	170.00	44.03	0.16	0.04	24.65	6.38	31.92	8.27
	天棚工程	54.86		22.17	40.41	24.89	45.36	0.02	0.04	3.35	6.10	4.44	8.09
	外墙面工程	1205.73		610.39	50.62	376.78	31.25	1.38	0.11	94.83	7.86	122.35	10.15
	其他工程	118.13		27.06	22.90	79.82	67.57	1.52	1.29	4.02	3.40	5.71	4.84

续表

费用组成分析		分部分项工程费（万元）		人工费		材料费		机械费		管理费		利润	
				万元	占比（%）	万元	占比（%）	万元	占比（%）	万元	占比（%）	万元	占比（%）
安装工程	电气工程	352.39	构成	61.78	17.53	254.69	72.28	3.88	1.10	18.88	5.36	13.15	3.73
	给排水工程	152.54		60.24	39.49	61.62	40.40	1.39	0.91	16.99	11.14	12.30	8.06
	通风空调工程	63.32		19.10	30.16	34.60	54.65	0.40	0.63	5.32	8.41	3.90	6.16
	消防电工程	77.00		24.45	31.75	39.96	51.90	0.54	0.70	7.05	9.16	4.99	6.49
	消防水工程	68.24		14.01	20.54	43.56	63.83	2.80	4.10	4.51	6.61	3.36	4.93
	智能化（弱电）工程	141.11		46.19	32.73	69.01	48.90	1.94	1.37	14.34	10.16	9.63	6.83
	电梯工程	316.11		52.96	16.75	217.13	68.69	8.95	2.83	24.68	7.81	12.38	3.92

地下工程造价指标分析表　　　　表 1-2-5

地下面积（±0.00 以下）：28548.00m^2

专业		工程造价（万元）	经济指标（元/m^2）	总造价占比（%）	备注
建筑工程		6707.69	2349.62	73.30	
装饰工程		695.84	243.74	7.60	
安装工程		1417.14	496.41	15.49	
人防工程		330.09	231.25	3.61	以人防面积计算
合计		9150.76	3205.39	100.00	
建筑工程	土石方工程	35.09	12.29	0.38	
	桩基础工程	1390.50	487.08	15.20	
	砌筑工程	67.79	23.75	0.74	
	钢筋混凝土工程	3345.37	1171.84	36.56	
	金属结构工程	0.45	0.16	0.00	
	门窗工程	34.07	11.94	0.37	
	防水工程	405.00	141.87	4.43	
	保温隔热防腐工程	17.03	5.96	0.19	

续表

专业		工程造价（万元）	经济指标（元/m²）	总造价占比（%）	备注
建筑工程	脚手架工程	70.46	24.68	0.77	
	模板工程	417.06	146.09	4.56	
	单价措施项目	140.51	49.22	1.54	
	总价措施项目	168.44	59.00	1.84	
	其他项目	62.06	21.74	0.68	
	税金	553.85	194.01	6.05	
装饰工程	楼地面工程	265.98	93.17	2.91	
	内墙面工程	197.18	69.07	2.15	
	天棚工程	31.23	10.94	0.34	
	其他工程	82.46	28.88	0.90	
	总价措施项目	44.98	15.76	0.49	
	其他项目	16.57	5.80	0.18	
	税金	57.45	20.13	0.63	
安装工程	电气工程	283.18	99.19	3.09	
	给排水工程	65.06	22.79	0.71	
	通风空调工程	160.13	56.09	1.75	
	消防电工程	68.30	23.93	0.75	
	消防水工程	281.65	98.66	3.08	
	气体灭火工程	13.76	4.82	0.15	
	智能化（弱电）工程	52.36	18.34	0.57	
	发电机工程	54.26	19.01	0.59	
	抗震支架工程	145.97	51.13	1.60	
	措施项目	152.14	53.29	1.66	
	其他项目	23.32	8.17	0.25	
	税金	117.01	40.99	1.28	
人防工程	人防门工程	189.75	132.94	2.07	
	人防电气工程	26.23	18.37	0.29	

续表

专业		工程造价（万元）	经济指标（元/m²）	总造价占比（%）	备注
人防工程	人防给排水工程	4.08	2.86	0.04	
	人防通风工程	73.67	51.61	0.81	
	措施项目	7.86	5.51	0.09	
	其他项目	1.24	0.87	0.01	
	税金	27.25	19.09	0.30	

地下工程造价及工程费用分析表

表 1-2-6

地下面积（±0.00 以下）：28548.00m²

工程造价分析

工程造价组成分析	工程造价（万元）	单方造价（元/m²）		分部分项工程费		措施项目费		其他项目费		税金		总造价占比（%）
				万元	占比（%）	万元	占比（%）	万元	占比（%）	万元	占比（%）	
建筑工程	6707.69	2349.62	构成	5295.32	78.94	796.47	11.87	62.06	0.93	553.85	8.26	73.30
装饰工程	695.84	243.74		576.84	82.90	44.98	6.46	16.57	2.38	57.45	8.26	7.60
安装工程	1417.14	496.41		1124.67	79.36	152.14	10.74	23.32	1.65	117.01	8.26	15.49
人防工程	330.09	231.25		293.73	88.98	7.86	2.38	1.24	0.38	27.25	8.26	3.61
合计	9150.76	3205.39		7290.55	79.67	1001.46	10.94	103.19	1.13	755.57	8.26	100.00

工程费用分析（分部分项工程费）

费用组成分析		分部分项工程费（万元）		人工费		材料费		机械费		管理费		利润	
				万元	占比（%）	万元	占比（%）	万元	占比（%）	万元	占比（%）	万元	占比（%）
建筑工程		5295.32	构成	572.26	10.81	4036.78	76.23	314.24	5.93	194.73	3.68	177.30	3.35
装饰工程		576.84		225.46	39.09	265.19	45.97	11.28	1.96	28.25	4.90	46.66	8.09
安装工程		1124.67		208.75	18.56	779.45	69.30	24.60	2.19	65.18	5.80	46.69	4.15
人防工程		293.73		11.19	3.81	275.44	93.77	1.21	0.41	3.40	1.16	2.48	0.84
合计		7290.55		1017.66	13.96	5356.86	73.48	351.34	4.82	291.56	4.00	273.12	3.75
建筑工程	土石方工程	35.09		3.27	9.31	—	—	22.63	64.48	4.02	11.45	5.18	14.77
	桩基础工程	1390.50		112.18	8.07	909.36	65.40	236.98	17.04	62.17	4.47	69.81	5.02
	砌筑工程	67.79		26.72	39.42	32.82	48.41	0.01	0.01	2.89	4.27	5.35	7.89

续表

费用组成分析		分部分项工程费（万元）		人工费		材料费		机械费		管理费		利润	
				万元	占比（%）	万元	占比（%）	万元	占比（%）	万元	占比（%）	万元	占比（%）
建筑工程	钢筋混凝土工程	3345.37	构成	323.15	9.66	2783.87	83.22	54.33	1.62	108.53	3.24	75.49	2.26
	金属结构工程	0.45		0.06	14.54	0.31	69.18	0.03	6.15	0.03	5.99	0.02	4.14
	门窗工程	34.07		2.64	7.73	30.60	89.82	0.02	0.07	0.28	0.82	0.53	1.56
	防水工程	405.00		99.42	24.55	269.24	66.48	0.27	0.07	16.12	3.98	19.95	4.93
	保温隔热防腐工程	17.03		4.82	28.32	10.54	61.92	—	—	0.70	4.10	0.97	5.67
装饰工程	楼地面工程	265.98		88.93	33.43	146.88	55.22	0.47	0.18	11.83	4.45	17.88	6.72
	内墙面工程	197.18		104.02	52.75	60.50	30.68	0.32	0.16	11.46	5.81	20.88	10.59
	天棚工程	31.23		18.70	59.88	6.79	21.75	—	—	2.00	6.41	3.73	11.95
	其他工程	82.46		13.85	16.80	50.98	61.83	10.49	12.72	2.96	3.59	4.17	5.06
安装工程	电气工程	283.18		40.17	14.18	220.44	77.84	2.03	0.72	12.09	4.27	8.45	2.99
	给排水工程	65.06		13.40	20.60	41.65	64.02	2.16	3.31	4.74	7.28	3.11	4.78
	通风空调工程	160.13		38.24	23.88	102.46	63.99	0.97	0.61	10.61	6.63	7.84	4.90
	消防电工程	68.30		23.98	35.10	31.61	46.29	0.75	1.10	7.02	10.28	4.94	7.24
	消防水工程	281.65		70.86	25.16	152.06	53.99	17.30	6.14	23.80	8.45	17.63	6.26
	气体灭火工程	13.76		1.65	12.01	11.26	81.79	0.04	0.32	0.47	3.42	0.34	2.47
	智能化（弱电）工程	52.36		13.98	26.70	30.65	58.54	0.53	1.02	4.29	8.20	2.90	5.54
	发电机工程	54.26		0.12	0.22	54.01	99.55	0.03	0.06	0.06	0.11	0.03	0.06
	抗震支架工程	145.97		6.36	4.35	135.28	92.68	0.80	0.55	2.10	1.44	1.43	0.98
人防工程	人防门工程	189.75		—	—	189.75	100.00	—	—	—	—	—	—
	人防电气工程	26.23		2.68	10.23	21.87	83.39	0.25	0.94	0.84	3.21	0.59	2.23
	人防给排水工程	4.08		1.44	35.39	1.64	40.24	0.21	5.25	0.45	10.99	0.33	8.13
	人防通风工程	73.67		7.07	9.59	62.17	84.39	0.75	1.02	2.11	2.87	1.56	2.12

其他工程造价指标分析表 **表 1-2-7**

总建筑面积：80733.08m^2

专业	工程造价（万元）	经济指标（元/m^2）	备注
燃气工程	83.28	10.32	
合计	83.28	10.32	

建筑工程含量指标表

表 1-2-8

总建筑面积：80733.08m^2，其中：地上面积（±0.00 以上）：52185.08m^2，地下面积（±0.00 以下）：28548.00m^2

部位	名称	单方含量	工程总量	总价（万元）	单方造价（元/m^2）	备注
地上	砌筑工程	0.16m^3/m^2	8375.71m^3	566.11	108.48	
	钢筋工程	52.36kg/m^2	2732500.00kg	1555.62	298.10	
	混凝土工程	0.34m^3/m^2	17637.76m^3	1362.92	261.17	
	模板工程	3.00m^2/m^2	156734.67m^2	1090.43	208.95	
	门窗工程	0.31m^2/m^2	16210.85m^2	821.10	157.34	
	屋面工程	0.14m^2/m^2	7500.96m^2	114.62	21.96	
	防水工程	0.66m^2/m^2	34606.31m^2	252.84	48.45	
	楼地面工程	0.74m^2/m^2	38755.21m^2	419.10	80.31	
	内墙面工程	2.27m^2/m^2	118591.59m^2	386.12	73.99	
	外墙面工程	1.14m^2/m^2	59712.23m^2	1205.73	231.05	
	天棚工程	0.33m^2/m^2	17022.13m^2	54.86	10.51	
地下	土石方开挖工程	0.13m^3/m^2	3841.32m^3	3.08	1.08	
	土石方回填工程	0.06m^3/m^2	1784.00m^3	11.82	4.14	
	管桩工程	2.58m/m^2	73610.55m	1390.50	487.08	
	砌筑工程	0.03m^3/m^2	946.76m^3	67.79	23.75	
	钢筋工程	98.86kg/m^2	2822393.00kg	1513.61	530.20	
	混凝土工程	0.84m^3/m^2	24005.65m^3	1830.79	641.30	
	模板工程	2.19m^2/m^2	62515.92m^2	417.06	146.09	
	防火门工程	0.02m^2/m^2	605.42m^2	32.21	11.28	
	普通门工程	0.20m^2/m^2	58.00m^2	1.87	0.65	
	防水工程	0.31m^2/m^2	8940.64m^2	194.05	67.97	
	楼地面工程	0.94m^2/m^2	26925.29m^2	265.98	93.17	
	墙柱面工程	1.01m^2/m^2	28844.16m^2	197.18	69.07	
	天棚工程	1.27m^2/m^2	36115.08m^2	31.23	10.94	
	人防门工程	0.02m^2/m^2	230.77m^2	189.75	132.94	

安装工程含量指标表

表 1-2-9

总建筑面积：80733.08m^2，其中：地上面积（±0.00 以上）：52185.08m^2，地下面积（±0.00 以下）：28548.00m^2

部位	专业	名称	百方含量	工程总量	总价（万元）	单方造价（元/m^2）	备注
地上	电气工程	电气配管	33.43m/100m^2	17447.79m	21.58	4.14	
	电气工程	电线	98.73m/100m^2	51521.26m	42.48	8.14	
	电气工程	母线电缆	5.67m/100m^2	2961.05m	34.82	6.67	
	电气工程	桥架线槽	1.51m/100m^2	789.90m	7.74	1.48	
	电气工程	开关插座	0.61 套/100m^2	319 套	0.67	0.13	
	电气工程	灯具	3.72 套/100m^2	1941 套	27.71	5.31	
	电气工程	设备	0.99 台/100m^2	516 台	161.95	31.03	
	给排水工程	给水管道	55.76m/100m^2	29096.36m	127.33	24.40	
	给排水工程	阀部件类	5.37 套/100m^2	2800 套	18.22	3.49	
	给排水工程	卫生器具	3.05 套/100m^2	1591 套	6.35	1.22	
	消防电工程	消防电配管	17.77m/100m^2	9270.90m	21.01	4.03	
	消防电工程	消防电配线、缆	21.44m/100m^2	11189.23m	9.46	1.81	
	消防电工程	消防电末端装置	2.25 套/100m^2	1175 套	18.39	3.52	
	消防电工程	消防电设备	1.87 台/100m^2	976 台	28.13	5.39	
	消防水工程	消防水管道	6.58m/100m^2	3431.79m	34.29	6.57	
	消防水工程	消防水阀类	0.08 套/100m^2	44 套	1.65	0.32	
	消防水工程	消防水末端装置	1.10 套/100m^2	574 套	2.44	0.47	
	消防水工程	消防水设备	0.69 台/100m^2	360 台	29.85	5.72	
	通风空调工程	通风管道	4.31m^2/100m^2	2249.59m^2	33.75	6.47	
	通风空调工程	通风阀部件	0.37 套/100m^2	192 套	14.73	2.82	
	通风空调工程	通风设备	0.06 台/100m^2	33 台	14.84	2.84	
地下	电气工程	电气配管	59.42m/100m^2	16961.80m	23.87	8.36	

续表

部位	专业	名称	百方含量	工程总量	总价（万元）	单方造价（元/m²）	备注
地下	电气工程	电线	171.88m/100m²	49067.76m	18.16	6.36	
	电气工程	母线电缆	49.13m/100m²	14024.63m	146.52	51.32	
	电气工程	桥架线槽	6.90m/100m²	1971.10m	24.12	8.45	
	电气工程	开关插座	0.54 套/100m²	154 套	0.33	0.12	
	电气工程	灯具	4.91 套/100m²	1403 套	16.25	5.69	
	电气工程	设备	0.35 台/100m²	99 台	49.32	17.28	
	给排水工程	给水管道	7.60m/100m²	2169.11m	28.86	10.11	
	给排水工程	阀部件类	0.24 套/100m²	69 套	1.93	0.67	
	给排水工程	卫生器具	0.83 套/100m²	238 套	2.82	0.99	
	给排水工程	给排水设备	0.23 台/100m²	67 台	31.45	11.02	
	给排水工程	消防水设备	0.87 台/100m²	248 台	32.95	11.54	
	消防电工程	消防电配管	34.27m/100m²	9783.69m	26.29	9.21	
	消防电工程	消防电配线、缆	81.27m/100m²	23199.68m	22.54	7.90	
	消防电工程	消防电末端装置	2.88 套/100m²	822 套	9.34	3.27	
	消防电工程	消防电设备	1.57 台/100m²	448 台	10.13	3.55	
	消防水工程	消防水管道	56.11m/100m²	16019.64m	203.10	71.14	
	消防水工程	消防水阀类	1.98 套/100m²	566 套	33.39	11.70	
	消防水工程	消防水末端装置	10.22 套/100m²	2919 套	12.21	4.28	
	通风空调工程	通风管道	16.07m²/100m²	4587.71m²	74.06	25.94	
	通风空调工程	通风阀部件	1.33 套/100m²	381 套	25.85	9.06	
	通风空调工程	通风设备	0.18 台/100m²	51 台	60.22	21.09	

项目费用组成图

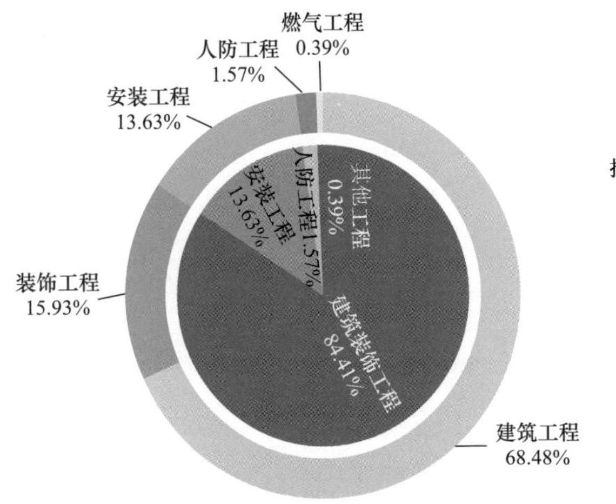

图 1-2-1 专业造价占比

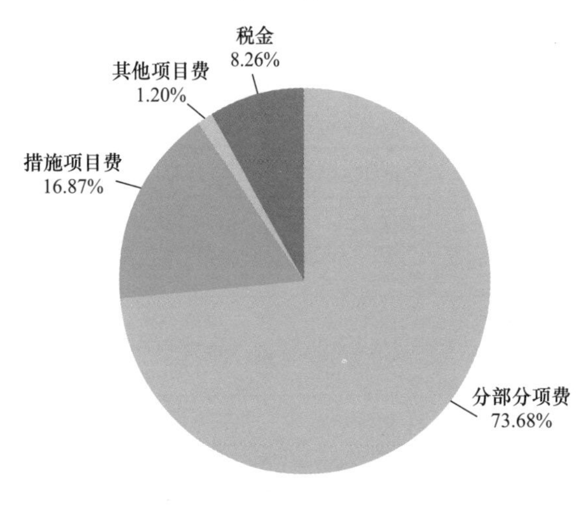

图 1-2-2 造价形成占比

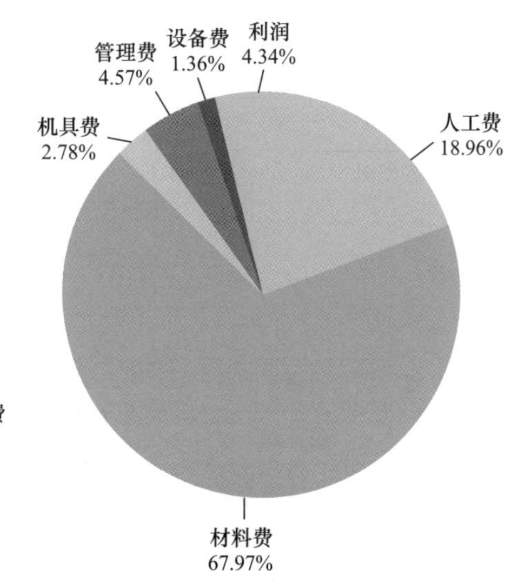

图 1-2-3 费用要素占比

专业名称	金额（元）	费用占比（%）
建筑装饰工程	177494711.64	84.41
安装工程	28670457.74	13.63
人防工程	3300865.90	1.57
其他工程	832805.10	0.39

费用名称	金额（元）	费用占比（%）
分部分项费	154939570.00	73.68
措施项目费	35467824.18	16.87
其他项目费	2527321.78	1.20
税金	17364124.42	8.26

费用名称	金额（元）	费用占比（%）
人工费	29380277.76	18.96
材料费	105317923.86	67.97
机具费	4312175.63	2.78
管理费	7086182.16	4.57
设备费	2111313.72	1.36
利润	6731539.07	4.34

3. 高层住宅楼 3

工程概况表　　表 1-3-1

<table>
<tr><td>工程类别</td><td colspan="2">住宅小区</td><td rowspan="3">计价依据</td><td>清单</td><td>国标 13 清单计价规范</td></tr>
<tr><td>工程所在地</td><td colspan="2">广东省广州市</td><td>定额</td><td>广东省 2010 系列定额</td></tr>
<tr><td>建设性质</td><td colspan="2">新建</td><td>其他</td><td>—</td></tr>
<tr><td rowspan="3">建筑面积（m²）</td><td>合计</td><td>53628.03</td><td colspan="2">计税形式</td><td>增值税</td></tr>
<tr><td>其中：±0.00 以上</td><td>24124.18</td><td colspan="2">采价时间</td><td>2016-10</td></tr>
<tr><td>±0.00 以下</td><td>29503.85</td><td colspan="2">工程造价（万元）</td><td>15673.56</td></tr>
<tr><td>人防面积（m²）</td><td colspan="2">10498.67</td><td colspan="2">单方造价（元/m²）</td><td>2922.64</td></tr>
<tr><td rowspan="2">其他规模</td><td>室外面积（m²）</td><td>—</td><td colspan="2" rowspan="2">资金来源</td><td rowspan="2">企业自筹</td></tr>
<tr><td>其他规模</td><td>—</td></tr>
<tr><td rowspan="2">建筑高度（m）</td><td>±0.00 以上</td><td>79.70</td><td colspan="2">装修标准</td><td>初装</td></tr>
<tr><td>±0.00 以下</td><td>10.60</td><td colspan="2">绿色建筑标准</td><td>基本级</td></tr>
<tr><td rowspan="2">层数</td><td>±0.00 以上</td><td>27</td><td colspan="2">装配率（%）</td><td>—</td></tr>
<tr><td>±0.00 以下</td><td>2</td><td colspan="2">文件形式</td><td>招标控制价</td></tr>
<tr><td rowspan="4">层高（m）</td><td>首层</td><td>5.40</td><td colspan="2">场地类别</td><td>二类</td></tr>
<tr><td>标准层</td><td>2.80</td><td colspan="2">结构类型</td><td>框架-剪力墙</td></tr>
<tr><td>顶层</td><td>5.1</td><td colspan="2">抗震设防烈度</td><td>7</td></tr>
<tr><td>地下室</td><td>3.90</td><td colspan="2">抗震等级</td><td>标高−5.45～10.95：二级
其他部位（含负二层）：三级</td></tr>
</table>

本工程主要包含：

1. 建筑工程：土石方工程，桩基础工程，砌筑工程，钢筋混凝土工程，金属结构工程，门窗工程，屋面及防水工程，保温隔热防腐工程，模板工程，脚手架工程，人防门工程；
2. 装饰工程：楼地面工程，内墙面工程，天棚工程，外墙面工程，其他工程；
3. 安装工程：电气工程，给排水工程，通风空调工程，消防水工程，消防电工程，气体灭火工程，智能化工程，人防安装工程；
4. 其他工程：发电机工程

建设项目投资指标表

表 1-3-2

总建筑面积：53628.03 m^2，其中：地上面积（±0.00 以上）：24124.18m^2，地下面积（±0.00 以下）：29503.85m^2

序号	名称	金额（万元）	单位指标（元/m^2）	造价占比（%）	备注
1	建筑安装工程费用	15673.56	2922.64	100.00	
1.1	建筑工程	10334.19	1927.01	65.93	
1.2	装饰工程	2370.51	442.03	15.12	
1.3	安装工程	2356.18	439.36	15.03	
1.4	人防工程	443.28	82.66	2.83	
1.5	其他工程	169.40	31.59	1.08	包含发电机工程等

地上工程造价指标分析表

表 1-3-3

地上面积（±0.00 以上）：24124.18m^2

专业		工程造价（万元）	经济指标（元/m^2）	总造价占比（%）	备注
建筑工程		3639.30	1508.57	55.64	
装饰工程		1862.46	772.03	28.47	
安装工程		1039.51	430.90	15.89	
合计		6541.27	2711.50	100.00	
建筑工程	砌筑工程	162.39	67.31	2.48	
	钢筋混凝土工程	1108.49	459.49	16.95	
	金属结构工程	116.19	48.16	1.78	
	门窗工程	420.66	174.37	6.43	
	屋面及防水工程	81.63	33.84	1.25	
	保温隔热防腐工程	16.60	6.88	0.25	
	脚手架工程	334.53	138.67	5.11	

续表

专业		工程造价（万元）	经济指标（元/m^2）	总造价占比（%）	备注
建筑工程	模板工程	486.24	201.56	7.43	
	单价措施项目	265.05	109.87	4.05	
	总价措施项目	73.94	30.65	1.13	
	其他项目	209.66	86.91	3.21	
	税金	363.93	150.86	5.56	
装饰工程	楼地面工程	278.16	115.30	4.25	
	内墙面工程	400.25	165.91	6.12	
	天棚工程	72.97	30.25	1.12	
	外墙面工程	443.38	183.79	6.78	
	其他工程	194.18	80.49	2.97	
	单价措施项目	80.61	33.41	1.23	
	总价措施项目	53.89	22.34	0.82	
	其他项目	152.78	63.33	2.34	
	税金	186.24	77.20	2.85	
安装工程	电气工程	286.33	118.69	4.38	
	给排水工程	312.15	129.39	4.77	
	通风空调工程	5.23	2.17	0.08	
	消防电工程	73.26	30.37	1.12	
	消防水工程	40.86	16.94	0.62	
	智能化工程	33.75	13.99	0.52	
	措施项目	101.30	41.99	1.55	
	其他项目	82.67	34.27	1.26	
	税金	103.95	43.09	1.59	

地上工程造价及工程费用分析表

表 1-3-4

地上面积（±0.00 以上）：24124.18m²

工程造价分析

工程造价组成分析	工程造价（万元）	单方造价（元/m²）		分部分项工程费		措施项目费		其他项目费		税金		总造价占比（%）
				万元	占比（%）	万元	占比（%）	万元	占比（%）	万元	占比（%）	
建筑工程	3639.30	678.62	构成	1905.96	52.37	1159.76	31.87	209.66	5.76	363.93	10.00	55.64
装饰工程	1862.46	347.29		1388.94	74.58	134.49	7.22	152.78	8.20	186.24	10.00	28.47
安装工程	1039.51	193.84		751.58	72.30	101.30	9.75	82.67	7.95	103.95	10.00	15.89
合计	6541.27	1219.75		4046.48	61.86	1395.56	21.33	445.11	6.80	654.12	10.00	100.00

工程费用分析（分部分项工程费）

费用组成分析		分部分项工程费（万元）		人工费		材料费		机械费		管理费		利润	
				万元	占比（%）	万元	占比（%）	万元	占比（%）	万元	占比（%）	万元	占比（%）
建筑工程		1905.96	构成	326.84	17.15	1469.43	77.10	7.06	0.37	43.81	2.30	58.81	3.09
装饰工程		1388.94		658.44	47.41	539.38	38.83	12.94	0.93	59.70	4.30	118.49	8.53
安装工程		751.58		234.36	31.18	432.73	57.58	8.69	1.16	33.57	4.47	42.23	5.62
合计		4046.48		1219.65	30.14	2441.54	60.34	28.69	0.71	137.08	3.39	219.53	5.43
建筑工程	砌筑工程	162.39		45.49	28.01	105.07	64.70	—	—	3.64	2.24	8.19	5.04
	钢筋混凝土工程	1108.49		211.20	19.05	818.17	73.81	6.97	0.63	34.14	3.08	38.01	3.43
	金属结构工程	116.19		37.49	32.27	68.45	58.91	0.04	0.04	3.48	2.99	6.73	5.79
	门窗工程	420.66		19.06	4.53	396.63	94.29	0.05	0.01	1.48	0.35	3.43	0.82
	屋面及防水工程	81.63		12.13	14.85	66.36	81.30	—	—	0.96	1.18	2.18	2.67
	保温隔热防腐工程	16.60		1.48	8.89	14.75	88.82	—	—	0.11	0.69	0.27	1.60
装饰工程	楼地面工程	278.16		77.26	27.78	179.63	64.58	0.08	0.03	7.28	2.62	13.90	5.00
	内墙面工程	400.25		211.30	52.79	132.00	32.98	0.08	0.02	18.86	4.71	38.01	9.50
	天棚工程	72.97		49.78	68.23	10.25	14.05	—	—	3.97	5.44	8.97	12.29
	外墙面工程	443.38		252.86	57.03	122.06	27.53	0.42	0.10	22.54	5.08	45.50	10.26
	其他工程	194.18		67.24	34.63	95.44	49.15	12.35	6.36	7.04	3.63	12.10	6.23
安装工程	电气工程	286.33		100.77	35.19	149.85	52.33	2.92	1.02	14.63	5.11	18.17	6.35
	给排水工程	312.15		80.81	25.89	201.56	64.57	3.84	1.23	11.39	3.65	14.55	4.66

续表

费用组成分析		分部分项工程费（万元）		人工费		材料费		机械费		管理费		利润	
				万元	占比（%）	万元	占比（%）	万元	占比（%）	万元	占比（%）	万元	占比（%）
安装工程	通风空调工程	5.23	构成	0.76	14.45	4.15	79.35	0.07	1.41	0.11	2.20	0.14	2.60
	消防电工程	73.26		26.73	36.49	36.75	50.16	1.17	1.60	3.80	5.19	4.80	6.56
	消防水工程	40.86		5.15	12.60	33.38	81.69	0.68	1.67	0.71	1.73	0.94	2.30
	智能化工程	33.75		20.15	59.70	7.04	20.86	—	—	2.92	8.66	3.64	10.78

地下工程造价指标分析表　　表 1-3-5

地下面积（±0.00 以下）：29503.85m²

专业		工程造价（万元）	经济指标（元/m²）	总造价占比（%）	备注
建筑工程		6694.88	2269.16	74.70	
装饰工程		508.06	172.20	5.67	
安装工程		1316.67	446.27	14.69	
人防工程		443.28	422.23	4.95	以人防面积计算
合计		8962.89	3037.87	100.00	
建筑工程	土石方工程	62.19	21.08	0.69	
	桩基础工程	776.77	263.28	8.67	
	砌筑工程	80.48	27.28	0.90	
	钢筋混凝土工程	3222.60	1092.26	35.95	
	金属结构工程	29.17	9.89	0.33	
	门窗工程	25.75	8.73	0.29	
	防水工程	504.73	171.07	5.63	
	脚手架工程	39.20	13.28	0.44	
	模板工程	440.12	149.17	4.91	
	单价措施项目	144.79	49.08	1.62	
	总价措施项目	182.41	61.82	2.04	
	其他项目	517.19	175.29	5.77	
	税金	669.48	226.91	7.47	
装饰工程	楼地面工程	313.33	106.20	3.50	
	内墙面工程	53.83	18.25	0.60	

续表

专业		工程造价（万元）	经济指标（元/m²）	总造价占比（%）	备注
装饰工程	天棚工程	28.65	9.71	0.32	
	其他工程	2.22	0.75	0.02	
	总价措施项目	15.44	5.23	0.17	
	其他项目	43.78	14.84	0.49	
	税金	50.81	17.22	0.57	
安装工程	电气工程	340.28	115.34	3.80	
	给排水工程	114.50	38.81	1.28	
	通风空调工程	177.52	60.17	1.98	
	消防电工程	115.43	39.12	1.29	
	消防水工程	177.13	60.04	1.98	
	气体灭火工程	12.63	4.28	0.14	
	措施项目	144.38	48.94	1.61	
	其他项目	103.12	34.95	1.15	
	税金	131.67	44.63	1.47	
人防工程	人防门工程	260.63	248.25	2.91	
	人防电气工程	59.65	56.82	0.67	
	人防给排水工程	3.76	3.58	0.04	
	人防通风工程	16.32	15.55	0.18	
	措施项目	21.15	20.15	0.24	
	其他项目	37.44	35.66	0.42	
	税金	44.33	42.22	0.49	

地下工程造价及工程费用分析表 表 1-3-6

地下面积（±0.00 以下）：29503.85m²

工程造价分析												
工程造价组成分析	工程造价（万元）	单方造价（元/m²）		分部分项工程费		措施项目费		其他项目费		税金		总造价占比（%）
				万元	占比（%）	万元	占比（%）	万元	占比（%）	万元	占比（%）	
建筑工程	6694.88	2269.16	构成	4701.70	70.23	806.51	12.05	517.19	7.73	669.48	10.00	74.70
装饰工程	508.06	172.20		398.03	78.34	15.44	3.04	43.78	8.62	50.81	10.00	5.67
安装工程	1316.67	446.27		937.50	71.20	144.38	10.97	103.12	7.83	131.67	10.00	14.69
人防工程	443.28	422.23		340.36	76.78	21.15	4.77	37.44	8.45	44.33	10.00	4.95
合计	8962.89	3037.87		6377.58	71.16	987.49	11.02	701.53	7.83	896.28	10.00	100.00

续表

工程费用分析（分部分项工程费）													
费用组成分析		分部分项工程费（万元）	构成	人工费		材料费		机械费		管理费		利润	
				万元	占比（%）	万元	占比（%）	万元	占比（%）	万元	占比（%）	万元	占比（%）
建筑工程		4701.70		891.58	18.96	3316.85	70.55	186.23	3.96	146.56	3.12	160.48	3.41
装饰工程		398.03		181.37	45.57	169.62	42.62	0.93	0.23	13.44	3.38	32.67	8.21
安装工程		937.50		212.53	22.67	644.92	68.79	11.70	1.25	30.11	3.21	38.24	4.08
人防工程		340.36		16.14	4.74	318.07	93.45	0.94	0.28	2.30	0.68	2.91	0.85
合计		6377.58		1301.62	20.41	4449.46	69.77	199.81	3.13	192.40	3.02	234.29	3.67
建筑工程	土石方工程	62.19	构成	21.84	35.11	0.01	0.01	30.11	48.41	6.32	10.16	3.92	6.31
	桩基础工程	776.77		222.57	28.65	386.33	49.74	92.23	11.87	35.58	4.58	40.06	5.16
	砌筑工程	80.48		28.33	35.20	45.07	56.00	0.12	0.15	1.86	2.32	5.10	6.33
	钢筋混凝土工程	3222.60		498.06	15.46	2480.45	76.97	62.36	1.94	92.08	2.86	89.65	2.78
	金属结构工程	29.17		11.87	40.68	14.02	48.05	0.36	1.23	0.79	2.72	2.14	7.32
	门窗工程	25.75		0.40	1.55	25.26	98.08	—	—	0.02	0.09	0.07	0.28
	防水工程	504.73		108.52	21.50	365.71	72.46	1.06	0.21	9.90	1.96	19.54	3.87
装饰工程	楼地面工程	313.33		123.11	39.29	157.45	50.25	0.88	0.28	9.73	3.10	22.16	7.07
	内墙面工程	53.83		36.18	67.20	8.69	16.14	—	—	2.45	4.55	6.52	12.11
	天棚工程	28.65		21.19	73.96	2.44	8.51	—	—	1.20	4.19	3.82	13.35
	其他工程	2.22		0.90	40.69	1.05	47.20	0.04	2.01	0.06	2.78	0.16	7.32
安装工程	电气工程	340.28		68.02	19.99	247.25	72.66	2.90	0.85	9.86	2.90	12.25	3.60
	给排水工程	114.50		12.53	10.94	96.90	84.63	1.05	0.91	1.77	1.54	2.26	1.97
	通风空调工程	177.52		49.23	27.73	109.56	61.72	2.97	1.67	6.90	3.88	8.86	4.99
	消防电工程	115.43		35.31	30.59	68.02	58.93	0.70	0.61	5.06	4.39	6.33	5.48
	消防水工程	177.13		47.18	26.63	110.91	62.61	4.07	2.30	6.49	3.66	8.49	4.79
	气体灭火工程	12.63		0.26	2.03	12.28	97.21	0.01	0.12	0.04	0.28	0.05	0.36
人防工程	人防门工程	260.63		—	—	260.63	100.00	—	—	—	—	—	—
	人防电气工程	59.65		8.49	14.23	48.09	80.62	0.31	0.52	1.24	2.07	1.53	2.56
	人防给排水工程	3.76		1.11	29.44	2.20	58.56	0.09	2.41	0.16	4.30	0.20	5.30
	人防通风工程	16.32		6.55	40.14	7.14	43.75	0.55	3.34	0.90	5.53	1.18	7.23

其他工程造价指标分析表

表 1-3-7

总建筑面积：53628.03m^2

专业	工程造价（万元）	经济指标（元/m^2）	备注
发电机工程	169.40	31.59	
合计	169.40	31.59	

建筑工程含量指标表

表 1-3-8

总建筑面积：53628.03m^2，其中：地上面积（±0.00 以上）：24124.18m^2，地下面积（±0.00 以下）：29503.85m^2

部位	名称	单方含量	工程总量	总价（万元）	单方造价（元/m^2）	备注
地上	砌筑工程	0.16m^3/m^2	3789.19m^3	162.39	67.31	
	钢筋工程	55.00kg/m^2	1326828.00kg	575.86	238.71	
	混凝土工程	0.41m^3/m^2	9877.97m^3	531.74	220.42	
	模板工程	3.68m^2/m^2	88780.16m^2	486.24	201.56	
	门窗工程	0.43m^2/m^2	10277.91m^2	420.66	174.37	
	屋面工程	0.08m^2/m^2	1904.70m^2	4.55	1.89	
	防水工程	0.54m^2/m^2	12914.71m^2	77.08	31.95	
	楼地面工程	0.90m^2/m^2	21672.41m^2	278.16	115.30	
	内墙面工程	2.80m^2/m^2	67653.39m^2	400.25	165.91	
	外墙面工程	1.52m^2/m^2	36769.26m^2	443.38	183.79	
	天棚工程	1.10m^2/m^2	26462.18m^2	72.97	30.25	
地下	土石方开挖工程	0.44m^3/m^2	13120.61m^3	18.96	6.43	
	土石方回填工程	0.57m^3/m^2	16796.56m^3	41.85	14.18	
	灌注桩工程	0.30m^3/m^2	8904.15m^3	776.77	263.28	
	砌筑工程	0.06m^3/m^2	1672.11m^3	80.48	27.28	
	钢筋工程	145.67kg/m^2	4297801.00kg	1819.25	616.62	
	混凝土工程	0.93m^3/m^2	27368.72m^3	1403.35	475.65	
	模板工程	2.32m^2/m^2	68372.47m^2	440.12	149.17	
	防火门工程	0.02m^2/m^2	517.52m^2	25.75	8.73	

续表

部位	名称	单方含量	工程总量	总价（万元）	单方造价（元/m^2）	备注
地下	防水工程	1.15m^2/m^2	33975.41m^2	321.21	108.87	
	楼地面工程	0.95m^2/m^2	28089.11m^2	313.33	106.20	
	墙柱面工程	1.27m^2/m^2	37508.21m^2	53.83	18.25	
	天棚工程	1.30m^2/m^2	38259.47m^2	28.65	9.71	
	人防门工程	0.03m^2/m^2	358.80m^2	260.63	248.25	

安装工程含量指标表

表 1-3-9

总建筑面积：53628.03m^2，其中：地上面积（±0.00 以上）：24124.18m^2，地下面积（±0.00 以下）：29503.85m^2

部位	专业	名称	百方含量	工程总量	总价（万元）	单方造价（元/m^2）	备注
地上	电气工程	电气配管	265.51m/100m^2	64051.44m	65.98	27.35	
	电气工程	电线	872.26m/100m^2	210426.10m	73.24	30.36	
	电气工程	母线电缆	6.65m/100m^2	1603.80m	10.64	4.41	
	电气工程	桥架线槽	1.73m/100m^2	417.00m	4.07	1.69	
	电气工程	开关插座	49.13 套/100m^2	11852 套	24.31	10.08	
	电气工程	灯具	21.15 套/100m^2	5103 套	40.52	16.80	
	电气工程	设备	1.92 台/100m^2	462 台	44.57	18.47	
	给排水工程	给水管道	77.42m/100m^2	18677.54m	41.62	17.25	
	给排水工程	排水管道	57.24m/100m^2	13809.17m	88.74	36.78	
	给排水工程	阀部件类	18.50 套/100m^2	4462 套	89.43	37.07	
	给排水工程	卫生器具	13.59 套/100m^2	3278 套	92.36	38.28	
	消防电工程	消防电配管	67.66m/100m^2	16323.48m	23.40	9.70	
	消防电工程	消防电配线、缆	97.11m/100m^2	23427.98m	9.95	4.12	
	消防电工程	消防电末端装置	7.37 套/100m^2	1779 套	15.60	6.47	
	消防电工程	消防电设备	2.10 台/100m^2	506 台	24.31	10.08	
	消防水工程	消防水管道	4.73m/100m^2	1140.40m	11.78	4.88	
	消防水工程	消防水阀类	0.11 套/100m^2	27 套	1.84	0.76	
	消防水工程	消防水末端装置	0.17 套/100m^2	41 套	0.15	0.06	

续表

部位	专业	名称	百方含量	工程总量	总价（万元）	单方造价（元/m^2）	备注
地上	消防水工程	消防水设备	0.70 台/100m^2	169 台	27.10	11.23	
	通风空调工程	通风管道	0.31m^2/100m^2	75.79m^2	1.00	0.42	
	通风空调工程	通风阀部件	0.02 套/100m^2	6 套	0.41	0.17	
	通风空调工程	通风设备	0.02 台/100m^2	5 台	3.82	1.58	
地下	电气工程	电气配管	83.33m/100m^2	24585.10m	38.64	13.10	
	电气工程	电线	271.48m/100m^2	80098.40m	28.24	9.57	
	电气工程	母线电缆	78.31m/100m^2	23105.00m	164.18	55.65	
	电气工程	桥架线槽	11.01m/100m^2	3248.30m	33.60	11.39	
	电气工程	开关插座	1.95 套/100m^2	576 套	0.69	0.23	
	电气工程	灯具	10.66 套/100m^2	3145 套	24.34	8.25	
	电气工程	设备	0.29 台/100m^2	86 台	43.22	14.65	
	给排水工程	给水管道	6.22m/100m^2	1835.28m	17.64	5.98	
	给排水工程	排水管道	3.42m/100m^2	1008.65m	19.13	6.49	
	给排水工程	阀部件类	0.94 套/100m^2	276 套	22.13	7.50	
	给排水工程	卫生器具	0.07 套/100m^2	20 套	1.07	0.36	
	给排水工程	给排水设备	0.15 台/100m^2	43 台	54.52	18.48	
	给排水工程	消防水设备	0.49 台/100m^2	145 台	22.21	7.53	
	消防电工程	消防电配管	92.19m/100m^2	27200.11m	38.91	13.19	
	消防电工程	消防电配线、缆	411.48m/100m^2	121402.07m	50.23	17.03	
	消防电工程	消防电末端装置	3.31 套/100m^2	977 套	8.69	2.95	
	消防电工程	消防电设备	2.86 台/100m^2	844 台	17.60	5.96	
	消防水工程	消防水管道	55.72m/100m^2	16438.20m	125.55	42.56	
	消防水工程	消防水阀类	0.89 套/100m^2	263 套	18.59	6.30	
	消防水工程	消防水末端装置	9.63 套/100m^2	2841 套	10.78	3.65	
	通风空调工程	通风管道	26.68m^2/100m^2	7872.55m^2	99.23	33.63	
	通风空调工程	通风阀部件	1.50 套/100m^2	443 套	39.16	13.27	
	通风空调工程	通风设备	0.13 台/100m^2	37 台	39.13	13.26	

项目费用组成图

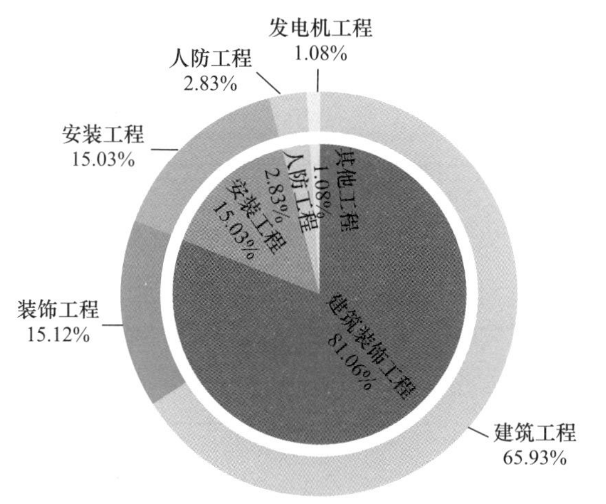

图 1-3-1 专业造价占比

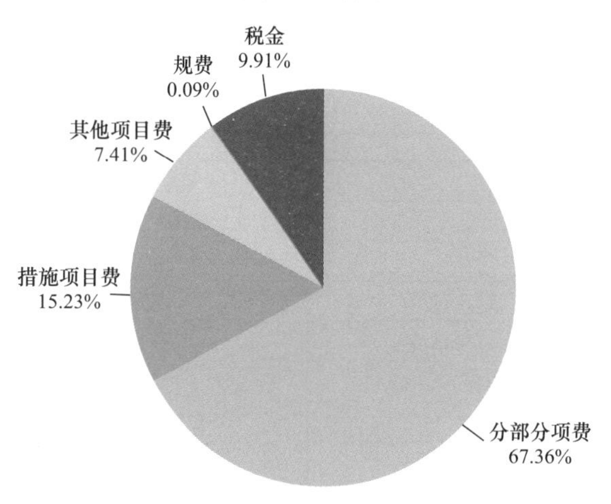

图 1-3-2 造价形成占比

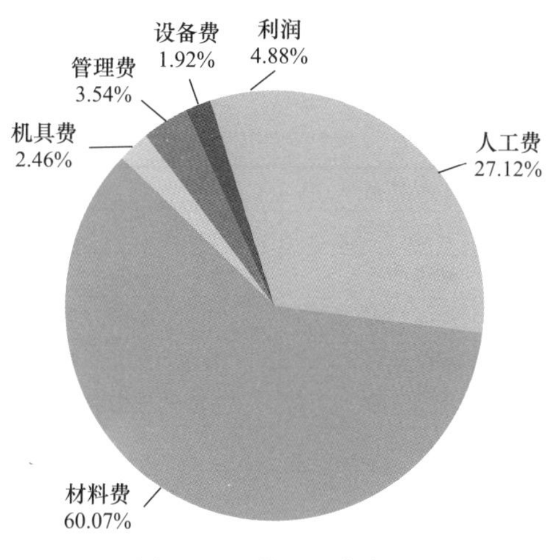

图 1-3-3 费用要素占比

专业名称	金额（元）	费用占比（%）
建筑装饰工程	127047012.23	81.06
安装工程	23561798.15	15.03
人防工程	4432811.59	2.83
其他工程	1693975.61	1.08

费用名称	金额（元）	费用占比（%）
分部分项费	105572910.60	67.36
措施项目费	23876248.11	15.23
其他项目费	11613020.16	7.41
规费	141062.16	0.09
税金	15532356.55	9.91

费用名称	金额（元）	费用占比（%）
人工费	25263893.68	27.12
材料费	55971097.39	60.07
机具费	2294641.65	2.46
管理费	3302108.34	3.54
设备费	1793006.63	1.92
利润	4547434.10	4.88

4. 高层住宅楼 4

工程概况表 表 1-4-1

工程类别	住宅小区		计价依据	清单	国标 13 清单计价规范
工程所在地	广东省广州市			定额	广东省 2010 系列定额
建设性质	新建			其他	—
建筑面积（m^2）	合计	147593.93	计税形式		增值税
	其中：±0.00 以上	113716.80	采价时间		2018-7
	±0.00 以下	33877.13	工程造价（万元）		53224.59
人防面积（m^2）	—		单方造价（元/m^2）		3606.15
其他规模	室外面积（m^2）	17044.56	资金来源		企业自筹
	其他规模	—			
建筑高度（m）	±0.00 以上	96.40	装修标准		初装
	±0.00 以下	11.20	绿色建筑标准		基本级
层数	±0.00 以上	33	装配率（%）		—
	±0.00 以下	2	文件形式		设计概算
层高（m）	首层	3.60	场地类别		二类
	标准层	2.90	结构类型		框架-剪力墙
	顶层	6.3	抗震设防烈度		7
	地下室	5.5	抗震等级		剪力墙二级，框架二级，泳池大跨度（跨度＞18m）框架抗震一级

本工程主要包含：

1. 建筑工程：土石方工程，基坑支护工程，桩基础工程，砌筑工程，钢筋混凝土工程，金属结构工程，门窗工程，屋面及防水工程，保温隔热防腐工程，模板工程，脚手架工程；
2. 装饰工程：楼地面工程，内墙面工程，天棚工程，外墙面工程，其他工程；
3. 安装工程：电气工程，给排水工程，通风空调工程，消防水工程，消防电工程，智能化工程，电梯工程，抗震支架工程，充电桩工程；
4. 室外配套工程：园建工程，绿化工程，室外智能化工程，室外照明工程，室外给排水工程；
5. 其他工程：标识工程，燃气工程

建设项目投资指标表

表 1-4-2

总建筑面积：147593.93 m^2，其中：地上面积（±0.00 以上）：113716.80m^2，地下面积（±0.00 以下）：33877.13m^2

序号	名称	金额（万元）	单位指标（元/m^2）	造价占比（%）	备注
1	建筑安装工程费用	53224.59	3606.15	100.00	
1.1	建筑工程	33516.20	2270.84	62.97	
1.2	装饰工程	9173.53	621.54	17.24	
1.3	安装工程	9182.53	622.15	17.25	
1.4	室外配套工程	931.62	63.12	1.75	
1.5	其他工程	420.71	28.50	0.79	包含标识工程、燃气工程等

地上工程造价指标分析表

表 1-4-3

地上面积（±0.00 以上）：113716.80m^2

专业		工程造价（万元）	经济指标（元/m^2）	总造价占比（%）	备注
建筑工程		19067.35	1676.74	56.94	
装饰工程		8440.43	742.23	25.21	
安装工程		5976.19	525.53	17.85	
合计		33483.97	2944.50	100.00	
建筑工程	砌筑工程	730.10	64.20	2.18	
	钢筋混凝土工程	7337.87	645.28	21.91	
	金属结构工程	381.07	33.51	1.14	
	门窗工程	2035.05	178.96	6.08	
	屋面及防水工程	332.95	29.28	0.99	
	保温隔热防腐工程	61.01	5.37	0.18	

续表

专业		工程造价（万元）	经济指标（元/m²）	总造价占比（%）	备注
建筑工程	脚手架工程	1305.03	114.76	3.90	
	模板工程	2112.75	185.79	6.31	
	单价措施项目	1330.33	116.99	3.97	
	总价措施项目	561.45	49.37	1.68	
	其他项目	1305.37	114.79	3.90	
	税金	1574.37	138.45	4.70	
装饰工程	楼地面工程	1487.17	130.78	4.44	
	内墙面工程	1861.96	163.74	5.56	
	天棚工程	341.60	30.04	1.02	
	外墙面工程	2145.81	188.70	6.41	
	其他工程	405.44	35.65	1.21	
	单价措施项目	430.34	37.84	1.29	
	总价措施项目	322.17	28.33	0.96	
	其他项目	749.04	65.87	2.24	
	税金	696.92	61.29	2.08	
安装工程	电气工程	1316.19	115.74	3.93	
	给排水工程	1092.84	96.10	3.26	
	通风空调工程	3.21	0.28	0.01	
	消防电工程	353.00	31.04	1.05	
	消防水工程	125.09	11.00	0.37	
	智能化工程	450.30	39.60	1.34	
	电梯工程	954.00	83.89	2.85	

续表

专业		工程造价（万元）	经济指标（元/m²）	总造价占比（%）	备注
安装工程	充电桩工程	122.86	10.80	0.37	
	措施项目	554.24	48.74	1.66	
	其他项目	511.02	44.94	1.53	
	税金	493.45	43.39	1.47	

地上工程造价及工程费用分析表

表 1-4-4

地上面积（±0.00 以上）：113716.80m²

工程造价分析

工程造价组成分析	工程造价（万元）	单方造价（元/m²）		分部分项工程费		措施项目费		其他项目费		税金		总造价占比（%）
				万元	占比（%）	万元	占比（%）	万元	占比（%）	万元	占比（%）	
建筑工程	19067.35	1291.88	构成	10878.06	57.05	5309.56	27.85	1305.37	6.85	1574.37	8.26	56.94
装饰工程	8440.43	571.87		6241.97	73.95	752.50	8.92	749.04	8.87	696.92	8.26	25.21
安装工程	5976.19	404.91		4417.48	73.92	554.24	9.27	511.02	8.55	493.45	8.26	17.85
合计	33483.97	2268.66		21537.51	64.32	6616.30	19.76	2565.43	7.66	2764.74	8.26	100.00

工程费用分析（分部分项工程费）

费用组成分析		分部分项工程费（万元）		人工费		材料费		机械费		管理费		利润	
				万元	占比（%）	万元	占比（%）	万元	占比（%）	万元	占比（%）	万元	占比（%）
建筑工程		10878.06	构成	1630.92	14.99	8667.08	79.67	56.28	0.52	230.31	2.12	293.47	2.70
装饰工程		6241.97		2819.26	45.17	2642.76	42.34	18.00	0.29	254.52	4.08	507.44	8.13
安装工程		4417.48		920.25	20.83	3114.19	70.50	85.35	1.93	132.14	2.99	165.55	3.75
合计		21537.51		5370.43	24.94	14424.03	66.97	159.63	0.74	616.97	2.86	966.45	4.49
建筑工程	砌筑工程	730.10		169.01	23.15	517.16	70.83	—	—	13.52	1.85	30.42	4.17
	钢筋混凝土工程	7337.87		1131.99	15.43	5758.42	78.48	55.66	0.76	188.04	2.56	203.76	2.78

续表

费用组成分析		分部分项工程费（万元）	构成	人工费		材料费		机械费		管理费		利润	
				万元	占比（%）	万元	占比（%）	万元	占比（%）	万元	占比（%）	万元	占比（%）
建筑工程	金属结构工程	381.07		162.92	42.75	173.10	45.42	0.51	0.13	15.30	4.02	29.23	7.67
	门窗工程	2035.05		81.44	4.00	1932.64	94.97	—	—	6.31	0.31	14.66	0.72
	屋面及防水工程	332.95		74.74	22.45	238.36	71.59	0.11	0.03	6.29	1.89	13.45	4.04
	保温隔热防腐工程	61.01		10.82	17.73	47.41	77.70	—	—	0.85	1.39	1.94	3.18
装饰工程	楼地面工程	1487.17		371.06	24.95	1012.10	68.06	1.39	0.09	35.80	2.41	66.82	4.49
	内墙面工程	1861.96		961.23	51.62	641.75	34.47	—	—	86.09	4.62	172.89	9.29
	天棚工程	341.60		212.49	62.20	73.88	21.63	—	—	16.95	4.96	38.27	11.20
	外墙面工程	2145.81		1160.17	54.07	670.08	31.23	2.70	0.13	103.98	4.85	208.88	9.73
	其他工程	405.44		114.31	28.20	244.94	60.41	13.91	3.43	11.69	2.88	20.58	5.08
安装工程	电气工程	1316.19		416.87	31.67	753.35	57.24	10.75	0.82	60.29	4.58	74.94	5.69
	给排水工程	1092.84		260.11	23.80	743.33	68.02	6.15	0.56	36.45	3.34	46.81	4.28
	通风空调工程	3.21		0.72	22.41	2.26	70.23	0.02	0.51	0.09	2.83	0.13	4.03
	消防电工程	353.00		103.50	29.32	210.13	59.53	6.03	1.71	14.69	4.16	18.64	5.28
	消防水工程	125.09		11.92	9.53	107.95	86.30	1.40	1.12	1.64	1.31	2.17	1.74
	智能化工程	450.30		127.14	28.23	220.31	48.92	61.01	13.55	18.98	4.22	22.86	5.08
	电梯工程	954.00		—	—	954.00	100.00	—	—	—	—	—	—
	充电桩工程	122.86		—	—	122.86	100.00	—	—	—	—	—	—

地下工程造价指标分析表

表 1-4-5

地下面积（±0.00 以下）：33877.13m^2

专业	工程造价（万元）	经济指标（元/m^2）	总造价占比（%）	备注
建筑工程	14448.84	4265.07	78.58	
装饰工程	733.10	216.40	3.99	
安装工程	3206.34	946.46	17.44	

续表

专业		工程造价（万元）	经济指标（元/m²）	总造价占比（%）	备注
合计		18388.29	5427.94	100.00	
建筑工程	土石方工程	1593.66	470.42	8.67	
	基坑支护工程	1875.62	553.65	10.20	
	桩基础工程	1372.86	405.25	7.47	
	砌筑工程	60.76	17.93	0.33	
	钢筋混凝土工程	5004.74	1477.32	27.22	
	金属结构工程	9.42	2.78	0.05	
	门窗工程	32.62	9.63	0.18	
	防水工程	741.55	218.89	4.03	
	脚手架工程	58.75	17.34	0.32	
	模板工程	414.86	122.46	2.26	
	单价措施项目	246.24	72.69	1.34	
	总价措施项目	561.81	165.84	3.06	
	其他项目	1282.95	378.71	6.98	
	税金	1193.02	352.16	6.49	
装饰工程	楼地面工程	310.92	91.78	1.69	
	内墙面工程	213.37	62.98	1.16	
	天棚工程	46.95	13.86	0.26	
	其他工程	2.81	0.83	0.02	
	总价措施项目	29.63	8.75	0.16	
	其他项目	68.89	20.33	0.37	
	税金	60.53	17.87	0.33	
安装工程	电气工程	375.56	110.86	2.04	
	给排水工程	224.02	66.13	1.22	
	通风空调工程	216.36	63.87	1.18	
	消防电工程	148.86	43.94	0.81	
	消防水工程	323.44	95.47	1.76	

续表

专业		工程造价（万元）	经济指标（元/m^2）	总造价占比（%）	备注
安装工程	智能化工程	126.86	37.45	0.69	
	抗震支架工程	318.68	94.07	1.73	
	充电桩工程	698.28	206.12	3.80	
	措施项目	217.69	64.26	1.18	
	其他项目	291.85	86.15	1.59	
	税金	264.74	78.15	1.44	

地下工程造价及工程费用分析表　　表 1-4-6

地下面积（±0.00 以下）：33877.13m^2

工程造价分析

工程造价组成分析	工程造价（万元）	单方造价（元/m^2）		分部分项工程费		措施项目费		其他项目费		税金		总造价占比（%）
				万元	占比（%）	万元	占比（%）	万元	占比（%）	万元	占比（%）	
建筑工程	14448.84	4265.07	构成	10691.22	73.99	1281.65	8.87	1282.95	8.88	1193.02	8.26	78.58
装饰工程	733.10	216.40		574.06	78.30	29.63	4.04	68.89	9.40	60.53	8.26	3.99
安装工程	3206.34	946.46		2432.06	75.85	217.69	6.79	291.85	9.10	264.74	8.26	17.44
合计	18388.29	5427.94		13697.34	74.49	1528.97	8.31	1643.68	8.94	1518.30	8.26	100.00

工程费用分析（分部分项工程费）

费用组成分析		分部分项工程费（万元）		人工费		材料费		机械费		管理费		利润	
				万元	占比（%）	万元	占比（%）	万元	占比（%）	万元	占比（%）	万元	占比（%）
建筑工程		10691.22	构成	1594.77	14.92	6666.49	62.35	1704.49	15.94	438.50	4.10	286.97	2.68
装饰工程		574.06		283.02	49.30	218.01	37.98	3.64	0.63	18.40	3.20	50.99	8.88
安装工程		2432.06		293.28	12.06	1992.17	81.91	51.87	2.13	41.94	1.72	52.80	2.17
合计		13697.34		2171.07	15.85	8876.67	64.81	1760.00	12.85	498.84	3.64	390.76	2.85
建筑工程	土石方工程	1593.66		124.65	7.82	55.93	3.51	1214.34	76.20	176.41	11.07	22.34	1.40
	基坑支护工程	1875.62		448.61	23.92	986.96	52.62	268.78	14.33	90.52	4.83	80.75	4.31
	桩基础工程	1372.86		191.70	13.96	974.34	70.97	133.70	9.74	38.63	2.81	34.50	2.51
	砌筑工程	60.76		17.66	29.07	38.90	64.03	—	—	1.02	1.67	3.18	5.23

续表

费用组成分析		分部分项工程费（万元）		人工费		材料费		机械费		管理费		利润	
				万元	占比（%）	万元	占比（%）	万元	占比（%）	万元	占比（%）	万元	占比（%）
建筑工程	钢筋混凝土工程	5004.74	构成	625.14	12.49	4063.17	81.19	87.22	1.74	116.67	2.33	112.54	2.25
	金属结构工程	9.42		2.89	30.66	5.82	61.75	—	—	0.19	2.05	0.52	5.51
	门窗工程	32.62		0.46	1.40	32.05	98.28	—	—	0.02	0.07	0.08	0.25
	防水工程	741.55		183.68	24.77	509.31	68.68	0.46	0.06	15.04	2.03	33.07	4.46
装饰工程	楼地面工程	310.92		114.78	36.92	167.09	53.74	0.52	0.17	7.84	2.52	20.68	6.65
	内墙面工程	213.37		134.06	62.83	43.59	20.43	3.01	1.41	8.58	4.02	24.14	11.31
	天棚工程	46.95		33.43	71.19	5.58	11.88	—	—	1.91	4.08	6.03	12.85
	其他工程	2.81		0.75	26.79	1.75	62.05	0.11	4.07	0.06	2.27	0.14	4.82
安装工程	电气工程	375.56		76.47	20.36	269.53	71.77	4.73	1.26	11.07	2.95	13.77	3.67
	给排水工程	224.02		17.28	7.71	199.70	89.14	1.41	0.63	2.52	1.13	3.11	1.39
	通风空调工程	216.36		42.41	19.60	159.03	73.50	1.37	0.63	5.92	2.74	7.63	3.53
	消防电工程	148.86		49.56	33.30	80.80	54.28	2.55	1.72	7.02	4.72	8.92	5.99
	消防水工程	323.44		53.58	16.57	247.20	76.43	5.63	1.74	7.37	2.28	9.65	2.98
	智能化工程	126.86		30.51	24.05	52.12	41.08	34.09	26.87	4.64	3.66	5.49	4.33
	抗震支架工程	318.68		—	—	318.68	100.00	—	—	—	—	—	—
	充电桩工程	698.28		23.48	3.36	665.11	95.25	2.09	0.30	3.39	0.48	4.22	0.60

室外配套工程造价指标分析表

表 1-4-7

室外面积：17044.56m^2

专业	工程造价（万元）	经济指标（元/m^2）	备注
绿化工程	224.02	131.43	
室外智能化工程	15.85	9.30	
园建工程	400.93	235.22	
室外照明工程	93.79	55.02	
室外给排水工程	197.03	115.60	
合计	931.62	546.58	

室外配套工程造价及工程费用分析表

表 1-4-8

室外面积：17044.56m²

工程造价分析

工程造价组成分析	工程造价（万元）	单方造价（元/m²）		分部分项工程费		措施项目费		其他项目费		税金		总造价占比（%）
				万元	占比（%）	万元	占比（%）	万元	占比（%）	万元	占比（%）	
绿化工程	224.02	131.43	构成	179.90	80.31	4.04	1.80	21.59	9.64	18.50	8.26	24.05
室外智能化工程	15.85	9.30		12.26	77.32	0.82	5.15	1.47	9.28	1.31	8.26	1.70
园建工程	400.93	235.22		307.05	76.59	23.93	5.97	36.85	9.19	33.10	8.26	43.04
室外照明工程	93.79	55.02		68.56	73.10	9.25	9.87	8.23	8.77	7.74	8.26	10.07
室外给排水工程	197.03	115.60		150.71	76.49	6.96	3.53	23.09	11.72	16.27	8.26	21.15
合计	931.62	546.58		718.48	77.12	44.99	4.83	91.22	9.79	76.92	8.26	100.00

工程费用分析（分部分项工程费）

费用组成分析	分部分项工程费（万元）		人工费		材料费		机械费		管理费		利润	
			万元	占比（%）	万元	占比（%）	万元	占比（%）	万元	占比（%）	万元	占比（%）
绿化工程	179.90	构成	57.10	31.74	105.51	58.65	2.79	1.55	4.23	2.35	10.28	5.71
室外智能化工程	12.26		1.98	16.15	9.51	77.57	0.12	0.96	0.30	2.41	0.36	2.90
园建工程	307.05		73.93	24.08	203.70	66.34	8.36	2.72	7.75	2.53	13.31	4.33
室外照明工程	68.56		22.83	33.30	37.42	54.58	0.87	1.27	3.32	4.85	4.12	6.00
室外给排水工程	150.71		21.88	14.52	120.01	79.63	2.95	1.95	1.93	1.28	3.94	2.62
合计	718.48		177.72	24.74	476.15	66.27	15.08	2.10	17.53	2.44	32.00	4.45

其他工程造价指标分析表

表 1-4-9

总建筑面积：147593.93m²

专业	工程造价（万元）	经济指标（元/m²）	备注
标识工程	55.45	3.76	
燃气工程	365.26	24.75	
合计	420.71	28.50	

建筑工程含量指标表

表 1-4-10

总建筑面积：147593.93m²，其中：地上面积（±0.00 以上）：113716.80m²，地下面积（±0.00 以下）：33877.13m²

部位	名称	单方含量	工程总量	总价（万元）	单方造价（元/m²）	备注
地上	砌筑工程	0.13m³/m²	14277.75m³	730.10	64.20	
	钢筋工程	64.78kg/m²	7366418.00kg	4107.82	361.23	
	混凝土工程	0.42m³/m²	47204.13m³	3227.61	283.83	
	模板工程	3.63m²/m²	412933.04m²	2112.75	185.79	
	门窗工程	0.45m²/m²	51691.58m²	2035.05	178.96	
	屋面工程	0.06m²/m²	6670.99m²	134.49	11.83	
	防水工程	0.40m²/m²	45918.59m²	198.46	17.45	
	楼地面工程	0.89m²/m²	101410.39m²	1487.17	130.78	
	内墙面工程	2.60m²/m²	295938.20m²	1861.96	163.74	
	外墙面工程	1.28m²/m²	145650.80m²	2145.81	188.70	
	天棚工程	1.03m²/m²	117511.92m²	341.60	30.04	
地下	土石方开挖工程	7.36m³/m²	249188.92m³	105.22	31.06	
	土石方回填工程	1.84m³/m²	62166.84m³	201.28	59.41	
	管桩工程	0.96m/m²	32452.00m	958.56	282.95	
	灌注桩工程	0.10m³/m²	3221.01m³	414.30	122.29	
	支护工程	0.20m³/m²	6610.09m³	1875.62	553.65	
	砌筑工程	0.03m³/m²	1145.07m³	60.76	17.93	
	钢筋工程	140.51kg/m²	4760236.00kg	2602.01	768.07	
	混凝土工程	1.02m³/m²	34445.39m³	2386.02	704.32	
	模板工程	2.18m²/m²	73985.59m²	414.86	122.46	
	防火门工程	0.02m²/m²	616.32m²	31.60	9.33	
	普通门工程	0.06m²/m²	19.72m²	1.02	0.30	
	防水工程	2.13m²/m²	72314.86m²	630.03	185.97	
	楼地面工程	0.95m²/m²	32324.42m²	310.92	91.78	
	墙柱面工程	1.21m²/m²	41096.54m²	213.37	62.98	
	天棚工程	1.05m²/m²	35559.67m²	46.95	13.86	

安装工程含量指标表

表 1-4-11

总建筑面积：147593.93m²，其中：地上面积（±0.00 以上）：113716.80m²，地下面积（±0.00 以下）：33877.13m²

部位	专业	名称	百方含量	工程总量	总价（万元）	单方造价（元/m²）	备注
地上	电气工程	电气配管	202.29m/100m²	230037.09m	273.50	24.05	
	电气工程	电线	587.29m/100m²	667843.93m	292.72	25.74	
	电气工程	母线电缆	9.97m/100m²	11334.77m	109.48	9.63	
	电气工程	桥架线槽	1.35m/100m²	1535.84m	13.97	1.23	
	电气工程	开关插座	31.71 套/100m²	36061 套	68.80	6.05	
	电气工程	灯具	14.97 套/100m²	17027 套	192.50	16.93	
	电气工程	设备	3.35 台/100m²	3813 台	264.46	23.26	
	给排水工程	给水管道	69.50m/100m²	79028.36m	186.48	16.40	
	给排水工程	排水管道	45.87m/100m²	52156.62m	324.92	28.57	
	给排水工程	阀部件类	12.89 套/100m²	14662 套	259.77	22.84	
	给排水工程	卫生器具	10.67 套/100m²	12129 套	321.66	28.29	
	消防电工程	消防电配管	37.91m/100m²	43108.21m	55.13	4.85	
	消防电工程	消防电配线、缆	71.85m/100m²	81704.00m	74.84	6.58	
	消防电工程	消防电末端装置	6.44 套/100m²	7319 套	87.65	7.71	
	消防电工程	消防电设备	4.06 台/100m²	4621 台	135.38	11.91	
	消防水工程	消防水管道	2.18m/100m²	2475.56m	37.63	3.31	
	消防水工程	消防水阀类	0.07 套/100m²	75 套	10.90	0.96	
	消防水工程	消防水设备	0.38 台/100m²	437 台	76.56	6.73	
	通风空调工程	通风管道	0.05m²/100m²	56.00m²	0.73	0.06	
	通风空调工程	通风阀部件	0.01 套/100m²	7 套	0.17	0.02	
	通风空调工程	通风设备	0.03 台/100m²	36 台	2.30	0.20	

续表

部位	专业	名称	百方含量	工程总量	总价（万元）	单方造价（元/m^2）	备注
地下	电气工程	电气配管	84.81m/100m^2	28732.52m	37.47	11.06	
	电气工程	电线	193.50m/100m^2	65552.13m	26.28	7.76	
	电气工程	母线电缆	53.47m/100m^2	18114.56m	184.83	54.56	
	电气工程	桥架线槽	7.90m/100m^2	2676.99m	38.06	11.23	
	电气工程	开关插座	0.61套/100m^2	205套	0.37	0.11	
	电气工程	灯具	6.29套/100m^2	2132套	19.97	5.89	
	电气工程	设备	0.71台/100m^2	241台	57.54	16.98	
	给排水工程	给水管道	8.88m/100m^2	3008.51m	26.81	7.91	
	给排水工程	排水管道	3.97m/100m^2	1343.58m	14.93	4.41	
	给排水工程	阀部件类	1.97套/100m^2	667套	46.89	13.84	
	给排水工程	卫生器具	0.23套/100m^2	77套	0.37	0.11	
	给排水工程	给排水设备	0.39台/100m^2	133台	135.03	39.86	
	给排水工程	消防水设备	0.61台/100m^2	206台	53.52	15.80	
	消防电工程	消防电配管	62.77m/100m^2	21263.56m	27.57	8.14	
	消防电工程	消防电配线、缆	173.85m/100m^2	58896.36m	58.60	17.30	
	消防电工程	消防电末端装置	4.44套/100m^2	1504套	18.84	5.56	
	消防电工程	消防电设备	6.62台/100m^2	2241台	43.84	12.94	
	消防水工程	消防水管道	59.30m/100m^2	20088.12m	183.67	54.22	
	消防水工程	消防水阀类	0.77套/100m^2	261套	69.88	20.63	
	消防水工程	消防水末端装置	12.85套/100m^2	4354套	16.37	4.83	
	通风空调工程	通风管道	18.73m^2/100m^2	6346.53m^2	84.85	25.05	
	通风空调工程	通风阀部件	1.74套/100m^2	591套	47.52	14.03	
	通风空调工程	通风设备	0.22台/100m^2	75台	83.98	24.79	

项目费用组成图

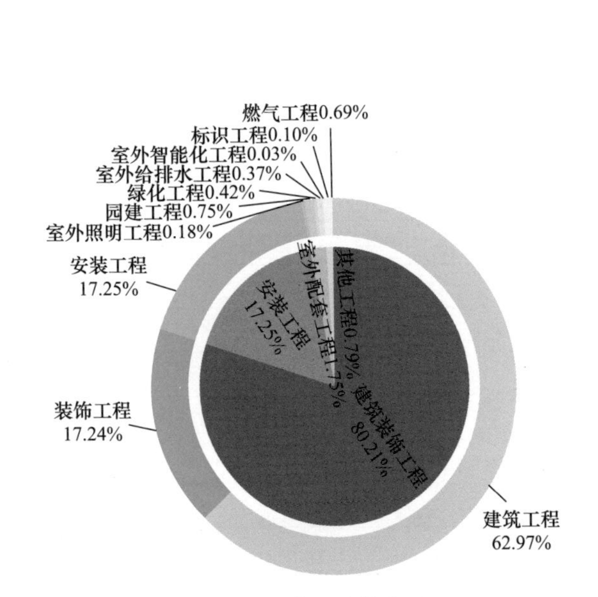

图 1-4-1 专业造价占比

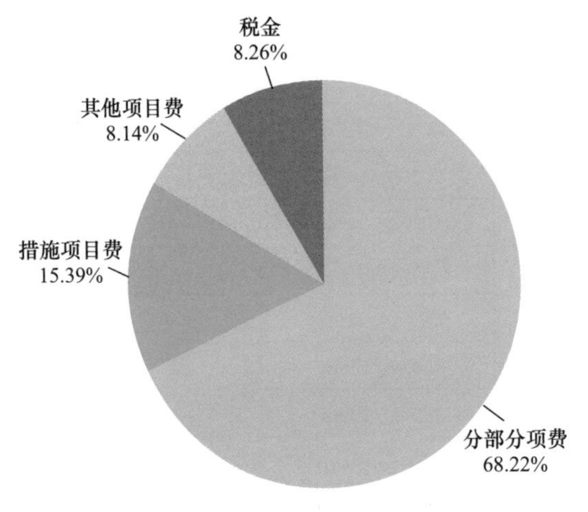

图 1-4-2 造价形成占比

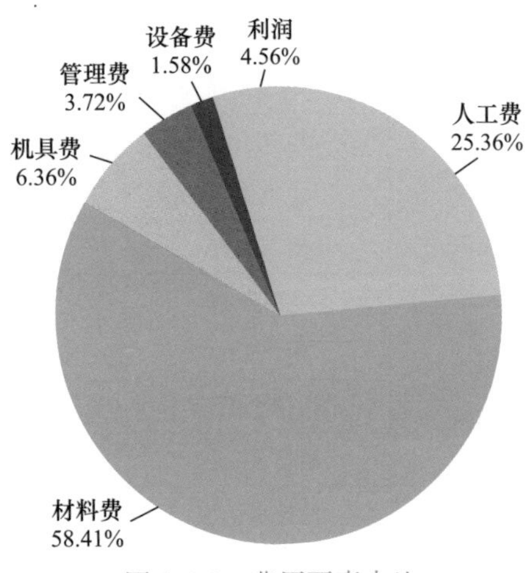

图 1-4-3 费用要素占比

专业名称	金额（元）	费用占比（%）
建筑装饰工程	426897304.08	80.21
安装工程	91825309.51	17.25
室外配套工程	9316181.49	1.75
其他工程	4207132.95	0.79

费用名称	金额（元）	费用占比（%）
分部分项费	363088515.75	68.22
措施项目费	81902652.72	15.39
其他项目费	43307848.07	8.14
税金	43946911.49	8.26

费用名称	金额（元）	费用占比（%）
人工费	77192163.38	25.36
材料费	177773645.86	58.41
机具费	19347213.78	6.36
管理费	11333385.19	3.72
设备费	4806906.90	1.58
利润	13892123.38	4.56

5. 高层住宅楼 5

工程概况表　　　　表 1-5-1

工程类别	住宅小区		计价依据	清单	国标 13 清单计价规范
工程所在地	广东省广州市			定额	广东省 2010 系列定额
建设性质	新建			其他	—
建筑面积（m^2）	合计	40597.79	计税形式		营业税计税法
	其中：±0.00 以上	12339.65	采价时间		2015-4
	±0.00 以下	28258.14	工程造价（万元）		15294.80
人防面积（m^2）	28258.14		单方造价（元/m^2）		3767.40
其他规模	室外面积（m^2）	2387.80	资金来源		财政
	其他规模	—			
建筑高度（m）	±0.00 以上	58.70	装修标准		初装
	±0.00 以下	5.75	绿色建筑标准		基本级
层数	±0.00 以上	16	装配率（%）		—
	±0.00 以下	1	文件形式		招标控制价
层高（m）	首层	3.60	场地类别		二类
	标准层	2.95	结构类型		剪力墙
	顶层	7.69	抗震设防烈度		6
	地下室	4.55	抗震等级		四级

本工程主要包含：
1. 建筑工程：土石方工程，基坑支护工程，桩基础工程，砌筑工程，钢筋混凝土工程，金属结构工程，门窗工程，屋面及防水工程，保温隔热防腐工程，模板工程，脚手架工程，人防门工程；
2. 装饰工程：楼地面工程，内墙面工程，天棚工程，外墙面工程，其他工程；
3. 安装工程：电气工程，给排水工程，通风空调工程，消防水工程，消防电工程，气体灭火工程，智能化工程，人防安装工程

建设项目投资指标表

表 1-5-2

总建筑面积：40597.79 m^2，其中：地上面积（±0.00 以上）：12339.65m^2，地下面积（±0.00 以下）：28258.14m^2

序号	名称	金额（万元）	单位指标（元/m^2）	造价占比（%）	备注
1	建筑安装工程费用	15294.80	3767.40	100.00	
1.1	建筑工程	10018.92	2467.85	65.51	
1.2	装饰工程	1646.82	405.64	10.77	
1.3	安装工程	2475.02	609.64	16.18	
1.4	人防工程	1154.04	284.26	7.55	

地上工程造价指标分析表

表 1-5-3

地上面积（±0.00 以上）：12339.65m^2

专业		工程造价（万元）	经济指标（元/m^2）	总造价占比（%）	备注
建筑工程		1818.98	1474.09	61.89	
装饰工程		691.42	560.32	23.52	
安装工程		428.69	347.41	14.59	
合计		2939.09	2381.82	100.00	
建筑工程	砌筑工程	96.47	78.18	3.28	
	钢筋混凝土工程	493.67	400.07	16.80	
	金属结构工程	54.48	44.15	1.85	
	门窗工程	259.53	210.32	8.83	
	屋面及防水工程	146.93	119.07	5.00	
	保温隔热防腐工程	16.32	13.23	0.56	
	脚手架工程	131.00	106.16	4.46	
	模板工程	244.57	198.20	8.32	
	单价措施项目	102.60	83.15	3.49	

续表

专业		工程造价（万元）	经济指标（元/m²）	总造价占比（%）	备注
建筑工程	总价措施项目	41.72	33.81	1.42	
	其他项目	170.56	138.22	5.80	
	税金	61.12	49.53	2.08	
装饰工程	楼地面工程	129.00	104.54	4.39	
	内墙面工程	168.84	136.83	5.74	
	天棚工程	36.16	29.30	1.23	
	外墙面工程	156.73	127.01	5.33	
	其他工程	84.41	68.41	2.87	
	总价措施项目	18.29	14.82	0.62	
	其他项目	74.77	60.59	2.54	
	税金	23.23	18.83	0.79	
安装工程	电气工程	183.97	149.09	6.26	
	给排水工程	78.04	63.24	2.66	
	通风空调工程	7.34	5.95	0.25	
	消防电工程	15.33	12.42	0.52	
	消防水工程	42.91	34.78	1.46	
	智能化工程	12.78	10.36	0.43	
	措施项目	29.66	24.04	1.01	
	其他项目	44.25	35.86	1.51	
	税金	14.40	11.67	0.49	

地上工程造价及工程费用分析表

表 1-5-4

地上面积（±0.00 以上）：12339.65m²

工程造价分析

工程造价组成分析	工程造价（万元）	单方造价（元/m²）		分部分项工程费		措施项目费		其他项目费		税金		总造价占比（%）
				万元	占比（%）	万元	占比（%）	万元	占比（%）	万元	占比（%）	
建筑工程	1818.98	448.05	构成	1067.40	58.68	519.90	28.58	170.56	9.38	61.12	3.36	61.89
装饰工程	691.42	170.31		575.13	83.18	18.29	2.65	74.77	10.81	23.23	3.36	23.52
安装工程	428.69	105.59		340.37	79.40	29.66	6.92	44.25	10.32	14.40	3.36	14.59
合计	2939.09	723.95		1982.91	67.47	567.85	19.32	289.57	9.85	98.76	3.36	100.00

工程费用分析（分部分项工程费）

费用组成分析		分部分项工程费（万元）		人工费		材料费		机械费		管理费		利润	
				万元	占比（%）	万元	占比（%）	万元	占比（%）	万元	占比（%）	万元	占比（%）
建筑工程		1067.40	构成	207.44	19.43	793.57	74.35	5.09	0.48	23.96	2.24	37.35	3.50
装饰工程		575.13		265.01	46.08	237.21	41.24	2.74	0.48	22.46	3.91	47.71	8.30
安装工程		340.37		78.01	22.92	234.17	68.80	3.05	0.90	11.09	3.26	14.05	4.13
合计		1982.91		550.46	27.76	1264.95	63.79	10.87	0.55	57.52	2.90	99.11	5.00
建筑工程	砌筑工程	96.47		27.61	28.63	61.79	64.06	—	—	2.09	2.17	4.97	5.15
	钢筋混凝土工程	493.67		94.97	19.24	362.38	73.40	4.49	0.91	14.73	2.98	17.09	3.46
	金属结构工程	54.48		13.18	24.18	37.76	69.32	—	—	1.16	2.13	2.38	4.37
	门窗工程	259.53		14.28	5.50	241.59	93.09	0.04	0.02	1.05	0.41	2.57	0.99
	屋面及防水工程	146.93		51.97	35.37	80.59	54.85	0.55	0.37	4.47	3.04	9.36	6.37
	保温隔热防腐工程	16.32		5.43	33.28	9.46	57.94	—	—	0.46	2.79	0.98	5.99
装饰工程	楼地面工程	129.00		42.31	32.80	75.26	58.34	0.07	0.05	3.75	2.91	7.61	5.90
	内墙面工程	168.84		97.08	57.50	46.54	27.56	—	—	7.73	4.58	17.49	10.36
	天棚工程	36.16		23.12	63.95	7.13	19.71	—	—	1.75	4.83	4.16	11.51
	外墙面工程	156.73		83.07	53.00	51.35	32.76	—	—	7.36	4.70	14.95	9.54
	其他工程	84.41		19.43	23.02	56.94	67.45	2.67	3.16	1.88	2.22	3.50	4.14
安装工程	电气工程	183.97		38.85	21.11	131.07	71.24	1.47	0.80	5.59	3.04	7.00	3.81

续表

费用组成分析		分部分项工程费（万元）		人工费		材料费		机械费		管理费		利润	
				万元	占比（%）	万元	占比（%）	万元	占比（%）	万元	占比（%）	万元	占比（%）
安装工程	给排水工程	78.04	构成	19.48	24.96	51.70	66.25	0.63	0.81	2.72	3.49	3.51	4.49
	通风空调工程	7.34		1.00	13.56	5.96	81.25	0.07	0.99	0.13	1.76	0.18	2.44
	消防电工程	15.33		6.47	42.23	6.72	43.82	0.04	0.27	0.93	6.09	1.16	7.59
	消防水工程	42.91		6.82	15.88	33.10	77.13	0.83	1.92	0.95	2.21	1.23	2.86
	智能化工程	12.78		5.40	42.23	5.63	44.09	0.01	0.06	0.77	6.05	0.97	7.57

地下工程造价指标分析表

表 1-5-5

地下面积（±0.00 以下）：28258.14m^2

专业		工程造价（万元）	经济指标（元/m^2）	总造价占比（%）	备注
建筑工程		8199.94	2901.80	66.37	
装饰工程		955.40	338.10	7.73	
安装工程		2046.33	724.16	16.56	
人防工程		1154.04	408.39	9.34	以人防面积计算
合计		12355.71	4372.44	100.00	
建筑工程	土石方工程	180.13	63.74	1.46	
	基坑支护工程	14.57	5.16	0.12	
	桩基础工程	738.64	261.39	5.98	
	砌筑工程	41.31	14.62	0.33	
	钢筋混凝土工程	4204.60	1487.92	34.03	
	金属结构工程	59.51	21.06	0.48	
	门窗工程	41.94	14.84	0.34	
	防水工程	816.79	289.05	6.61	
	保温隔热防腐工程	14.47	5.12	0.12	
	脚手架工程	64.44	22.80	0.52	
	模板工程	514.26	181.99	4.16	
	单价措施项目	161.39	57.11	1.31	

续表

专业		工程造价（万元）	经济指标（元/m²）	总造价占比（%）	备注
建筑工程	总价措施项目	210.73	74.57	1.71	
	其他项目	861.63	304.92	6.97	
	税金	275.53	97.51	2.23	
装饰工程	楼地面工程	352.23	124.65	2.85	
	内墙面工程	297.81	105.39	2.41	
	天棚工程	130.48	46.17	1.06	
	外墙面工程	8.90	3.15	0.07	
	其他工程	5.28	1.87	0.04	
	总价措施项目	25.27	8.94	0.20	
	其他项目	103.31	36.56	0.84	
	税金	32.10	11.36	0.26	
安装工程	电气工程	767.90	271.74	6.21	
	给排水工程	135.24	47.86	1.09	
	通风空调工程	238.64	84.45	1.93	
	消防电工程	23.05	8.16	0.19	
	消防水工程	492.77	174.38	3.99	
	气体灭火工程	5.22	1.85	0.04	
	措施项目	98.58	34.89	0.80	
	其他项目	216.17	76.50	1.75	
	税金	68.76	24.33	0.56	
人防工程	人防门工程	647.08	228.99	5.24	
	人防电气工程	225.20	79.70	1.82	
	人防给排水工程	9.86	3.49	0.08	
	人防通风工程	70.19	24.84	0.57	
	措施项目	38.91	13.77	0.31	
	其他项目	124.03	43.89	1.00	
	税金	38.78	13.72	0.31	

地下工程造价及工程费用分析表

表 1-5-6

地下面积（±0.00 以下）：28258.14m^2

工程造价分析

工程造价组成分析	工程造价（万元）	单方造价（元/m^2）	构成	分部分项工程费		措施项目费		其他项目费		税金		总造价占比（%）
				万元	占比（%）	万元	占比（%）	万元	占比（%）	万元	占比（%）	
建筑工程	8199.94	2901.80	构成	6111.96	74.54	950.81	11.60	861.63	10.51	275.53	3.36	66.37
装饰工程	955.40	338.10		794.71	83.18	25.27	2.65	103.31	10.81	32.10	3.36	7.73
安装工程	2046.33	724.16		1662.82	81.26	98.58	4.82	216.17	10.56	68.76	3.36	16.56
人防工程	1154.04	408.39		952.32	82.52	38.91	3.37	124.03	10.75	38.78	3.36	9.34
合计	12355.71	4372.44		9521.82	77.06	1113.58	9.01	1305.14	10.56	415.17	3.36	100.00

工程费用分析（分部分项工程费）

费用组成分析		分部分项工程费（万元）	构成	人工费		材料费		机械费		管理费		利润	
				万元	占比（%）	万元	占比（%）	万元	占比（%）	万元	占比（%）	万元	占比（%）
建筑工程		6111.96	构成	978.80	16.01	4494.29	73.53	296.26	4.85	166.43	2.72	176.19	2.88
装饰工程		794.71		430.75	54.20	257.88	32.45	0.69	0.09	27.88	3.51	77.52	9.75
安装工程		1662.82		315.43	18.97	1234.09	74.22	22.81	1.37	33.68	2.03	56.81	3.42
人防工程		952.32		59.50	6.25	872.90	91.66	2.75	0.29	6.45	0.68	10.72	1.13
合计		9521.82		1784.47	18.74	6859.16	72.04	322.51	3.39	234.44	2.46	321.24	3.37
建筑工程	土石方工程	180.13		29.99	16.65	8.87	4.92	117.63	65.31	18.23	10.12	5.39	2.99
	基坑支护工程	14.57		6.01	41.24	4.60	31.59	2.04	14.00	0.84	5.75	1.08	7.42
	桩基础工程	738.64		67.53	9.14	527.72	71.45	108.68	14.71	22.54	3.05	12.17	1.65
	砌筑工程	41.31		14.26	34.52	23.64	57.24	—	—	0.84	2.02	2.57	6.21
	钢筋混凝土工程	4204.60		636.46	15.14	3283.49	78.09	63.88	1.52	106.20	2.53	114.57	2.72
	金属结构工程	59.51		7.55	12.69	49.23	82.72	0.77	1.29	0.60	1.01	1.36	2.28
	门窗工程	41.94		0.90	2.14	40.84	97.36	—	—	0.05	0.11	0.16	0.39
	防水工程	816.79		212.27	25.99	546.22	66.87	3.25	0.40	16.85	2.06	38.20	4.68
	保温隔热防腐工程	14.47		3.82	26.42	9.67	66.83	0.01	0.08	0.28	1.91	0.69	4.76
装饰工程	楼地面工程	352.23		135.80	38.55	181.30	51.47	0.65	0.18	10.03	2.85	24.45	6.94
	内墙面工程	297.81		194.18	65.20	56.44	18.95	0.01	0.00	12.24	4.11	34.94	11.73

续表

费用组成分析		分部分项工程费（万元）		人工费		材料费		机械费		管理费		利润	
				万元	占比（%）	万元	占比（%）	万元	占比（%）	万元	占比（%）	万元	占比（%）
装饰工程	天棚工程	130.48		94.46	72.40	13.95	10.69	—	—	5.09	3.90	16.99	13.02
	外墙面工程	8.90		4.91	55.19	2.67	29.98	—	—	0.44	4.90	0.88	9.93
	其他工程	5.28		1.39	26.33	3.52	66.58	0.04	0.73	0.09	1.61	0.25	4.74
安装工程	电气工程	767.90		121.33	15.80	607.99	79.18	3.37	0.44	13.34	1.74	21.87	2.85
	给排水工程	135.24		20.32	15.02	106.35	78.64	2.62	1.94	2.29	1.69	3.66	2.70
	通风空调工程	238.64	构成	65.04	27.25	152.18	63.77	3.07	1.29	6.64	2.78	11.72	4.91
	消防电工程	23.05		10.66	46.25	9.14	39.64	0.17	0.75	1.16	5.04	1.92	8.32
	消防水工程	492.77		97.59	19.80	353.85	71.81	13.57	2.75	10.21	2.07	17.56	3.56
	气体灭火工程	5.22		0.49	9.38	4.59	87.92	—	—	0.05	1.00	0.09	1.69
人防工程	人防门工程	647.08		—	—	647.08	100.00	—	—	—	—	—	—
	人防电气工程	225.20		36.98	16.42	176.62	78.42	0.85	0.38	4.09	1.81	6.67	2.96
	人防给排水工程	9.86		3.63	36.86	4.89	49.62	0.28	2.89	0.39	3.99	0.65	6.63
	人防通风工程	70.19		18.88	26.90	44.32	63.15	1.61	2.30	1.97	2.81	3.40	4.84

建筑工程含量指标表 **表 1-5-7**

总建筑面积：40597.79m^2，其中：地上面积（±0.00 以上）：12339.65m^2，地下面积（±0.00 以下）：28258.14m^2

部位	名称	单方含量	工程总量	总价（万元）	单方造价（元/m^2）	备注
地上	砌筑工程	0.20m^3/m^2	2517.05m^3	96.47	78.18	
	钢筋工程	48.45kg/m^2	597820.00kg	237.06	192.11	
	混凝土工程	0.40m^3/m^2	4899.67m^3	255.34	206.93	
	模板工程	3.49m^2/m^2	43035.24m^2	244.57	198.20	
	门窗工程	0.37m^2/m^2	4551.46m^2	259.53	210.32	
	屋面工程	0.20m^2/m^2	2497.92m^2	38.69	31.35	

续表

部位	名称	单方含量	工程总量	总价（万元）	单方造价（元/m^2）	备注
地上	防水工程	1.70m^2/m^2	20989.36m^2	108.24	87.72	
	楼地面工程	0.93m^2/m^2	11442.45m^2	129.00	104.54	
	内墙面工程	2.60m^2/m^2	32101.65m^2	168.84	136.83	
	外墙面工程	1.00m^2/m^2	12389.89m^2	156.73	127.01	
	天棚工程	1.02m^2/m^2	12638.75m^2	36.16	29.30	
地下	土石方开挖工程	1.02m^3/m^2	28803.01m^3	28.74	10.17	
	土石方回填工程	1.19m^3/m^2	33646.94m^3	92.85	32.86	
	管桩工程	1.11m/m^2	31257.00m	738.64	261.39	
	支护工程	—	—	14.57	5.16	
	砌筑工程	0.03m^3/m^2	972.44m^3	41.31	14.62	
	钢筋工程	216.37kg/m^2	6114130.00kg	2249.46	796.04	
	混凝土工程	1.31m^3/m^2	37114.86m^3	1951.90	690.74	
	模板工程	2.70m^2/m^2	76435.41m^2	514.26	181.99	
	防火门工程	0.02m^2/m^2	687.93m^2	37.93	13.42	
	普通门工程	0.35m^2/m^2	97.56m^2	4.01	1.42	
	防水工程	3.16m^2/m^2	89198.22m^2	610.17	215.93	
	楼地面工程	0.99m^2/m^2	27985.31m^2	352.23	124.65	
	墙柱面工程	1.51m^2/m^2	42586.38m^2	306.72	108.54	
	天棚工程	1.20m^2/m^2	33942.93m^2	130.48	46.17	
	人防门工程	0.03m^2/m^2	838.57m^2	647.08	228.99	

安装工程含量指标表

表 1-5-8

总建筑面积：40597.79m^2，其中：地上面积（±0.00 以上）：12339.65m^2，地下面积（±0.00 以下）：28258.14m^2

部位	专业	名称	百方含量	工程总量	总价（万元）	单方造价（元/m^2）	备注
地上	电气工程	电气配管	158.23m/100m^2	19525.50m	19.55	15.84	
	电气工程	电线	538.58m/100m^2	66458.50m	33.49	27.14	
	电气工程	母线电缆	8.87m/100m^2	1095.00m	18.41	14.92	
	电气工程	桥架线槽	6.05m/100m^2	746.70m	16.60	13.45	
	电气工程	开关插座	30.73 套/100m^2	3792 套	9.18	7.44	
	电气工程	灯具	14.67 套/100m^2	1810 套	28.94	23.46	
	电气工程	设备	3.51 台/100m^2	433 台	42.98	34.83	
	给排水工程	给水管道	46.00m/100m^2	5675.69m	17.01	13.78	
	给排水工程	排水管道	42.50m/100m^2	5244.65m	26.39	21.39	
	给排水工程	阀部件类	5.50 套/100m^2	679 套	12.71	10.30	
	给排水工程	卫生器具	8.48 套/100m^2	1046 套	21.93	17.77	
	消防电工程	消防电配管	94.84m/100m^2	11702.74m	14.36	11.64	
	消防电工程	消防电配线、缆	—	—	0.61	0.49	
	消防电工程	消防电设备	0.01 台/100m^2	1 台	0.36	0.29	
	消防水工程	消防水管道	14.98m/100m^2	1849.07m	18.39	14.90	
	消防水工程	消防水阀类	0.19 套/100m^2	23 套	2.87	2.33	
	消防水工程	消防水末端装置	5.41 套/100m^2	667 套	2.12	1.72	
	消防水工程	消防水设备	1.15 台/100m^2	142 台	19.53	15.82	
	通风空调工程	通风管道	0.69m^2/100m^2	85.14m^2	1.28	1.04	
	通风空调工程	通风阀部件	0.27 套/100m^2	33 套	2.29	1.86	
	通风空调工程	通风设备	0.18 台/100m^2	22 台	3.77	3.05	

续表

部位	专业	名称	百方含量	工程总量	总价（万元）	单方造价（元/m²）	备注
地下	电气工程	电气配管	106.95m/100m²	30222.05m	57.19	20.24	
	电气工程	电线	897.14m/100m²	253515.51m	137.01	48.48	
	电气工程	母线电缆	66.45m/100m²	18778.15m	386.53	136.78	
	电气工程	桥架线槽	20.97m/100m²	5925.69m	74.76	26.46	
	电气工程	开关插座	2.41套/100m²	682套	2.65	0.94	
	电气工程	灯具	17.33套/100m²	4896套	57.34	20.29	
	电气工程	设备	0.37台/100m²	105台	45.73	16.18	
	给排水工程	给水管道	10.66m/100m²	3011.09m	43.26	15.31	
	给排水工程	排水管道	4.94m/100m²	1395.35m	21.47	7.60	
	给排水工程	阀部件类	1.90套/100m²	537套	37.60	13.31	
	给排水工程	给排水设备	0.24台/100m²	69台	32.90	11.64	
	给排水工程	消防水设备	2.42台/100m²	683台	65.53	23.19	
	消防电工程	消防电配管	36.15m/100m²	10215.46m	14.57	5.16	
	消防电工程	消防电配线、缆	—	—	3.69	1.31	
	消防电工程	消防电设备	0.07台/100m²	21台	4.79	1.69	
	消防水工程	消防水管道	68.64m/100m²	19396.38m	272.60	96.47	
	消防水工程	消防水阀类	2.48套/100m²	701套	140.47	49.71	
	消防水工程	消防水末端装置	11.64套/100m²	3290套	14.18	5.02	
	通风空调工程	通风管道	24.61m²/100m²	6953.85m²	105.46	37.32	
	通风空调工程	通风阀部件	1.43套/100m²	403套	54.38	19.24	
	通风空调工程	通风设备	0.17台/100m²	49台	78.80	27.89	

项目费用组成图

人防工程
7.55%
安装工程
16.18%
装饰工程
10.77%
建筑工程
65.51%
人防工程
7.55%
安装工程
16.18%
建筑装饰工程
76.27%

图 1-5-1　专业造价占比

专业名称	金额（元）	费用占比（%）
建筑装饰工程	116657355.96	76.27
安装工程	24750212.67	16.18
人防工程	11540401.19	7.55

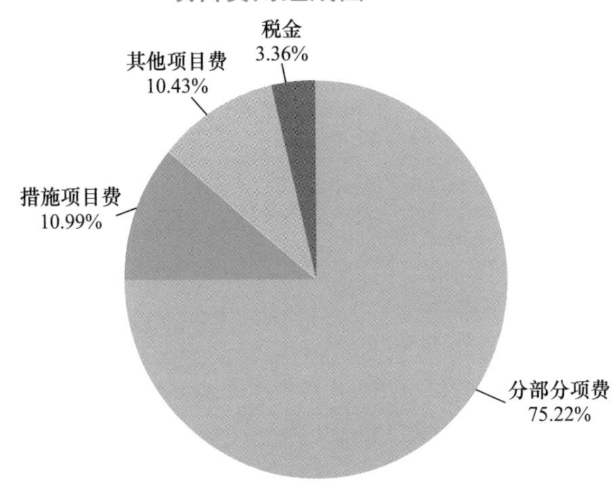

图 1-5-2　造价形成占比

费用名称	金额（元）	费用占比（%）
分部分项费	115047265.33	75.22
措施项目费	16814266.52	10.99
其他项目费	15947130.77	10.43
税金	5139307.20	3.36

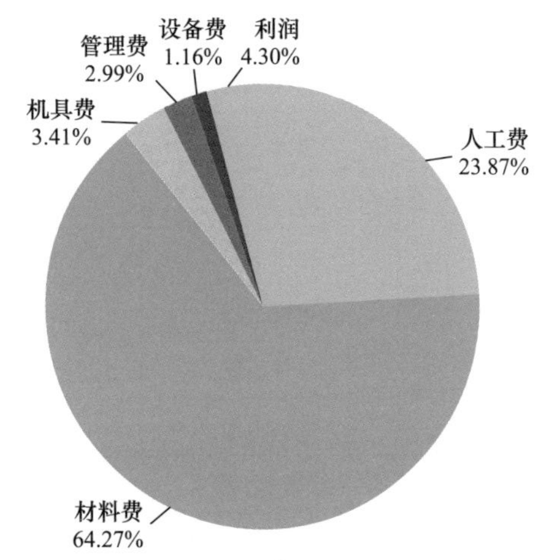

图 1-5-3　费用要素占比

费用名称	金额（元）	费用占比（%）
人工费	23349317.21	23.87
材料费	62858363.78	64.27
机具费	3333765.08	3.41
管理费	2919576.10	2.99
设备费	1137856.20	1.16
利润	4203474.22	4.30

第二章　办公建筑

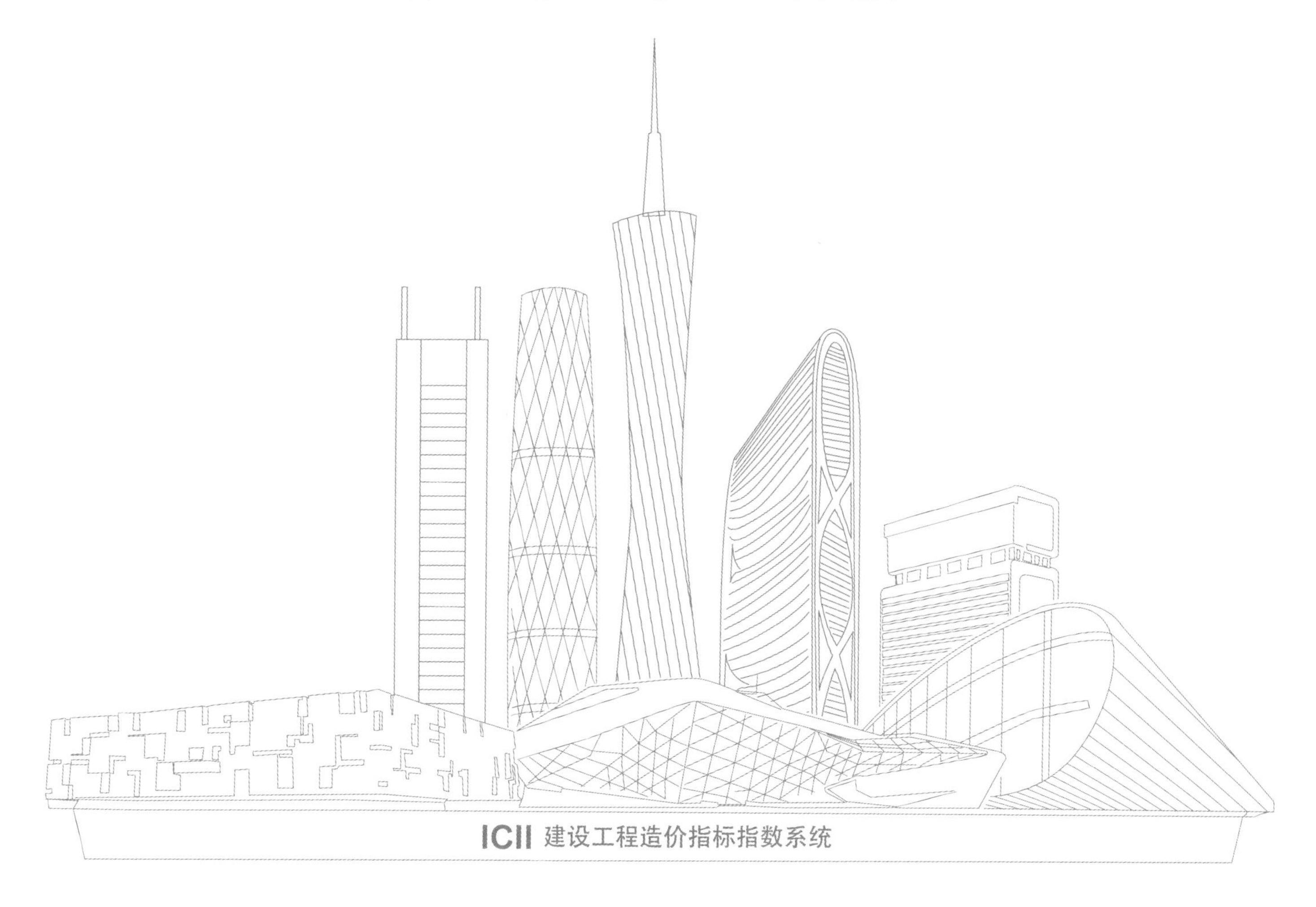

1. 高层办公楼 1

工程概况表　　表 2-1-1

工程类别	行政办公/公共服务		计价依据	清单	国标 13 清单计价规范
工程所在地	广东省广州市			定额	广东省 2018 系列定额
建设性质	新建			其他	—
建筑面积（m^2）	合计	44801.95	计税形式		增值税
	其中：±0.00 以上	27073.48	采价时间		2021-9
	±0.00 以下	17728.47	工程造价（万元）		14082.81
人防面积（m^2）	—		单方造价（元/m^2）		3143.35
其他规模	室外面积（m^2）	—	资金来源		企业自筹
	其他规模	—			
建筑高度（m）	±0.00 以上	81.90	装修标准		初装
	±0.00 以下	16.20	绿色建筑标准		—
层数	±0.00 以上	16	装配率（%）		50
	±0.00 以下	3	文件形式		招标控制价
层高（m）	首层	9	场地类别		二类
	标准层	4.5	结构类型		框架-剪力墙
	顶层	5.4	抗震设防烈度		7
	地下室	5.7	抗震等级		框架-剪力墙负三层四级，负二层三级，其余二级

本工程主要包含：

1. 建筑工程：土石方工程，基坑支护工程，桩基础工程，装配式工程，砌筑工程，钢筋混凝土工程，金属结构工程，门窗工程，屋面及防水工程，保温隔热防腐工程，模板工程，脚手架工程；
2. 装饰工程：楼地面工程，内墙面工程，天棚工程，外墙面工程，幕墙工程，其他工程；
3. 安装工程：电气工程，给排水工程，通风空调工程，消防水工程，消防电工程，气体灭火工程，充电桩工程

建设项目投资指标表

表 2-1-2

总建筑面积：44801.95m^2，其中：地上面积（±0.00 以上）：27073.48m^2，地下面积（±0.00 以下）：17728.47m^2

序号	名称	金额（万元）	单位指标（元/m^2）	造价占比（%）	备注
1	建筑安装工程费用	14082.81	3143.35	100.00	
1.1	建筑工程	7597.19	1695.73	53.95	
1.2	装饰工程	4189.40	935.09	29.75	
1.3	安装工程	2296.23	512.53	16.31	

工程造价指标分析表

表 2-1-3

总建筑面积：44801.95m^2，其中：地上面积（±0.00 以上）：27073.48m^2，地下面积（±0.00 以下）：17728.47m^2

专业			工程造价（万元）	经济指标（元/m^2）	总造价占比（%）	备注
建筑工程			7597.19	1695.73	53.95	
装饰工程			4189.40	935.09	29.75	
安装工程			2296.23	512.53	16.30	
合计			14082.81	3143.35	100.00	
地上	建筑工程	砌筑工程	58.60	21.64	0.42	
		钢筋混凝土工程	1194.12	441.07	8.48	
		装配式工程	785.05	289.97	5.57	
		金属结构工程	1.05	0.39	0.01	
		门窗工程	36.57	13.51	0.26	
		屋面及防水工程	36.51	13.49	0.26	
		保温隔热防腐工程	16.65	6.15	0.12	
		脚手架工程	271.77	100.38	1.93	
		模板工程	330.37	122.03	2.35	
		单价措施项目	156.30	57.73	1.11	
		总价措施项目	50.94	18.82	0.36	

续表

专业			工程造价（万元）	经济指标（元/m²）	总造价占比（%）	备注
地上	建筑工程	其他项目	18.77	6.93	0.13	
		税金	266.10	98.29	1.89	
	装饰工程	楼地面工程	28.21	10.42	0.20	
		内墙面工程	80.33	29.67	0.57	
		天棚工程	0.09	0.03	0.00	
		外墙面工程	19.51	7.21	0.14	
		幕墙工程	1903.10	702.94	13.51	
		其他工程	31.99	11.82	0.23	
		单价措施项目	758.43	280.14	5.39	
		总价措施项目	55.85	20.63	0.40	
		其他项目	20.57	7.60	0.15	
		税金	260.83	96.34	1.85	
	安装工程	电气工程	386.56	142.78	2.74	
		给排水工程	57.92	21.40	0.41	
		通风空调工程	402.10	148.52	2.86	
		消防电工程	116.62	43.07	0.83	
		消防水工程	182.27	67.33	1.29	
		措施项目	106.14	39.20	0.75	
		其他项目	22.33	8.25	0.16	
		税金	114.65	42.35	0.81	
地下	建筑工程	土石方工程	80.71	45.53	0.57	
		基坑支护工程	180.37	101.74	1.28	
		桩基础工程	465.33	262.48	3.30	
		砌筑工程	62.61	35.32	0.44	

续表

专业			工程造价（万元）	经济指标（元/m²）	总造价占比（%）	备注
地下	建筑工程	钢筋混凝土工程	2284.33	1288.51	16.22	
		金属结构工程	15.81	8.92	0.11	
		门窗工程	26.85	15.14	0.19	
		防水工程	227.00	128.04	1.61	
		保温隔热防腐工程	31.82	17.95	0.23	
		脚手架工程	63.19	35.64	0.45	
		模板工程	340.38	191.99	2.42	
		单价措施项目	96.03	54.16	0.68	
		总价措施项目	101.42	57.21	0.72	
		其他项目	37.37	21.08	0.27	
		税金	361.19	203.73	2.56	
	装饰工程	楼地面工程	289.48	163.29	2.06	
		内墙面工程	13.14	7.41	0.09	
		天棚工程	23.21	13.09	0.16	
		外墙面工程	68.37	38.57	0.49	
		其他工程	13.12	7.40	0.09	
		单价措施项目	499.59	281.80	3.55	
		总价措施项目	28.12	15.86	0.20	
		其他项目	10.36	5.84	0.07	
		税金	85.09	47.99	0.60	
	安装工程	电气工程	252.11	142.20	1.79	
		给排水工程	39.78	22.44	0.28	
		通风空调工程	162.25	91.52	1.15	
		消防电工程	79.87	45.05	0.57	
		消防水工程	133.07	75.06	0.94	
		气体灭火工程	10.59	5.97	0.08	
		充电桩工程	47.05	26.54	0.33	

续表

专业			工程造价（万元）	经济指标（元/m²）	总造价占比（%）	备注
地下	安装工程	措施项目	94.15	53.10	0.67	
		其他项目	13.84	7.81	0.10	
		税金	74.94	42.27	0.53	

工程造价及工程费用分析表

表 2-1-4

总建筑面积：44801.95m²，其中：地上面积（±0.00 以上）：27073.48m²，地下面积（±0.00 以下）：17728.47m²

工程造价分析

工程造价组成分析	工程造价（万元）	单方造价（元/m²）		分部分项工程费		措施项目费		其他项目费		税金		总造价占比（%）
				万元	占比（%）	万元	占比（%）	万元	占比（%）	万元	占比（%）	
建筑工程	7597.19	1695.73	构成	5503.38	72.44	1410.39	18.56	56.14	0.74	627.29	8.26	53.95
装饰工程	4189.40	935.09		2470.56	58.97	1341.99	32.03	30.94	0.74	345.91	8.26	29.75
安装工程	2296.23	512.53		1870.18	81.45	200.28	8.72	36.17	1.57	189.60	8.26	16.30
合计	14082.81	3143.35		9844.12	69.90	2952.66	20.97	123.24	0.88	1162.80	8.26	100.00

工程费用分析（分部分项工程费）

费用组成分析		分部分项工程费（万元）		人工费		材料费		机械费		管理费		利润	
				万元	占比（%）	万元	占比（%）	万元	占比（%）	万元	占比（%）	万元	占比（%）
建筑工程		5503.38	构成	605.87	11.01	4356.43	79.16	196.07	3.56	184.61	3.35	160.41	2.91
装饰工程		2470.56		423.71	17.15	1870.63	75.72	18.24	0.74	69.59	2.82	88.39	3.58
安装工程		1870.18		341.43	18.26	1339.04	71.60	20.22	1.08	97.14	5.19	72.35	3.87
合计		9844.12		1371.01	13.93	7566.10	76.86	234.52	2.38	351.33	3.57	321.14	3.26
建筑工程	土石方工程	80.71		17.83	22.09	31.75	39.33	18.31	22.69	5.60	6.94	7.23	8.96
	基坑支护工程	180.37		30.51	16.92	99.12	54.96	27.94	15.49	11.10	6.16	11.69	6.48
	桩基础工程	465.33		43.00	9.24	299.65	64.40	76.03	16.34	22.84	4.91	23.81	5.12
	砌筑工程	121.21		40.73	33.60	66.32	54.71	0.04	0.03	5.97	4.93	8.15	6.73
	钢筋混凝土工程	3478.45		327.34	9.41	2899.83	83.37	64.30	1.85	108.64	3.12	78.33	2.25
	装配式工程	785.05		64.08	8.16	679.04	86.50	9.06	1.15	18.24	2.32	14.63	1.86
	金属结构工程	16.86		7.83	46.45	6.21	36.86	0.01	0.09	1.23	7.28	1.57	9.32

续表

费用组成分析		分部分项工程费（万元）		人工费		材料费		机械费		管理费		利润	
				万元	占比（%）	万元	占比（%）	万元	占比（%）	万元	占比（%）	万元	占比（%）
建筑工程	门窗工程	63.41	构成	5.51	8.68	55.96	88.25	0.04	0.07	0.79	1.25	1.11	1.75
	屋面及防水工程	263.51		49.54	18.80	196.32	74.50	0.29	0.11	7.41	2.81	9.97	3.78
	保温隔热防腐工程	48.47		19.51	40.26	22.23	45.86	0.04	0.07	2.78	5.74	3.91	8.07
装饰工程	楼地面工程	317.69		95.32	30.01	185.47	58.38	0.74	0.23	16.94	5.33	19.21	6.05
	内墙面工程	93.46		42.52	45.49	36.32	38.86	—	—	6.11	6.54	8.51	9.11
	天棚工程	23.31		15.03	64.48	3.01	12.92	—	—	2.27	9.74	3.00	12.86
	外墙面工程	87.88		50.00	56.89	20.04	22.81	0.17	0.20	7.63	8.68	10.04	11.42
	幕墙工程	1903.10		213.73	11.23	1590.40	83.57	17.13	0.90	35.66	1.87	46.17	2.43
	其他工程	45.11		7.10	15.75	35.36	78.39	0.21	0.46	0.98	2.16	1.46	3.24
安装工程	电气工程	638.67		74.22	11.62	522.97	81.89	3.57	0.56	22.32	3.50	15.58	2.44
	给排水工程	97.70		18.82	19.26	67.31	68.89	1.71	1.75	5.75	5.89	4.11	4.20
	通风空调工程	564.35		111.60	19.78	397.58	70.45	3.86	0.68	28.23	5.00	23.09	4.09
	消防电工程	196.49		60.12	30.60	106.26	54.08	0.65	0.33	17.28	8.80	12.17	6.19
	消防水工程	315.34		72.44	22.97	193.64	61.41	10.36	3.29	22.34	7.08	16.56	5.25
	气体灭火工程	10.59		1.72	16.23	7.94	75.03	0.07	0.67	0.50	4.69	0.36	3.38
	充电桩工程	47.05		2.50	5.31	43.33	92.10	—	—	0.72	1.53	0.50	1.06

建筑工程含量指标表

表 2-1-5

总建筑面积：44801.95m^2，其中：地上面积（±0.00 以上）：27073.48m^2，地下面积（±0.00 以下）：17728.47m^2

部位	名称	单方含量	工程总量	总价（万元）	单方造价（元/m^2）	备注
地上	砌筑工程	0.03m^3/m^2	920.14m^3	58.60	21.64	
	钢筋工程	35.08kg/m^2	949740.00kg	646.65	238.85	不含装配式工程
	混凝土工程	0.24m^3/m^2	6461.03m^3	546.30	201.78	不含装配式工程
	模板工程	1.57m^2/m^2	42589.87m^2	330.37	122.03	不含装配式工程
	门窗工程	0.02m^2/m^2	599.47m^2	36.57	13.51	

续表

部位	名称	单方含量	工程总量	总价（万元）	单方造价（元/m^2）	备注
地上	屋面工程	0.16m^2/m^2	4230.40m^2	20.69	7.64	
	防水工程	0.08m^2/m^2	2230.54m^2	15.82	5.84	
	楼地面工程	0.14m^2/m^2	3780.53m^2	28.21	10.42	
	内墙面工程	1.03m^2/m^2	27832.78m^2	80.33	29.67	
	外墙面工程	0.07m^2/m^2	1950.88m^2	19.51	7.21	
	天棚工程	0.19m^2/m^2	51.49m^2	0.09	0.03	
	幕墙工程	0.54m^2/m^2	14637.08m^2	1903.10	702.94	
地下	土石方开挖工程	0.15m^3/m^2	2649.74m^3	3.49	1.97	
	土石方回填工程	0.76m^3/m^2	13505.55m^3	61.30	34.58	
	灌注桩工程	0.13m^3/m^2	2256.70m^3	465.33	262.48	
	支护工程	—	—	180.37	101.74	
	砌筑工程	0.06m^3/m^2	1031.77m^3	62.61	35.32	
	钢筋工程	97.09kg/m^2	1721209.00kg	1147.48	647.25	
	混凝土工程	1.38m^3/m^2	24452.43m^3	1136.85	641.26	
	模板工程	2.36m^2/m^2	41781.64m^2	340.38	191.99	
	防火门工程	0.03m^2/m^2	449.29m^2	26.85	15.14	
	防水工程	1.01m^2/m^2	17883.74m^2	159.52	89.98	
	楼地面工程	0.93m^2/m^2	16460.76m^2	289.48	163.29	
	墙柱面工程	1.04m^2/m^2	18406.50m^2	81.51	45.98	
	天棚工程	1.27m^2/m^2	22601.97m^2	23.21	13.09	

安装工程含量指标表

表 2-1-6

总建筑面积：44801.95m²，其中：地上面积（±0.00 以上）：27073.48m²，地下面积（±0.00 以下）：17728.47m²

部位	专业	名称	百方含量	工程总量	总价（万元）	单方造价（元/m²）	备注
地上	电气工程	电气配管	46.76m/100m²	12659.00m	29.35	10.84	
	电气工程	电线	39.65m/100m²	10735.50m	4.71	1.74	
	电气工程	母线电缆	13.12m/100m²	3552.03m	269.41	99.51	
	电气工程	桥架线槽	4.26m/100m²	1152.00m	9.85	3.64	
	电气工程	开关插座	0.75 套/100m²	202 套	0.62	0.23	
	电气工程	灯具	6.78 套/100m²	1836 套	26.53	9.80	
	电气工程	设备	0.22 台/100m²	60 台	34.42	12.71	
	给排水工程	给水管道	16.02m/100m²	4337.12m	43.76	16.16	
	给排水工程	阀部件类	1.73 套/100m²	469 套	13.00	4.80	
	给排水工程	卫生器具	0.24 套/100m²	65 套	0.91	0.33	
	给排水工程	给排水设备	0.11 台/100m²	30 台	0.26	0.10	
	消防电工程	消防电配管	64.57m/100m²	17480.12m	40.90	15.11	
	消防电工程	消防电配线、缆	109.89m/100m²	29750.72m	17.45	6.45	
	消防电工程	消防电末端装置	4.41 套/100m²	1193 套	20.49	7.57	
	消防电工程	消防电设备	3.65 台/100m²	989 台	37.78	13.95	
	消防水工程	消防水管道	45.53m/100m²	12326.14m	128.38	47.42	
	消防水工程	消防水阀类	1.01 套/100m²	274 套	15.54	5.74	
	消防水工程	消防水末端装置	9.88 套/100m²	2674 套	11.37	4.20	
	消防水工程	消防水设备	0.94 台/100m²	254 台	26.98	9.97	
	通风空调工程	通风管道	20.21m²/100m²	5470.21m²	103.71	38.31	
	通风空调工程	通风阀部件	1.32 套/100m²	358 套	262.11	96.81	
	通风空调工程	通风设备	0.62 台/100m²	167 台	36.29	13.40	

续表

部位	专业	名称	百方含量	工程总量	总价（万元）	单方造价（元/m^2）	备注
地下	电气工程	电气配管	51.76m/100m^2	9177.00m	19.93	11.24	
	电气工程	电线	335.95m/100m^2	59559.50m	26.53	14.96	
	电气工程	母线电缆	28.41m/100m^2	5036.86m	106.40	60.02	
	电气工程	桥架线槽	22.29m/100m^2	3951.00m	25.90	14.61	
	电气工程	开关插座	0.46套/100m^2	81套	0.24	0.14	
	电气工程	灯具	8.58套/100m^2	1521套	22.09	12.46	
	电气工程	设备	0.48台/100m^2	85台	47.93	27.04	
	给排水工程	给水管道	3.09m/100m^2	548.68m	6.94	3.91	
	给排水工程	阀部件类	1.15套/100m^2	204套	9.99	5.63	
	给排水工程	卫生器具	0.10套/100m^2	18套	0.33	0.18	
	给排水工程	给排水设备	0.16台/100m^2	28台	22.52	12.70	
	给排水工程	消防水设备	1.00台/100m^2	177台	22.25	12.55	
	消防电工程	消防电配管	59.07m/100m^2	10471.50m	24.48	13.81	
	消防电工程	消防电配线、缆	154.28m/100m^2	27351.77m	27.09	15.28	
	消防电工程	消防电末端装置	4.37套/100m^2	774套	10.97	6.19	
	消防电工程	消防电设备	2.48台/100m^2	440台	17.32	9.77	
	消防水工程	消防水管道	37.10m/100m^2	6577.83m	71.82	40.51	
	消防水工程	消防水阀类	1.20套/100m^2	213套	30.10	16.98	
	消防水工程	消防水末端装置	11.91套/100m^2	2112套	8.89	5.01	
	通风空调工程	通风管道	17.47m^2/100m^2	3097.08m^2	62.37	35.18	
	通风空调工程	通风阀部件	1.57套/100m^2	279套	56.07	31.63	
	通风空调工程	通风设备	0.20台/100m^2	36台	43.81	24.71	

项目费用组成图

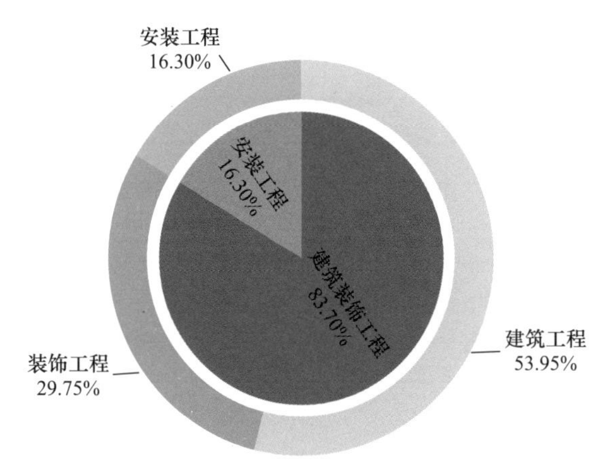

图 2-1-1　专业造价占比

专业名称	金额（元）	费用占比（%）
建筑装饰工程	117865884.47	83.70
安装工程	22962254.02	16.30

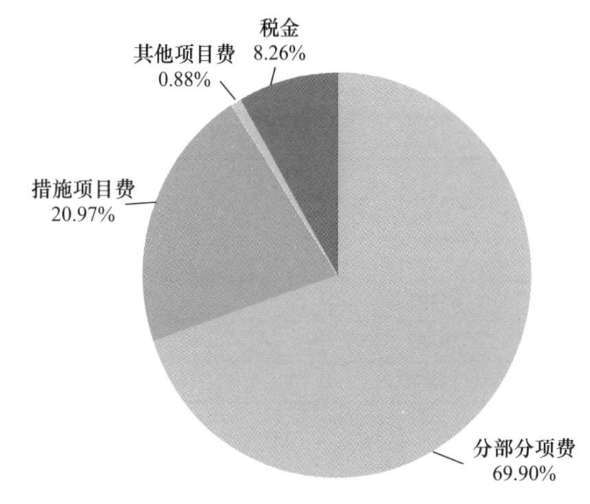

图 2-1-2　造价形成占比

费用名称	金额（元）	费用占比（%）
分部分项费	98441159.55	69.90
措施项目费	29526595.47	20.97
其他项目费	1232372.05	0.88
税金	11628011.42	8.26

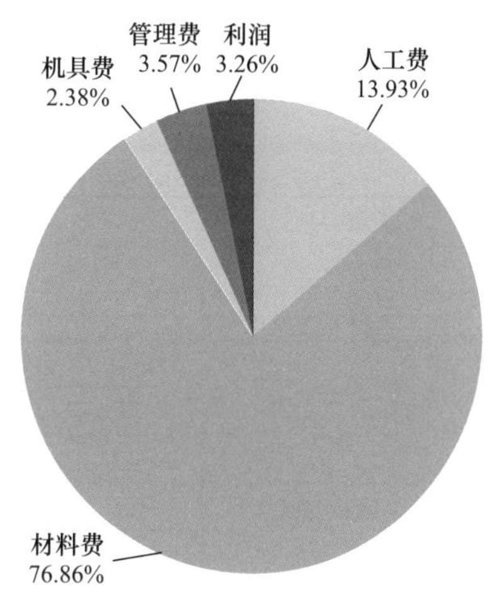

图 2-1-3　费用要素占比

费用名称	金额（元）	费用占比（%）
人工费	13710144.27	13.93
材料费	75663682.83	76.86
机具费	2345239.27	2.38
管理费	3513342.00	3.57
利润	3211442.56	3.26

2. 高层办公楼 2

工程概况表 表 2-2-1

工程类别	行政办公/公共服务		计价依据	清单	国标 13 清单计价规范
工程所在地	广东省广州市			定额	广东省 2018 系列定额
建设性质	—			其他	—
建筑面积（m^2）	合计	63791.69	计税形式		增值税
	其中：±0.00 以上	49167.93	采价时间		2021-2
	±0.00 以下	14623.76	工程造价（万元）		29382.93
人防面积（m^2）	2188.00		单方造价（元/m^2）		4606.08
其他规模	室外面积（m^2）	6215.00	资金来源		企业自筹
	其他规模	—			
建筑高度（m）	±0.00 以上	90.20	装修标准		初装
	±0.00 以下	9.40	绿色建筑标准		一星
层数	±0.00 以上	20	装配率（%）		—
	±0.00 以下	2	文件形式		招标控制价
层高（m）	首层	6.00	场地类别		二类
	标准层	4.15	结构类型		框架-核心筒
	顶层	5.6	抗震设防烈度		6
	地下室	5.5	抗震等级		三级

本工程主要包含：
1. 建筑工程：土石方工程，基坑支护工程，桩基础工程，砌筑工程，钢筋混凝土工程，金属结构工程，门窗工程，屋面及防水工程，保温隔热防腐工程，模板工程，脚手架工程，人防门工程；
2. 装饰工程：楼地面工程，内墙面工程，天棚工程，外墙面工程，幕墙工程，其他工程；
3. 安装工程：电气工程，给排水工程，通风空调工程，消防水工程，消防电工程，气体灭火工程，电梯工程，高低压配电工程，抗震支架工程，充电桩工程，人防安装工程；
4. 室外配套工程：室外给排水工程，室外道路工程，室外照明工程；
5. 其他工程：厨房设备工程

建设项目投资指标表

表 2-2-2

总建筑面积：63791.69m^2，其中：地上面积（±0.00 以上）：49167.93m^2，地下面积（±0.00 以下）：14623.76m^2

序号	名称	金额（万元）	单位指标（元/m^2）	造价占比（%）	备注
1	建筑安装工程费用	29382.93	4606.08	100.00	
1.1	建筑工程	12062.19	1890.87	41.05	
1.2	装饰工程	6495.79	1018.28	22.11	
1.3	安装工程	9726.53	1524.73	33.10	
1.4	人防工程	115.70	18.14	0.39	
1.5	室外配套工程	704.76	110.48	2.40	
1.6	其他工程	277.95	43.57	0.95	包含厨房设备工程等

工程造价指标分析表

表 2-2-3

总建筑面积：63791.69m^2，其中：地上面积（±0.00 以上）：49167.93m^2，地下面积（±0.00 以下）：14623.76m^2

专业			工程造价（万元）	经济指标（元/m^2）	总造价占比（%）	备注
建筑工程			12062.19	1890.87	42.47	
装饰工程			6495.79	1018.28	22.87	
安装工程			9726.53	1524.73	34.25	
人防工程			115.70	528.82	0.41	以人防面积计算
合计			28400.22	4452.02	100.00	
地上	建筑工程	砌筑工程	302.57	61.54	1.07	
		钢筋混凝土工程	2361.15	480.22	8.31	
		金属结构工程	132.52	26.95	0.47	
		门窗工程	60.36	12.28	0.21	
		屋面及防水工程	217.64	44.26	0.77	

续表

专业			工程造价（万元）	经济指标（元/m²）	总造价占比（%）	备注
地上	建筑工程	保温隔热防腐工程	103.62	21.07	0.36	
		脚手架工程	262.84	53.46	0.93	
		模板工程	789.50	160.57	2.78	
		单价措施项目	385.66	78.44	1.36	
		总价措施项目	93.92	19.10	0.33	
		其他项目	371.25	75.51	1.31	
		税金	457.29	93.01	1.61	
	装饰工程	楼地面工程	652.64	132.74	2.30	
		内墙面工程	122.24	24.86	0.43	
		天棚工程	125.07	25.44	0.44	
		外墙面工程	85.81	17.45	0.30	
		幕墙工程	3213.00	653.47	11.31	
		其他工程	158.36	32.21	0.56	
		单价措施项目	65.00	13.22	0.23	
		总价措施项目	167.59	34.09	0.59	
		其他项目	731.12	148.70	2.57	
		税金	478.88	97.40	1.69	
	安装工程	电气工程	869.51	176.84	3.06	
		给排水工程	104.90	21.33	0.37	
		通风空调工程	2021.60	411.16	7.12	
		消防电工程	275.44	56.02	0.97	
		消防水工程	294.00	59.80	1.04	

续表

		专业	工程造价（万元）	经济指标（元/m^2）	总造价占比（%）	备注
地上	安装工程	气体灭火工程	130.84	26.61	0.46	
		电梯工程	686.66	139.66	2.42	
		抗震支架工程	384.06	78.11	1.35	
		措施项目	372.29	75.72	1.31	
		其他项目	599.61	121.95	2.11	
		税金	516.50	105.05	1.82	
地下	建筑工程	土石方工程	476.67	325.95	1.68	
		基坑支护工程	304.96	208.54	1.07	
		桩基础工程	1156.33	790.72	4.07	
		砌筑工程	76.44	52.27	0.27	
		钢筋混凝土工程	2420.19	1654.97	8.52	
		金属结构工程	42.90	29.33	0.15	
		门窗工程	37.61	25.72	0.13	
		防水工程	188.83	129.13	0.66	
		脚手架工程	40.90	27.97	0.14	
		模板工程	351.92	240.65	1.24	
		单价措施项目	67.14	45.91	0.24	
		总价措施项目	189.40	129.51	0.67	
		其他项目	631.92	432.12	2.23	
		税金	538.67	368.35	1.90	
	装饰工程	楼地面工程	248.28	169.78	0.87	
		内墙面工程	165.19	112.96	0.58	

续表

专业			工程造价（万元）	经济指标（元/m²）	总造价占比（%）	备注
地下	装饰工程	天棚工程	58.91	40.28	0.21	
		其他工程	9.03	6.17	0.03	
		总价措施项目	35.28	24.12	0.12	
		其他项目	121.93	83.38	0.43	
		税金	57.47	39.30	0.20	
	安装工程	电气工程	777.04	531.36	2.74	
		给排水工程	150.77	103.10	0.53	
		通风空调工程	850.41	581.52	2.99	
		消防电工程	91.97	62.89	0.32	
		消防水工程	260.58	178.19	0.92	
		气体灭火工程	41.14	28.13	0.14	
		高低压配电工程	557.39	381.15	1.96	
		充电桩工程	5.46	3.73	0.02	
		措施项目	140.25	95.90	0.49	
		其他项目	309.51	211.65	1.09	
		税金	286.61	195.99	1.01	
	人防工程	人防门工程	76.29	348.66	0.27	
		人防电气工程	7.45	34.06	0.03	
		人防给排水工程	4.35	19.90	0.02	
		人防通风工程	6.31	28.82	0.02	
		措施项目	1.85	8.44	0.01	
		其他项目	9.90	45.27	0.03	
		税金	9.55	43.66	0.03	

工程造价及工程费用分析表

表 2-2-4

总建筑面积：63791.69m²，其中：地上面积（±0.00 以上）：49167.93m²，地下面积（±0.00 以下）：14623.76m²

工程造价分析

工程造价组成分析	工程造价（万元）	单方造价（元/m²）		分部分项工程费		措施项目费		其他项目费		税金		总造价占比（%）
				万元	占比（%）	万元	占比（%）	万元	占比（%）	万元	占比（%）	
建筑工程	12062.19	1890.87	构成	7881.77	65.34	2181.28	18.08	1003.18	8.32	995.96	8.26	42.47
装饰工程	6495.79	1018.28		4838.52	74.49	267.87	4.12	853.05	13.13	536.35	8.26	22.87
安装工程	9726.53	1524.73		7501.76	77.13	512.54	5.27	909.13	9.35	803.11	8.26	34.25
人防工程	115.70	528.82		94.40	81.59	1.85	1.60	9.90	8.56	9.55	8.26	0.41
合计	28400.22	4452.02		20316.45	71.54	2963.53	10.43	2775.26	9.77	2344.97	8.26	100.00

工程费用分析（分部分项工程费）

费用组成分析		分部分项工程费（万元）		人工费		材料费		机械费		管理费		利润	
				万元	占比（%）	万元	占比（%）	万元	占比（%）	万元	占比（%）	万元	占比（%）
建筑工程		7881.77	构成	972.30	12.34	5899.54	74.85	430.27	5.46	294.72	3.74	284.95	3.62
装饰工程		4838.52		963.02	19.90	3477.62	71.87	41.28	0.85	155.73	3.22	200.88	4.15
安装工程		7501.76		845.94	11.28	6150.25	81.98	62.35	0.83	261.49	3.49	181.73	2.42
人防工程		94.40		2.56	2.71	90.46	95.83	0.10	0.10	0.75	0.80	0.53	0.56
合计		20316.45		2783.81	13.70	15617.87	76.87	533.99	2.63	712.69	3.51	668.09	3.29
建筑工程	土石方工程	476.67		70.23	14.73	160.36	33.64	162.52	34.09	37.03	7.77	46.53	9.76
	基坑支护工程	304.96		41.66	13.66	217.79	71.41	18.17	5.96	10.92	3.58	16.43	5.39
	桩基础工程	1156.33		139.05	12.02	754.41	65.24	152.44	13.18	52.13	4.51	58.30	5.04
	砌筑工程	379.01		117.97	31.12	220.79	58.25	—	—	16.67	4.40	23.59	6.22
	钢筋混凝土工程	4781.34		442.82	9.26	3984.45	83.33	93.79	1.96	152.97	3.20	107.31	2.24
	金属结构工程	175.42		54.31	30.96	98.22	55.99	2.55	1.46	8.95	5.10	11.39	6.49

续表

费用组成分析		分部分项工程费（万元）	构成	人工费		材料费		机械费		管理费		利润	
				万元	占比（%）	万元	占比（%）	万元	占比（%）	万元	占比（%）	万元	占比（%）
建筑工程	门窗工程	97.96		5.76	5.88	90.30	92.17	—	—	0.75	0.77	1.15	1.18
	屋面及防水工程	406.47		67.64	16.64	314.49	77.37	0.40	0.10	10.35	2.55	13.59	3.34
	保温隔热防腐工程	103.62		32.90	31.75	58.70	56.65	0.40	0.39	4.96	4.79	6.66	6.43
装饰工程	楼地面工程	900.91		239.49	26.58	562.75	62.46	5.90	0.65	43.71	4.85	49.07	5.45
	内墙面工程	287.43		117.35	40.83	129.97	45.22	0.71	0.25	15.77	5.49	23.63	8.22
	天棚工程	183.98		91.18	49.56	62.14	33.78	—	—	12.41	6.75	18.25	9.92
	外墙面工程	85.81		36.40	42.41	36.18	42.16	0.24	0.28	5.67	6.60	7.33	8.54
	幕墙工程	3213.00		459.03	14.29	2547.11	79.28	33.14	1.03	75.28	2.34	98.44	3.06
	其他工程	167.39		19.57	11.69	139.45	83.31	1.30	0.78	2.89	1.73	4.17	2.49
安装工程	电气工程	1646.55		186.52	11.33	1350.85	82.04	12.33	0.75	57.03	3.46	39.83	2.42
	给排水工程	255.66		36.96	14.46	191.65	74.96	6.40	2.50	11.99	4.69	8.67	3.39
	通风空调工程	2872.01		346.03	12.05	2334.83	81.30	19.43	0.68	98.60	3.43	73.11	2.55
	消防电工程	367.41		67.54	18.38	265.81	72.35	0.97	0.26	19.39	5.28	13.70	3.73
	消防水工程	554.58		89.09	16.06	411.16	74.14	8.26	1.49	26.60	4.80	19.47	3.51
	气体灭火工程	171.98		11.61	6.75	153.63	89.33	0.81	0.47	3.43	2.00	2.49	1.45
	电梯工程	686.66		73.77	10.74	550.14	80.12	11.63	1.69	34.04	4.96	17.08	2.49
	高低压配电工程	557.39		16.26	2.92	529.48	94.99	2.51	0.45	5.38	0.97	3.75	0.67
	抗震支架工程	384.06		17.97	4.68	357.52	93.09	—	—	4.98	1.30	3.59	0.94
	充电桩工程	5.46		0.18	3.21	5.19	95.19	—	—	0.05	0.93	0.04	0.65
人防工程	人防门工程	76.29		—	—	76.28	100.00	—	—	—	—	—	—
	人防电气工程	7.45		1.12	14.96	5.76	77.30	0.02	0.30	0.33	4.39	0.23	3.05
	人防给排水工程	4.35		0.91	20.90	2.92	67.10	0.05	1.23	0.28	6.35	0.19	4.42
	人防通风工程	6.31		0.53	8.42	5.50	87.15	0.02	0.31	0.15	2.38	0.11	1.75

室外配套工程造价指标分析表

表 2-2-5

室外面积：6215.00m²

专业	工程造价（万元）	经济指标（元/m²）	备注
室外照明工程	25.18	40.51	
室外道路工程	196.46	316.11	
室外给排水工程	483.12	777.35	
合计	704.76	1133.97	

室外配套工程造价及工程费用分析表

表 2-2-6

室外面积：6215.00m²

工程造价分析

工程造价组成分析	工程造价（万元）	单方造价（元/m²）		分部分项工程费		措施项目费		其他项目费		税金		总造价占比（%）
				万元	占比（%）	万元	占比（%）	万元	占比（%）	万元	占比（%）	
室外照明工程	25.18	40.51	构成	21.00	83.40	—	—	2.10	8.34	2.08	8.26	3.57
室外道路工程	196.46	316.11		155.04	78.92	6.01	3.06	19.19	9.77	16.22	8.26	27.88
室外给排水工程	483.12	777.35		383.81	79.44	13.55	2.80	45.87	9.49	39.89	8.26	68.55
合计	704.76	1133.97		559.85	79.44	19.56	2.77	67.16	9.53	58.19	8.26	100.00

工程费用分析（分部分项工程费）

费用组成分析	分部分项工程费（万元）		人工费		材料费		机械费		管理费		利润	
			万元	占比（%）	万元	占比（%）	万元	占比（%）	万元	占比（%）	万元	占比（%）
室外照明工程	21.00	构成	—	—	21.00	100.00	—	—	—	—	—	—
室外道路工程	155.04		22.72	14.65	109.50	70.63	12.39	7.99	4.57	2.95	5.86	3.78
室外给排水工程	383.81		29.40	7.66	326.85	85.16	14.78	3.85	5.39	1.41	7.38	1.92
合计	559.85		52.12	9.31	457.35	81.69	27.18	4.85	9.97	1.78	13.24	2.37

其他工程造价指标分析表

表 2-2-7

总建筑面积：63791.69m²

专业	工程造价（万元）	经济指标（元/m²）	备注
厨房设备工程	277.95	43.57	
合计	277.95	43.57	

建筑工程含量指标表

表 2-2-8

总建筑面积：63791.69m^2，其中：地上面积（±0.00 以上）：49167.93m^2，地下面积（±0.00 以下）：14623.76m^2

部位	名称	单方含量	工程总量	总价（万元）	单方造价（元/m^2）	备注
地上	砌筑工程	0.11m^3/m^2	5295.46m^3	302.57	61.54	
	钢筋工程	41.80kg/m^2	2055260.00kg	1181.64	240.33	
	混凝土工程	0.30m^3/m^2	14933.13m^3	1164.05	236.75	
	模板工程	2.14m^2/m^2	104998.17m^2	789.50	160.57	
	门窗工程	0.02m^2/m^2	1041.75m^2	60.36	12.28	
	屋面工程	0.12m^2/m^2	5884.63m^2	64.40	13.10	
	防水工程	0.35m^2/m^2	17031.03m^2	153.24	31.17	
	楼地面工程	1.03m^2/m^2	50570.79m^2	652.64	132.74	
	内墙面工程	1.15m^2/m^2	56494.24m^2	122.24	24.86	
	外墙面工程	0.17m^2/m^2	8573.36m^2	85.81	17.45	
	天棚工程	1.02m^2/m^2	50100.31m^2	125.07	25.44	
	幕墙工程	0.66m^2/m^2	32600.39m^2	3213.00	653.47	
地下	土石方开挖工程	1.50m^3/m^2	21958.18m^3	14.95	10.22	
	土石方回填工程	2.75m^3/m^2	40242.39m^3	302.56	206.90	
	灌注桩工程	0.67m^3/m^2	9842.73m^3	1156.33	790.72	
	支护工程	0.28m^3/m^2	4150.00m^3	304.96	208.54	
	砌筑工程	0.08m^3/m^2	1201.23m^3	76.44	52.27	
	钢筋工程	133.22kg/m^2	1948140.00kg	1153.09	788.51	
	混凝土工程	1.18m^3/m^2	17253.39m^3	1264.75	864.86	
	模板工程	2.61m^2/m^2	38117.19m^2	351.92	240.65	
	防火门工程	0.04m^2/m^2	611.92m^2	37.06	25.34	
	普通门工程	0.10m^2/m^2	14.81m^2	0.55	0.37	
	防水工程	1.06m^2/m^2	15541.86m^2	188.83	129.13	
	楼地面工程	0.98m^2/m^2	14344.40m^2	248.28	169.78	
	墙柱面工程	1.81m^2/m^2	26466.50m^2	165.19	112.96	
	天棚工程	1.02m^2/m^2	14910.60m^2	58.91	40.28	
	人防门工程	0.03m^2/m^2	71.27m^2	76.29	348.66	

安装工程含量指标表

表 2-2-9

总建筑面积：63791.69m^2，其中：地上面积（±0.00 以上）：49167.93m^2，地下面积（±0.00 以下）：14623.76m^2

部位	专业	名称	百方含量	工程总量	总价（万元）	单方造价（元/m^2）	备注
地上	电气工程	电气配管	180.22m/100m^2	88609.14m	148.24	30.15	
	电气工程	电线	185.73m/100m^2	91318.14m	38.77	7.89	
	电气工程	母线电缆	17.27m/100m^2	8493.60m	174.21	35.43	
	电气工程	桥架线槽	24.00m/100m^2	11800.00m	198.18	40.31	
	电气工程	开关插座	2.46 套/100m^2	1210 套	8.16	1.66	
	电气工程	灯具	3.98 套/100m^2	1958 套	28.04	5.70	
	电气工程	设备	0.88 台/100m^2	433 台	242.26	49.27	
	给排水工程	给水管道	5.01m/100m^2	2465.53m	16.76	3.41	
	给排水工程	排水管道	7.79m/100m^2	3830.08m	59.06	12.01	
	给排水工程	阀部件类	0.96 套/100m^2	472 套	11.39	2.32	
	给排水工程	卫生器具	0.11 套/100m^2	55 套	0.86	0.17	
	给排水工程	给排水设备	0.03 台/100m^2	16 台	16.82	3.42	
	消防电工程	消防电配管	60.52m/100m^2	29754.34m	37.44	7.61	
	消防电工程	消防电配线、缆	121.58m/100m^2	59777.83m	55.69	11.33	
	消防电工程	消防电末端装置	3.70 套/100m^2	1817 套	33.89	6.89	
	消防电工程	消防电设备	5.33 台/100m^2	2620 台	148.43	30.19	
	消防水工程	消防水管道	45.71m/100m^2	22472.57m	194.23	39.50	
	消防水工程	消防水阀类	0.23 套/100m^2	113 套	21.52	4.38	
	消防水工程	消防水末端装置	11.15 套/100m^2	5481 套	28.73	5.84	
	消防水工程	消防水设备	1.54 台/100m^2	756 台	49.53	10.07	
	通风空调工程	通风管道	82.54m^2/100m^2	40585.40m^2	662.78	134.80	
	通风空调工程	通风阀部件	12.89 套/100m^2	6338 套	242.43	49.31	
	通风空调工程	通风设备	2.15 台/100m^2	1055 台	307.61	62.56	
	通风空调工程	空调水管道	44.03m/100m^2	21647.46m	234.91	47.78	
	通风空调工程	空调阀部件	7.46 套/100m^2	3669 套	115.74	23.54	
	通风空调工程	空调设备	0.06 台/100m^2	31 台	458.14	93.18	

续表

部位	专业	名称	百方含量	工程总量	总价（万元）	单方造价（元/m^2）	备注
地下	电气工程	电气配管	84.08m/100m^2	12296.19m	18.19	12.44	
	电气工程	电线	319.91m/100m^2	46783.58m	21.16	14.47	
	电气工程	母线电缆	84.07m/100m^2	12294.41m	258.61	176.84	
	电气工程	桥架线槽	27.60m/100m^2	4036.26m	407.88	278.91	
	电气工程	开关插座	1.29 套/100m^2	189 套	0.41	0.28	
	电气工程	灯具	6.85 套/100m^2	1001 套	11.05	7.56	
	电气工程	设备	0.57 台/100m^2	83 台	47.59	32.54	
	给排水工程	给水管道	12.17m/100m^2	1779.01m	20.80	14.22	
	给排水工程	排水管道	5.90m/100m^2	863.36m	16.80	11.49	
	给排水工程	阀部件类	3.59 套/100m^2	525 套	35.80	24.48	
	给排水工程	卫生器具	0.31 套/100m^2	45 套	0.40	0.27	
	给排水工程	给排水设备	0.45 台/100m^2	66 台	76.96	52.63	
	给排水工程	消防水设备	1.97 台/100m^2	288 台	105.37	72.05	
	消防电工程	消防电配管	69.74m/100m^2	10198.38m	13.91	9.51	
	消防电工程	消防电配线、缆	124.24m/100m^2	18169.19m	29.92	20.46	
	消防电工程	消防电末端装置	5.57 套/100m^2	815 套	23.32	15.95	
	消防电工程	消防电设备	4.96 台/100m^2	725 台	24.81	16.97	
	消防水工程	消防水管道	58.69m/100m^2	8583.00m	102.47	70.07	
	消防水工程	消防水阀类	1.59 套/100m^2	233 套	43.87	30.00	
	消防水工程	消防水末端装置	12.06 套/100m^2	1763 套	8.87	6.06	
	通风空调工程	通风管道	28.45m^2/100m^2	4159.98m^2	94.56	64.66	
	通风空调工程	通风阀部件	2.09 套/100m^2	306 套	28.33	19.37	
	通风空调工程	通风设备	0.22 台/100m^2	32 台	33.74	23.07	
	通风空调工程	空调水管道	10.74m/100m^2	1570.49m	72.89	49.84	
	通风空调工程	空调阀部件	1.46 套/100m^2	214 套	68.72	46.99	
	通风空调工程	空调设备	0.10 台/100m^2	14 台	552.17	377.58	

项目费用组成图

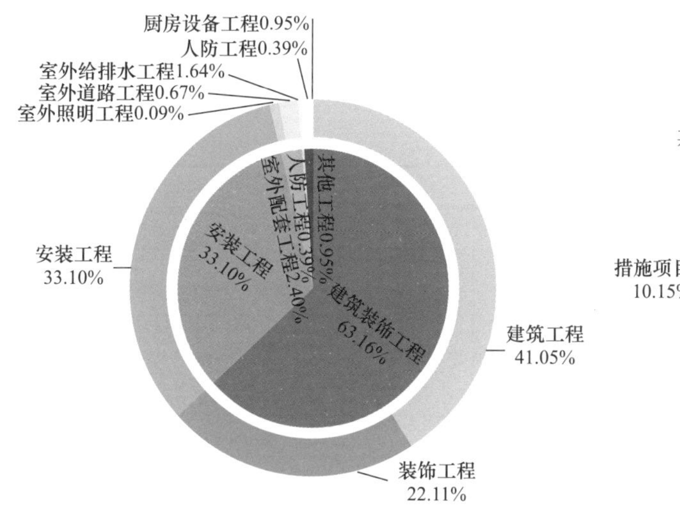

图 2-2-1　专业造价占比

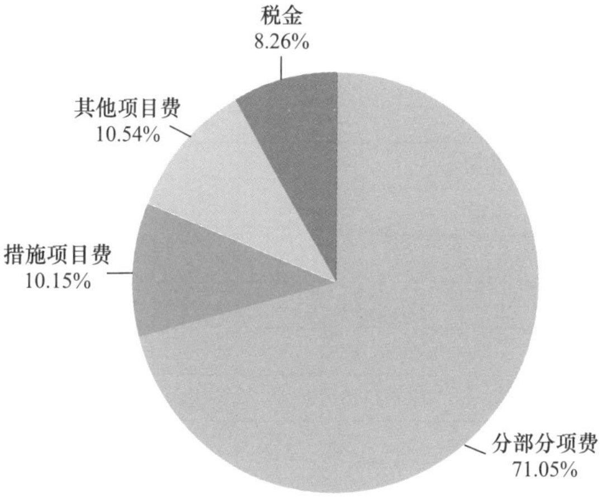

税金
8.26%
其他项目费
10.54%
措施项目费
10.15%
分部分项费
71.05%

图 2-2-2　造价形成占比

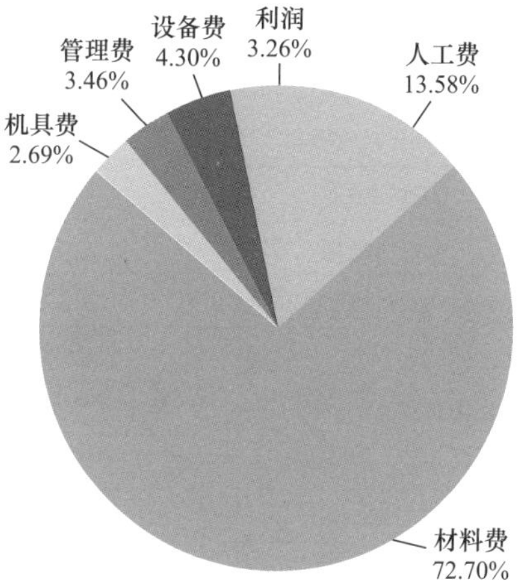

管理费
3.46%
设备费
4.30%
利润
3.26%
人工费
13.58%
机具费
2.69%
材料费
72.70%

图 2-2-3　费用要素占比

专业名称	金额（元）	费用占比（%）
建筑装饰工程	185579800.90	63.16
安装工程	97265346.71	33.10
室外配套工程	7047643.02	2.40
人防工程	1157049.51	0.39
其他工程	2779500.00	0.95

费用名称	金额（元）	费用占比（%）
分部分项费	208763063.44	71.05
措施项目费	29830892.61	10.15
其他项目费	30974245.90	10.54
税金	24261138.19	8.26

费用名称	金额（元）	费用占比（%）
人工费	28359239.24	13.58
材料费	151779870.40	72.70
机具费	5611680.47	2.69
管理费	7226596.47	3.46
设备费	8972693.07	4.30
利润	6813277.38	3.26

3. 超高层办公楼 1

工程概况表　　　　表 2-3-1

<table>
<tr><td>工程类别</td><td colspan="2">行政办公/公共服务</td><td rowspan="3">计价依据</td><td>清单</td><td>国标 13 清单计价规范</td></tr>
<tr><td>工程所在地</td><td colspan="2">广东省广州市</td><td>定额</td><td>广东省 2010 系列定额</td></tr>
<tr><td>建设性质</td><td colspan="2">—</td><td>其他</td><td>—</td></tr>
<tr><td rowspan="3">建筑面积（m^2）</td><td>合计</td><td>81727.85</td><td colspan="2">计税形式</td><td>增值税</td></tr>
<tr><td>其中：±0.00 以上</td><td>59628.37</td><td colspan="2">采价时间</td><td>2018-11</td></tr>
<tr><td>±0.00 以下</td><td>22099.48</td><td colspan="2">工程造价（万元）</td><td>39711.10</td></tr>
<tr><td>人防面积（m^2）</td><td colspan="2">2203.37</td><td colspan="2">单方造价（元/m^2）</td><td>4858.94</td></tr>
<tr><td rowspan="2">其他规模</td><td>室外面积（m^2）</td><td>1423.81</td><td colspan="2" rowspan="2">资金来源</td><td rowspan="2">企业自筹</td></tr>
<tr><td>其他规模</td><td>—</td></tr>
<tr><td rowspan="2">建筑高度（m）</td><td>±0.00 以上</td><td>170.20</td><td colspan="2">装修标准</td><td>初装</td></tr>
<tr><td>±0.00 以下</td><td>22.00</td><td colspan="2">绿色建筑标准</td><td>基本级</td></tr>
<tr><td rowspan="2">层数</td><td>±0.00 以上</td><td>32.00</td><td colspan="2">装配率（%）</td><td>—</td></tr>
<tr><td>±0.00 以下</td><td>5.00</td><td colspan="2">文件形式</td><td>招标控制价</td></tr>
<tr><td rowspan="4">层高（m）</td><td>首层</td><td>7.00</td><td colspan="2">场地类别</td><td>三类</td></tr>
<tr><td>标准层</td><td>4.50</td><td colspan="2">结构类型</td><td>框架-剪力墙</td></tr>
<tr><td>顶层</td><td>20.8</td><td colspan="2">抗震设防烈度</td><td>7</td></tr>
<tr><td>地下室</td><td>4.4</td><td colspan="2">抗震等级</td><td>负一层楼面及以上一级，负二层二级，负三层三级，负四层～负五层四级</td></tr>
</table>

本工程主要包含：

1. 建筑工程：土石方工程，砌筑工程，钢筋混凝土工程，金属结构工程，门窗工程，屋面及防水工程，模板工程，脚手架工程，拆除工程，人防门工程；
2. 装饰工程：楼地面工程，内墙面工程，天棚工程，外墙面工程，幕墙工程，其他工程；
3. 安装工程：电气工程，给排水工程，通风空调工程，消防水工程，消防电工程，气体灭火工程，智能化工程，电梯工程，高低压配电工程，抗震支架工程，发电机工程，充电桩工程，人防安装工程；
4. 室外配套工程：室外电气工程，室外给排水工程

建设项目投资指标表

表 2-3-2

总建筑面积：81727.85m²，其中：地上面积（±0.00 以上）：59628.37m²，地下面积（±0.00 以下）：22099.48m²

序号	名称	金额（万元）	单位指标（元/m²）	造价占比（%）	备注
1	建筑安装工程费用	39711.10	4858.94	100.00	
1.1	建筑工程	16513.76	2020.58	41.58	
1.2	装饰工程	8530.13	1043.72	21.48	
1.3	安装工程	14460.39	1769.33	36.41	
1.4	人防工程	150.61	18.43	0.38	
1.5	室外配套工程	56.22	6.88	0.14	

工程造价指标分析表

表 2-3-3

总建筑面积：81727.85m²，其中：地上面积（±0.00 以上）：59628.37m²，地下面积（±0.00 以下）：22099.48m²

<table>
<tr><th colspan="3">专业</th><th>工程造价（万元）</th><th>经济指标（元/m²）</th><th>总造价占比（%）</th><th>备注</th></tr>
<tr><td colspan="3">建筑工程</td><td>16513.76</td><td>2020.58</td><td>41.64</td><td></td></tr>
<tr><td colspan="3">装饰工程</td><td>8530.13</td><td>1043.72</td><td>21.51</td><td></td></tr>
<tr><td colspan="3">安装工程</td><td>14460.39</td><td>1769.33</td><td>36.47</td><td></td></tr>
<tr><td colspan="3">人防工程</td><td>150.61</td><td>683.54</td><td>0.38</td><td>以人防面积计算</td></tr>
<tr><td colspan="3">合计</td><td>39654.88</td><td>4852.06</td><td>100.00</td><td></td></tr>
<tr><td rowspan="7">地上</td><td rowspan="7">建筑工程</td><td>砌筑工程</td><td>435.83</td><td>73.09</td><td>1.10</td><td></td></tr>
<tr><td>钢筋混凝土工程</td><td>4376.06</td><td>733.89</td><td>11.04</td><td></td></tr>
<tr><td>金属结构工程</td><td>312.59</td><td>52.42</td><td>0.79</td><td></td></tr>
<tr><td>门窗工程</td><td>185.12</td><td>31.05</td><td>0.47</td><td></td></tr>
<tr><td>屋面及防水工程</td><td>176.08</td><td>29.53</td><td>0.44</td><td></td></tr>
<tr><td>脚手架工程</td><td>542.41</td><td>90.96</td><td>1.37</td><td></td></tr>
<tr><td>模板工程</td><td>850.81</td><td>142.69</td><td>2.15</td><td></td></tr>
</table>

续表

专业			工程造价（万元）	经济指标（元/m²）	总造价占比（%）	备注
地上	建筑工程	单价措施项目	1259.98	211.31	3.18	
		总价措施项目	283.13	47.48	0.71	
		其他项目	851.32	142.77	2.15	
		税金	937.53	157.23	2.36	
	装饰工程	楼地面工程	166.76	27.97	0.42	
		内墙面工程	631.07	105.83	1.59	
		天棚工程	284.06	47.64	0.72	
		外墙面工程	21.64	3.63	0.05	
		幕墙工程	4156.42	697.05	10.48	
		其他工程	367.06	61.56	0.93	
		单价措施项目	438.41	73.52	1.11	
		总价措施项目	290.43	48.71	0.73	
		其他项目	618.97	103.80	1.56	
		税金	705.15	118.26	1.78	
	安装工程	电气工程	1398.63	234.56	3.53	
		给排水工程	201.30	33.76	0.51	
		通风空调工程	3008.12	504.48	7.59	
		消防电工程	289.20	48.50	0.73	
		消防水工程	553.12	92.76	1.39	
		智能化工程	77.13	12.94	0.19	
		电梯工程	2115.66	354.81	5.34	
		抗震支架工程	285.31	47.85	0.72	
		措施项目	452.67	75.92	1.14	
		其他项目	872.13	146.26	2.20	
		税金	935.51	156.89	2.36	

续表

专业			工程造价（万元）	经济指标（元/m²）	总造价占比（%）	备注
地下	建筑工程	土石方工程	198.65	89.89	0.50	
		砌筑工程	125.35	56.72	0.32	
		钢筋混凝土工程	3216.94	1455.66	8.11	
		金属结构工程	247.62	112.05	0.62	
		门窗工程	85.92	38.88	0.22	
		防水工程	298.30	134.98	0.75	
		拆除工程	230.86	104.46	0.58	
		脚手架工程	101.04	45.72	0.25	
		模板工程	284.52	128.74	0.72	
		单价措施项目	107.81	48.78	0.27	
		总价措施项目	227.29	102.85	0.57	
		其他项目	599.90	271.45	1.51	
		税金	578.71	261.87	1.46	
	装饰工程	楼地面工程	245.71	111.18	0.62	
		内墙面工程	269.37	121.89	0.68	
		天棚工程	122.50	55.43	0.31	
		其他工程	27.10	12.26	0.07	
		总价措施项目	34.31	15.52	0.09	
		其他项目	73.11	33.08	0.18	
		税金	78.06	35.32	0.20	
	安装工程	电气工程	1292.62	584.91	3.26	
		给排水工程	186.60	84.44	0.47	
		通风空调工程	366.91	166.03	0.93	
		消防电工程	84.52	38.24	0.21	

续表

专业			工程造价（万元）	经济指标（元/m^2）	总造价占比（%）	备注
地下	安装工程	消防水工程	373.99	169.23	0.94	
		气体灭火工程	73.55	33.28	0.19	
		高低压配电工程	695.96	314.92	1.76	
		发电机工程	193.65	87.63	0.49	
		充电桩工程	94.38	42.71	0.24	
		措施项目	147.37	66.69	0.37	
		其他项目	369.84	167.35	0.93	
		税金	392.21	177.47	0.99	
	人防工程	人防门工程	59.85	271.61	0.15	
		人防电气工程	13.63	61.88	0.03	
		人防给排水工程	34.90	158.41	0.09	
		人防通风工程	8.21	37.25	0.02	
		措施项目	7.36	33.43	0.02	
		其他项目	12.82	58.21	0.03	
		税金	13.83	62.76	0.03	

工程造价及工程费用分析表 **表 2-3-4**

总建筑面积：81727.85m^2，其中：地上面积（±0.00 以上）：59628.37m^2，地下面积（±0.00 以下）：22099.48m^2

工程造价分析												
工程造价组成分析	工程造价（万元）	单方造价（元/m^2）		分部分项工程费		措施项目费		其他项目费		税金		总造价占比（%）
				万元	占比（%）	万元	占比（%）	万元	占比（%）	万元	占比（%）	
建筑工程	16513.76	2020.58	构成	9889.31	59.89	3656.98	22.15	1451.22	8.79	1516.25	9.18	41.64
装饰工程	8530.13	1043.72		6291.68	73.76	763.14	8.95	692.09	8.11	783.21	9.18	21.51
安装工程	14460.39	1769.33		11290.66	78.08	600.04	4.15	1241.97	8.59	1327.71	9.18	36.47
人防工程	150.61	683.54		116.59	77.41	7.36	4.89	12.82	8.52	13.83	9.18	0.38
合计	39654.88	4852.06		27588.24	69.57	5027.54	12.68	3398.11	8.57	3641.00	9.18	100.00

续表

工程费用分析（分部分项工程费）													
费用组成分析		分部分项工程费（万元）		人工费		材料费		机械费		管理费		利润	
				万元	占比（%）	万元	占比（%）	万元	占比（%）	万元	占比（%）	万元	占比（%）
建筑工程		9889.31	构成	1554.30	15.72	7469.20	75.53	260.88	2.64	325.18	3.29	279.75	2.83
装饰工程		6291.68		1563.04	24.84	4254.02	67.61	64.81	1.03	128.45	2.04	281.36	4.47
安装工程		11290.66		1133.77	10.04	9721.44	86.10	79.15	0.70	152.23	1.35	204.06	1.81
人防工程		116.59		10.47	8.98	102.84	88.21	0.25	0.21	1.14	0.98	1.89	1.62
合计		27588.24		4261.59	15.45	21547.50	78.10	405.08	1.47	607.00	2.20	767.06	2.78
建筑工程	土石方工程	198.65		17.32	8.72	16.87	8.49	140.78	70.87	20.55	10.35	3.12	1.57
	砌筑工程	561.17		132.63	23.63	394.82	70.36	—	—	9.85	1.75	23.87	4.25
	钢筋混凝土工程	7592.99		987.91	13.01	6171.75	81.28	82.89	1.09	172.62	2.27	177.83	2.34
	金属结构工程	560.21		128.29	22.90	287.69	51.35	28.73	5.13	92.45	16.50	23.06	4.12
	门窗工程	271.05		17.71	6.53	248.93	91.84	—	—	1.22	0.45	3.19	1.18
	屋面及防水工程	474.38		102.37	21.58	344.95	72.71	0.33	0.07	8.31	1.75	18.43	3.88
	拆除工程	230.86		168.08	72.81	4.20	1.82	8.14	3.53	20.18	8.74	30.25	13.11
装饰工程	楼地面工程	412.47		119.78	29.04	260.83	63.24	0.52	0.13	9.78	2.37	21.56	5.23
	内墙面工程	900.43		421.06	46.76	373.35	41.46	0.58	0.06	29.64	3.29	75.80	8.42
	天棚工程	406.55		189.77	46.68	168.43	41.43	0.42	0.10	13.78	3.39	34.16	8.40
	外墙面工程	21.64		3.94	18.22	16.05	74.17	0.56	2.60	0.37	1.72	0.71	3.28
	幕墙工程	4156.42		783.85	18.86	3104.84	74.70	56.74	1.37	69.89	1.68	141.09	3.39
	其他工程	394.17		44.64	11.32	330.52	83.85	5.98	1.52	4.99	1.27	8.03	2.04
安装工程	电气工程	2691.24		290.77	10.80	2294.19	85.25	15.65	0.58	38.31	1.42	52.33	1.94
	给排水工程	387.90		48.85	12.59	321.76	82.95	2.10	0.54	6.39	1.65	8.80	2.27
	通风空调工程	3375.04		415.57	12.31	2808.56	83.22	24.14	0.72	51.98	1.54	74.79	2.22
	消防电工程	373.71		87.74	23.48	255.07	68.25	2.51	0.67	12.58	3.37	15.80	4.23
	消防水工程	927.11		138.74	14.97	730.52	78.79	15.29	1.65	17.59	1.90	24.97	2.69
	气体灭火工程	73.55		2.54	3.45	70.20	95.44	0.09	0.12	0.27	0.37	0.46	0.62
	智能化工程	77.13		0.01	0.02	77.11	99.98	—	—	—	—	—	—

续表

费用组成分析		分部分项工程费（万元）		人工费		材料费		机械费		管理费		利润	
				万元	占比（%）	万元	占比（%）	万元	占比（%）	万元	占比（%）	万元	占比（%）
安装工程	电梯工程	2115.66	构成	114.98	5.43	1945.22	91.94	13.61	0.64	21.17	1.00	20.70	0.98
	高低压配电工程	695.96		30.78	4.42	650.91	93.53	5.28	0.76	3.45	0.50	5.54	0.80
	发电机工程	193.65		1.33	0.69	191.49	98.88	0.40	0.21	0.20	0.10	0.24	0.12
	抗震支架工程	285.31		—	—	285.31	100.00	—	—	—	—	—	—
	充电桩工程	94.38		2.46	2.61	91.10	96.53	0.09	0.09	0.28	0.30	0.44	0.47
人防工程	人防门工程	59.85		0.22	0.37	59.56	99.53	0.01	0.01	0.01	0.02	0.04	0.07
	人防电气工程	13.63		4.62	33.91	7.53	55.20	0.14	1.02	0.51	3.77	0.83	6.11
	人防给排水工程	34.90		3.21	9.21	30.68	87.91	0.07	0.20	0.36	1.02	0.58	1.66
	人防通风工程	8.21		2.41	29.40	5.07	61.77	0.03	0.38	0.26	3.16	0.43	5.29

室外配套工程造价指标分析表

表 2-3-5

室外面积：1423.81m²

专业	工程造价（万元）	经济指标（元/m²）	备注
室外电气工程	3.43	24.07	
室外给排水工程	52.79	370.77	
合计	56.22	394.83	

室外配套工程造价及工程费用分析表

表 2-3-6

室外面积：1423.81m²

工程造价分析												
工程造价组成分析	工程造价（万元）	单方造价（元/m²）		分部分项工程费		措施项目费		其他项目费		税金		总造价占比（%）
				万元	占比（%）	万元	占比（%）	万元	占比（%）	万元	占比（%）	
室外电气工程	3.43	24.07	构成	2.59	75.58	0.24	6.92	0.28	8.31	0.31	9.18	6.10
室外给排水工程	52.79	370.77		39.84	75.48	3.72	7.04	4.38	8.30	4.85	9.18	93.90
合计	56.22	394.83		42.43	75.48	3.95	7.03	4.67	8.30	5.16	9.18	100.00

续表

工程费用分析（分部分项工程费）												
费用组成分析	分部分项工程费（万元）	构成	人工费		材料费		机械费		管理费		利润	
			万元	占比（%）	万元	占比（%）	万元	占比（%）	万元	占比（%）	万元	占比（%）
室外电气工程	2.59		0.65	24.91	1.74	67.31	—	—	0.09	3.29	0.12	4.49
室外给排水工程	39.84		10.11	25.37	24.60	61.75	2.34	5.87	0.97	2.44	1.82	4.57
合计	42.43		10.75	25.34	26.35	62.09	2.34	5.51	1.06	2.49	1.94	4.56

建筑工程含量指标表

表 2-3-7

总建筑面积：81727.85m^2，其中：地上面积（±0.00以上）：59628.37m^2，地下面积（±0.00以下）：22099.48m^2

部位	名称	单方含量	工程总量	总价（万元）	单方造价（元/m^2）	备注
地上	砌筑工程	0.14m^3/m^2	8401.86m^3	435.83	73.09	
	钢筋工程	71.01kg/m^2	4234313.00kg	2455.49	411.80	
	混凝土工程	0.40m^3/m^2	23596.00m^3	1920.57	322.09	
	模板工程	2.32m^2/m^2	138429.47m^2	850.81	142.69	
	门窗工程	0.05m^2/m^2	3173.45m^2	185.12	31.05	
	屋面工程	0.06m^2/m^2	3288.57m^2	28.51	4.78	
	防水工程	0.23m^2/m^2	13796.22m^2	147.57	24.75	
	楼地面工程	0.85m^2/m^2	50695.48m^2	166.76	27.97	
	内墙面工程	1.71m^2/m^2	101740.65m^2	631.07	105.83	
	外墙面工程	0.05m^2/m^2	3014.82m^2	21.64	3.63	
	天棚工程	0.88m^2/m^2	52566.20m^2	284.06	47.64	
	幕墙工程	0.52m^2/m^2	30976.52m^2	4156.42	697.05	
地下	土石方开挖工程	0.44m^3/m^2	9684.65m^3	64.24	29.07	
	土石方回填工程	0.14m^3/m^2	2988.70m^3	27.93	12.64	
	灌注桩工程	—	—	—	—	

续表

部位	名称	单方含量	工程总量	总价（万元）	单方造价（元/m^2）	备注
地下	砌筑工程	0.10m^3/m^2	2244.13m^3	125.35	56.72	
	钢筋工程	117.08kg/m^2	2587430.00kg	1454.14	658.00	
	混凝土工程	0.95m^3/m^2	20936.39m^3	1762.80	797.67	
	模板工程	2.26m^2/m^2	50035.33m^2	284.52	128.74	
	防火门工程	0.06m^2/m^2	1375.19m^2	85.12	38.51	
	普通门工程	0.13m^2/m^2	28.06m^2	0.81	0.36	
	防水工程	0.80m^2/m^2	17580.81m^2	298.30	134.98	
	楼地面工程	0.93m^2/m^2	20554.67m^2	245.71	111.18	
	墙柱面工程	2.47m^2/m^2	54488.56m^2	269.37	121.89	
	天棚工程	0.92m^2/m^2	20429.51m^2	122.50	55.43	
	人防门工程	0.03m^2/m^2	64.05m^2	59.85	271.61	

安装工程含量指标表

表 2-3-8

总建筑面积：81727.85m^2，其中：地上面积（±0.00 以上）：59628.37m^2，地下面积（±0.00 以下）：22099.48m^2

部位	专业	名称	百方含量	工程总量	总价（万元）	单方造价（元/m^2）	备注
地上	电气工程	电气配管	88.48m/100m^2	52758.04m	166.28	27.89	
	电气工程	电线	256.17m/100m^2	152751.91m	54.07	9.07	
	电气工程	母线电缆	58.18m/100m^2	34692.58m	666.19	111.72	
	电气工程	桥架线槽	8.35m/100m^2	4977.38m	78.86	13.22	
	电气工程	开关插座	0.79 套/100m^2	472 套	1.52	0.25	
	电气工程	灯具	6.47 套/100m^2	3858 套	51.60	8.65	
	电气工程	设备	0.98 台/100m^2	586 台	350.57	58.79	
	给排水工程	给水管道	8.45m/100m^2	5039.97m	51.16	8.58	

续表

部位	专业	名称	百方含量	工程总量	总价（万元）	单方造价（元/m²）	备注
地上	给排水工程	排水管道	11.93m/100m²	7114.04m	92.30	15.48	
	给排水工程	阀部件类	0.98 套/100m²	585 套	30.24	5.07	
	给排水工程	卫生器具	0.71 套/100m²	424 套	4.24	0.71	
	给排水工程	给排水设备	0.01 台/100m²	4 台	23.36	3.92	
	消防电工程	消防电配管	54.72m/100m²	32629.45m	75.61	12.68	
	消防电工程	消防电配线、缆	58.27m/100m²	34742.97m	38.83	6.51	
	消防电工程	消防电末端装置	4.45 套/100m²	2656 套	59.93	10.05	
	消防电工程	消防电设备	3.36 台/100m²	2001 台	114.83	19.26	
	消防水工程	消防水管道	53.29m/100m²	31776.91m	313.79	52.62	
	消防水工程	消防水阀类	1.01 套/100m²	602 套	131.85	22.11	
	消防水工程	消防水末端装置	11.07 套/100m²	6600 套	26.85	4.50	
	消防水工程	消防水设备	2.20 台/100m²	1310 台	80.64	13.52	
	通风空调工程	通风管道	50.68m²/100m²	30221.52m²	585.30	98.16	
	通风空调工程	通风阀部件	4.52 套/100m²	2697 套	119.05	19.97	
	通风空调工程	通风设备	2.78 台/100m²	1655 台	320.56	53.76	
	通风空调工程	空调水管道	55.00m/100m²	32796.20m	237.26	39.79	
	通风空调工程	空调阀部件	1.47 套/100m²	879 套	14.70	2.46	
	通风空调工程	空调设备	2.41 台/100m²	1437 台	1731.26	290.34	
地下	电气工程	电气配管	84.02m/100m²	18567.87m	66.48	30.08	
	电气工程	电线	280.72m/100m²	62037.56m	23.40	10.59	
	电气工程	母线电缆	129.57m/100m²	28633.45m	939.76	425.24	
	电气工程	桥架线槽	18.85m/100m²	4164.74m	54.27	24.56	

续表

部位	专业	名称	百方含量	工程总量	总价（万元）	单方造价（元/m^2）	备注
地下	电气工程	开关插座	1.00套/100m^2	220套	0.68	0.31	
	电气工程	灯具	8.81套/100m^2	1947套	22.17	10.03	
	电气工程	设备	0.91台/100m^2	202台	176.67	79.94	
	给排水工程	给水管道	8.38m/100m^2	1850.88m	25.68	11.62	
	给排水工程	排水管道	8.49m/100m^2	1876.01m	28.82	13.04	
	给排水工程	阀部件类	1.55套/100m^2	343套	36.23	16.40	
	给排水工程	卫生器具	0.41套/100m^2	91套	1.49	0.68	
	给排水工程	给排水设备	0.36台/100m^2	80台	94.38	42.71	
	给排水工程	消防水设备	1.83台/100m^2	405台	66.87	30.26	
	消防电工程	消防电配管	42.02m/100m^2	9286.88m	14.91	6.75	
	消防电工程	消防电配线、缆	60.17m/100m^2	13297.47m	19.44	8.80	
	消防电工程	消防电末端装置	3.23套/100m^2	713套	15.79	7.15	
	消防电工程	消防电设备	4.63台/100m^2	1023台	34.38	15.55	
	消防水工程	消防水管道	60.26m/100m^2	13317.67m	164.06	74.24	
	消防水工程	消防水阀类	2.31套/100m^2	511套	132.48	59.95	
	消防水工程	消防水末端装置	11.47套/100m^2	2534套	10.59	4.79	
	通风空调工程	通风管道	35.67m^2/100m^2	7883.29m^2	200.34	90.65	
	通风空调工程	通风阀部件	3.38套/100m^2	746套	53.48	24.20	
	通风空调工程	通风设备	0.48台/100m^2	106台	57.46	26.00	
	通风空调工程	空调水管道	16.58m/100m^2	3663.69m	21.74	9.84	
	通风空调工程	空调阀部件	0.81套/100m^2	179套	1.63	0.74	
	通风空调工程	空调设备	0.44台/100m^2	97台	32.27	14.60	

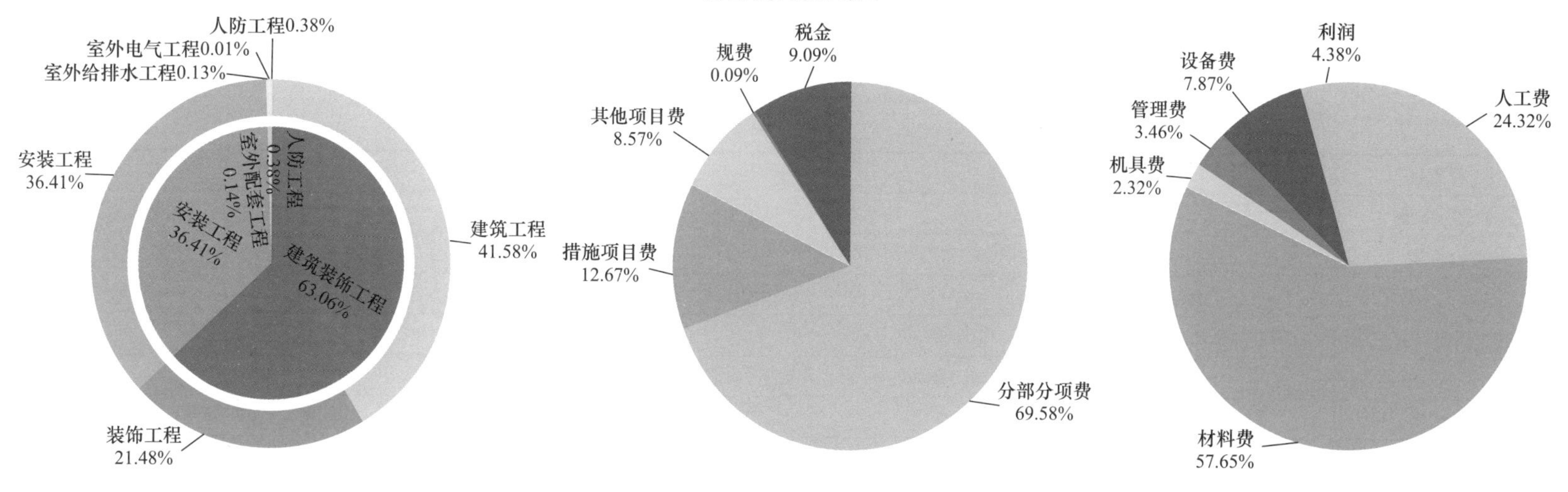

图 2-3-1 专业造价占比

图 2-3-2 造价形成占比

图 2-3-3 费用要素占比

专业名称	金额（元）	费用占比（%）
建筑装饰工程	250438877.77	63.06
安装工程	144603867.60	36.41
室外配套工程	562167.40	0.14
人防工程	1506090.06	0.38

费用名称	金额（元）	费用占比（%）
分部分项费	276306724.43	69.58
措施项目费	50314889.07	12.67
其他项目费	34027739.71	8.57
规费	360649.35	0.09
税金	36101000.27	9.09

费用名称	金额（元）	费用占比（%）
人工费	42723453.82	24.32
材料费	101265520.63	57.65
机具费	4074227.95	2.32
管理费	6080576.78	3.46
设备费	13820597.72	7.87
利润	7689985.68	4.38

4. 超高层办公楼 2

工程概况表　　表 2-4-1

<table>
<tr><td>工程类别</td><td colspan="2">行政办公/公共服务</td><td rowspan="3">计价依据</td><td>清单</td><td>国标 13 清单计价规范</td></tr>
<tr><td>工程所在地</td><td colspan="2">广东省广州市</td><td>定额</td><td>广东省 2018 系列定额</td></tr>
<tr><td>建设性质</td><td colspan="2">—</td><td>其他</td><td>—</td></tr>
<tr><td rowspan="3">建筑面积（m²）</td><td>合计</td><td>140492.90</td><td colspan="2">计税形式</td><td>增值税</td></tr>
<tr><td>其中：±0.00 以上</td><td>102685.60</td><td colspan="2">采价时间</td><td>2020-4</td></tr>
<tr><td>±0.00 以下</td><td>37807.20</td><td colspan="2">工程造价（万元）</td><td>94651.11</td></tr>
<tr><td>人防面积（m²）</td><td colspan="2">2726.00</td><td colspan="2">单方造价（元/m²）</td><td>6737.07</td></tr>
<tr><td rowspan="2">其他规模</td><td>室外面积（m²）</td><td>6501.80</td><td colspan="2" rowspan="2">资金来源</td><td rowspan="2">企业自筹</td></tr>
<tr><td>其他规模</td><td>—</td></tr>
<tr><td rowspan="2">建筑高度（m）</td><td>±0.00 以上</td><td>229.85</td><td colspan="2">装修标准</td><td>初装</td></tr>
<tr><td>±0.00 以下</td><td>26.40</td><td colspan="2">绿色建筑标准</td><td>二星</td></tr>
<tr><td rowspan="2">层数</td><td>±0.00 以上</td><td>49</td><td colspan="2">装配率（%）</td><td>—</td></tr>
<tr><td>±0.00 以下</td><td>5</td><td colspan="2">文件形式</td><td>招标控制价</td></tr>
<tr><td rowspan="4">层高（m）</td><td>首层</td><td>5.00</td><td colspan="2">场地类别</td><td>二类</td></tr>
<tr><td>标准层</td><td>4.50</td><td colspan="2">结构类型</td><td>框架-核心筒</td></tr>
<tr><td>顶层</td><td>6.45</td><td colspan="2">抗震设防烈度</td><td>8</td></tr>
<tr><td>地下室</td><td>5</td><td colspan="2">抗震等级</td><td>核心筒特一级，框架一级</td></tr>
<tr><td colspan="6">本工程主要包含：
1. 建筑工程：土石方工程，基坑支护工程，砌筑工程，钢筋混凝土工程，金属结构工程，门窗工程，屋面及防水工程，保温隔热防腐工程，模板工程，脚手架工程，拆除工程，人防门工程；
2. 装饰工程：楼地面工程，内墙面工程，天棚工程，外墙面工程，幕墙工程，其他工程；
3. 安装工程：电气工程，给排水工程，通风空调工程，消防水工程，消防电工程，智能化工程，发电机工程，人防安装工程；
4. 室外配套工程：室外给排水工程；
5. 其他工程：标识工程</td></tr>
</table>

建设项目投资指标表

表 2-4-2

总建筑面积：140492.90m^2，其中：地上面积（±0.00 以上）：102685.60m^2，地下面积（±0.00 以下）：37807.20m^2

序号	名称	金额（万元）	单位指标（元/m^2）	造价占比（%）	备注
1	建筑安装工程费用	94651.11	6737.07	100.00	
1.1	建筑工程	36576.75	2603.46	38.64	
1.2	装饰工程	28552.63	2032.32	30.17	
1.3	安装工程	28625.75	2037.52	30.24	
1.4	人防工程	296.31	21.09	0.31	
1.5	室外配套工程	38.96	2.77	0.04	
1.6	其他工程	560.71	39.91	0.59	包含标识工程等

工程造价指标分析表

表 2-4-3

总建筑面积：140492.90m^2，其中：地上面积（±0.00 以上）：102685.60m^2，地下面积（±0.00 以下）：37807.20m^2

专业			工程造价（万元）	经济指标（元/m^2）	总造价占比（%）	备注
建筑工程			36576.75	2603.46	38.89	
装饰工程			28552.63	2032.32	30.36	
安装工程			28625.75	2037.52	30.44	
人防工程			296.31	1086.97	0.32	以人防面积计算
合计			94051.44	6694.39	100.00	
地上	建筑工程	土石方工程	1219.92	118.80	1.30	
		基坑支护工程	196.86	19.17	0.21	
		砌筑工程	671.00	65.35	0.71	
		钢筋混凝土工程	9244.61	900.28	9.83	
		金属结构工程	2949.80	287.27	3.14	
		门窗工程	855.11	83.27	0.91	
		屋面及防水工程	183.76	17.90	0.20	

续表

专业			工程造价（万元）	经济指标（元/m²）	总造价占比（%）	备注
地上	建筑工程	保温隔热防腐工程	15.62	1.52	0.02	
		脚手架工程	490.29	47.75	0.52	
		模板工程	1490.93	145.19	1.59	
		单价措施项目	2228.04	216.98	2.37	
		总价措施项目	690.43	67.24	0.73	
		其他项目	2626.48	255.78	2.79	
		税金	2057.66	200.38	2.19	
	装饰工程	楼地面工程	3918.95	381.65	4.17	
		内墙面工程	2724.15	265.29	2.90	
		天棚工程	1128.75	109.92	1.20	
		外墙面工程	329.17	32.06	0.35	
		幕墙工程	11922.28	1161.05	12.68	
		其他工程	773.15	75.29	0.82	
		单价措施项目	983.69	95.80	1.05	
		总价措施项目	452.27	44.04	0.48	
		其他项目	1558.59	151.78	1.66	
		税金	2141.19	208.52	2.28	
	安装工程	电气工程	4063.41	395.71	4.32	
		给排水工程	884.64	86.15	0.94	
		通风空调工程	4587.64	446.77	4.88	
		消防电工程	542.33	52.81	0.58	
		消防水工程	1118.18	108.89	1.19	
		智能化工程	2121.59	206.61	2.26	
		措施项目	2035.12	198.19	2.16	

续表

专业			工程造价（万元）	经济指标（元/m²）	总造价占比（%）	备注
地上	安装工程	其他项目	3969.16	386.54	4.22	
		税金	1738.99	169.35	1.85	
地下	建筑工程	基坑支护工程	724.10	191.52	0.77	
		砌筑工程	269.21	71.20	0.29	
		钢筋混凝土工程	6119.80	1618.69	6.51	
		金属结构工程	662.50	175.23	0.70	
		门窗工程	191.31	50.60	0.20	
		防水工程	451.97	119.54	0.48	
		保温隔热防腐工程	102.48	27.11	0.11	
		拆除工程	4.61	1.22	0.00	
		脚手架工程	178.41	47.19	0.19	
		模板工程	763.77	202.02	0.81	
		单价措施项目	34.17	9.04	0.04	
		总价措施项目	477.42	126.28	0.51	
		其他项目	714.07	188.87	0.76	
		税金	962.44	254.57	1.02	
	装饰工程	楼地面工程	671.81	177.69	0.71	
		内墙面工程	474.80	125.59	0.50	
		天棚工程	439.58	116.27	0.47	
		外墙面工程	339.72	89.86	0.36	
		其他工程	74.14	19.61	0.08	
		总价措施项目	206.57	54.64	0.22	
		其他项目	197.44	52.22	0.21	
		税金	216.37	57.23	0.23	

续表

专业			工程造价（万元）	经济指标（元/m^2）	总造价占比（%）	备注
地下	安装工程	电气工程	1465.74	387.69	1.56	
		给排水工程	712.64	188.49	0.76	
		通风空调工程	1593.98	421.61	1.69	
		消防电工程	259.33	68.59	0.28	
		消防水工程	402.75	106.53	0.43	
		智能化工程	951.50	251.67	1.01	
		发电机工程	531.59	140.61	0.57	
		措施项目	501.71	132.70	0.53	
		其他项目	520.86	137.77	0.55	
		税金	624.61	165.21	0.66	
	人防工程	人防门工程	109.10	400.23	0.12	
		人防电气工程	21.77	79.85	0.02	
		人防给排水工程	94.08	345.14	0.10	
		人防通风工程	21.49	78.83	0.02	
		措施项目	8.02	29.42	0.01	
		其他项目	17.38	63.75	0.02	
		税金	24.47	89.75	0.03	

工程造价及工程费用分析表

表 2-4-4

总建筑面积：140492.90m^2，其中：地上面积（±0.00 以上）：102685.60m^2，地下面积（±0.00 以下）：37807.20m^2

工程造价分析												
工程造价组成分析	工程造价（万元）	单方造价（元/m^2）	构成	分部分项工程费		措施项目费		其他项目费		税金		总造价占比（%）
				万元	占比（%）	万元	占比（%）	万元	占比（%）	万元	占比（%）	
建筑工程	36576.75	2603.46		23862.65	65.24	6353.46	17.37	3340.56	9.13	3020.10	8.26	38.89
装饰工程	28552.63	2032.32		22796.51	79.84	1642.53	5.75	1756.03	6.15	2357.56	8.26	30.36
安装工程	28625.75	2037.52		19235.31	67.20	2536.83	8.86	4490.02	15.69	2363.59	8.26	30.44
人防工程	296.31	1086.97		246.44	83.17	8.02	2.71	17.38	5.86	24.47	8.26	0.32
合计	94051.44	6694.39		66140.92	70.32	10540.85	11.21	9603.98	10.21	7765.72	8.26	100.00

续表

工程费用分析（分部分项工程费）

费用组成分析		分部分项工程费（万元）		人工费		材料费		机械费		管理费		利润	
				万元	占比（%）	万元	占比（%）	万元	占比（%）	万元	占比（%）	万元	占比（%）
建筑工程		23862.65		3443.78	14.43	17319.20	72.58	1225.02	5.13	941.11	3.94	933.54	3.91
装饰工程		22796.51		2508.56	11.00	19162.29	84.06	168.94	0.74	421.12	1.85	535.61	2.35
安装工程		19235.31		2738.79	14.24	14791.62	76.90	278.15	1.45	823.30	4.28	603.46	3.14
人防工程		246.44		10.66	4.33	229.40	93.08	0.86	0.35	3.23	1.31	2.30	0.93
合计		66140.92		8701.78	13.16	51502.50	77.87	1672.96	2.53	2188.76	3.31	2074.91	3.14
建筑工程	土石方工程	1219.92	构成	24.42	2.00	168.80	13.84	751.32	61.59	120.21	9.85	155.17	12.72
	基坑支护工程	920.96		216.62	23.52	513.48	55.75	69.23	7.52	64.47	7.00	57.17	6.21
	砌筑工程	940.21		260.70	27.73	584.31	62.15	2.66	0.28	39.87	4.24	52.67	5.60
	钢筋混凝土工程	15364.42		1706.44	11.11	12404.07	80.73	283.80	1.85	572.14	3.72	397.97	2.59
	金属结构工程	3612.30		1008.40	27.92	2153.02	59.60	115.99	3.21	110.15	3.05	224.74	6.22
	门窗工程	1046.42		54.22	5.18	973.06	92.99	0.26	0.02	7.99	0.76	10.90	1.04
	屋面及防水工程	635.72		117.41	18.47	475.95	74.87	0.65	0.10	18.11	2.85	23.61	3.71
	保温隔热防腐工程	118.10		53.28	45.11	46.47	39.34	—	—	7.71	6.53	10.65	9.02
	拆除工程	4.61		2.26	49.01	—	—	1.18	25.57	0.48	10.50	0.69	14.92
装饰工程	楼地面工程	4590.77		515.17	11.22	3868.23	84.26	7.27	0.16	95.59	2.08	104.50	2.28
	内墙面工程	3198.96		830.78	25.97	2048.64	64.04	18.91	0.59	130.61	4.08	170.01	5.31
	天棚工程	1568.33		360.22	22.97	1079.88	68.86	1.43	0.09	54.49	3.47	72.32	4.61
	外墙面工程	668.89		251.59	37.61	318.25	47.58	7.37	1.10	39.89	5.96	51.78	7.74
	幕墙工程	11922.28		520.76	4.37	11041.86	92.62	133.04	1.12	95.86	0.80	130.76	1.10
	其他工程	847.29		30.18	3.56	805.26	95.04	0.94	0.11	4.67	0.55	6.23	0.74
安装工程	电气工程	5529.15		687.41	12.43	4470.27	80.85	36.05	0.65	190.54	3.45	144.87	2.62
	给排水工程	1597.28		119.30	7.47	1387.73	86.88	22.45	1.41	39.46	2.47	28.35	1.77
	通风空调工程	6181.62		1149.59	18.60	4260.29	68.92	156.61	2.53	353.88	5.72	261.24	4.23
	消防电工程	801.66		185.19	23.10	523.00	65.24	2.56	0.32	53.37	6.66	37.54	4.68
	消防水工程	1520.93		285.93	18.80	1034.50	68.02	44.77	2.94	89.67	5.90	66.05	4.34

续表

费用组成分析		分部分项工程费（万元）		人工费		材料费		机械费		管理费		利润	
				万元	占比（%）	万元	占比（%）	万元	占比（%）	万元	占比（%）	万元	占比（%）
安装工程	智能化工程	3073.09	构成	309.13	10.06	2589.92	84.28	14.15	0.46	95.24	3.10	64.65	2.10
	发电机工程	531.59		2.29	0.43	525.95	98.94	1.47	0.28	1.13	0.21	0.75	0.14
人防工程	人防门工程	109.10		—	—	109.10	100.00	—	—	—	—	—	—
	人防电气工程	21.77		4.60	21.13	14.48	66.51	0.32	1.47	1.39	6.36	0.98	4.52
	人防给排水工程	94.08		3.73	3.97	87.93	93.46	0.42	0.45	1.17	1.24	0.83	0.88
	人防通风工程	21.49		2.33	10.85	17.88	83.21	0.11	0.52	0.68	3.14	0.49	2.27

室外配套工程造价指标分析表　　表 2-4-5

室外面积：6501.80m^2

专业	工程造价（万元）	经济指标（元/m^2）	备注
室外给排水工程	38.96	59.92	
合计	38.96	59.92	

室外配套工程造价及工程费用分析表　　表 2-4-6

室外面积：6501.80m^2

工程造价分析

工程造价组成分析	工程造价（万元）	单方造价（元/m^2）		分部分项工程费		措施项目费		其他项目费		税金		总造价占比（%）
				万元	占比（%）	万元	占比（%）	万元	占比（%）	万元	占比（%）	
室外给排水工程	38.96	59.92	构成	31.41	80.63	1.53	3.93	2.80	7.18	3.22	8.26	100.00
合计	38.96	59.92		31.41	80.63	1.53	3.93	2.80	7.18	3.22	8.26	100.00

工程费用分析（分部分项工程费）

费用组成分析	分部分项工程费（万元）		人工费		材料费		机械费		管理费		利润	
			万元	占比（%）	万元	占比（%）	万元	占比（%）	万元	占比（%）	万元	占比（%）
室外给排水工程	31.41	构成	3.61	11.48	25.61	81.52	0.45	1.44	1.01	3.21	0.74	2.35
合计	31.41		3.61	11.48	25.61	81.52	0.45	1.44	1.01	3.21	0.74	2.35

其他工程造价指标分析表　表 2-4-7

总建筑面积：140492.90m^2

专业	工程造价（万元）	经济指标（元/m^2）	备注
标识工程	560.71	39.91	
合计	560.71	39.91	

建筑工程含量指标表　表 2-4-8

总建筑面积：140492.90m^2，其中：地上面积（±0.00 以上）：102685.60m^2，地下面积（±0.00 以下）：37807.20m^2

部位	名称	单方含量	工程总量	总价（万元）	单方造价（元/m^2）	备注
地上	砌筑工程	0.11m^3/m^2	11580.87m^3	671.00	65.35	
	钢筋工程	99.51kg/m^2	10218256.00kg	5201.39	506.54	
	混凝土工程	0.44m^3/m^2	45179.23m^3	4043.22	393.75	
	模板工程	1.96m^2/m^2	201256.28m^2	1490.93	145.19	
	门窗工程	0.06m^2/m^2	5939.34m^2	855.11	83.27	
	屋面工程	0.03m^2/m^2	3118.32m^2	52.93	5.15	
	防水工程	0.21m^2/m^2	21955.13m^2	130.82	12.74	
	楼地面工程	0.93m^2/m^2	95694.70m^2	3918.95	381.65	
	内墙面工程	2.26m^2/m^2	232146.97m^2	2724.15	265.29	
	外墙面工程	0.78m^2/m^2	80283.09m^2	329.17	32.06	
	天棚工程	0.82m^2/m^2	84558.20m^2	1128.75	109.92	
	幕墙工程	0.66m^2/m^2	68253.90m^2	11922.28	1161.05	
地下	支护工程	0.09m^3/m^2	3530.00m^3	724.10	191.52	
	砌筑工程	0.12m^3/m^2	4639.91m^3	269.21	71.20	
	钢筋工程	164.87kg/m^2	6233180.00kg	3129.04	827.63	
	混凝土工程	0.95m^3/m^2	36073.67m^3	2990.77	791.06	

续表

部位	名称	单方含量	工程总量	总价（万元）	单方造价（元/m^2）	备注
地下	模板工程	2.70m^2/m^2	101963.47m^2	763.77	202.02	
	防火门工程	0.05m^2/m^2	1894.92m^2	164.28	43.45	
	普通门工程	0.01m^2/m^2	379.84m^2	27.03	7.15	
	防水工程	1.54m^2/m^2	58405.68m^2	373.00	98.66	
	楼地面工程	0.93m^2/m^2	35025.99m^2	671.81	177.69	
	墙柱面工程	1.91m^2/m^2	72223.13m^2	814.52	215.44	
	天棚工程	1.17m^2/m^2	44368.14m^2	439.58	116.27	
	人防门工程	0.05m^2/m^2	133.10m^2	109.10	400.23	

安装工程含量指标表 表 2-4-9

总建筑面积：140492.90m^2，其中：地上面积（±0.00以上）：102685.60m^2，地下面积（±0.00以下）：37807.20m^2

部位	专业	名称	百方含量	工程总量	总价（万元）	单方造价（元/m^2）	备注
地上	电气工程	电气配管	142.70m/100m^2	146532.07m	228.90	22.29	
	电气工程	电线	370.50m/100m^2	380448.72m	138.04	13.44	
	电气工程	母线电缆	68.51m/100m^2	70346.10m	1653.18	160.99	
	电气工程	桥架线槽	22.30m/100m^2	22895.50m	375.36	36.55	
	电气工程	开关插座	0.65套/100m^2	663套	17.44	1.70	
	电气工程	灯具	15.58套/100m^2	16003套	429.20	41.80	
	电气工程	设备	0.74台/100m^2	758台	396.39	38.60	
	给排水工程	给水管道	9.57m/100m^2	9830.17m	194.79	18.97	
	给排水工程	排水管道	7.33m/100m^2	7530.70m	170.31	16.59	
	给排水工程	阀部件类	1.43套/100m^2	1470套	90.75	8.84	

续表

部位	专业	名称	百方含量	工程总量	总价（万元）	单方造价（元/m^2）	备注
地上	给排水工程	卫生器具	1.79 套/100m^2	1842 套	333.92	32.52	
	给排水工程	给排水设备	0.04 台/100m^2	37 台	94.87	9.24	
	消防电工程	消防电配管	74.96m/100m^2	76973.57m	94.08	9.16	
	消防电工程	消防电配线、缆	143.87m/100m^2	147738.14m	113.12	11.02	
	消防电工程	消防电末端装置	3.56 套/100m^2	3654 套	127.30	12.40	
	消防电工程	消防电设备	4.53 台/100m^2	4654 台	207.84	20.24	
	消防水工程	消防水管道	51.94m/100m^2	53339.55m	647.57	63.06	
	消防水工程	消防水阀类	0.55 套/100m^2	560 套	101.39	9.87	
	消防水工程	消防水末端装置	19.71 套/100m^2	20236 套	119.22	11.61	
	消防水工程	消防水设备	0.76 台/100m^2	779 台	249.99	24.35	
	通风空调工程	通风管道	105.89m^2/100m^2	108730.97m^2	1157.41	112.71	
	通风空调工程	通风阀部件	10.65 套/100m^2	10937 套	191.46	18.65	
	通风空调工程	通风设备	2.66 台/100m^2	2735 台	500.47	48.74	
	通风空调工程	空调水管道	42.15m/100m^2	43285.31m	830.00	80.83	
	通风空调工程	空调阀部件	33.17 套/100m^2	34061 套	999.34	97.32	
	通风空调工程	空调设备	2.63 台/100m^2	2698 台	908.96	88.52	
地下	电气工程	电气配管	124.65m/100m^2	47127.10m	72.49	19.17	
	电气工程	电线	436.67m/100m^2	165091.31m	57.53	15.22	
	电气工程	母线电缆	115.87m/100m^2	43808.97m	762.25	201.61	
	电气工程	桥架线槽	38.67m/100m^2	14620.35m	221.72	58.65	
	电气工程	开关插座	1.67 套/100m^2	630 套	2.95	0.78	
	电气工程	灯具	13.63 套/100m^2	5154 套	107.13	28.34	

续表

部位	专业	名称	百方含量	工程总量	总价（万元）	单方造价（元/m²）	备注
地下	电气工程	设备	1.17 台/100m²	443 台	220.66	58.36	
	给排水工程	给水管道	5.65m/100m²	2137.94m	61.78	16.34	
	给排水工程	排水管道	13.40m/100m²	5064.30m	86.72	22.94	
	给排水工程	阀部件类	1.94 套/100m²	733 套	68.08	18.01	
	给排水工程	卫生器具	0.76 套/100m²	286 套	96.74	25.59	
	给排水工程	给排水设备	0.33 台/100m²	123 台	399.32	105.62	
	给排水工程	消防水设备	1.28 台/100m²	484 台	121.63	32.17	
	消防电工程	消防电配管	107.17m/100m²	40516.94m	55.19	14.60	
	消防电工程	消防电配线、缆	200.90m/100m²	75955.58m	67.44	17.84	
	消防电工程	消防电末端装置	4.79 套/100m²	1811 套	57.46	15.20	
	消防电工程	消防电设备	4.95 台/100m²	1870 台	79.24	20.96	
	消防水工程	消防水管道	46.22m/100m²	17475.24m	216.86	57.36	
	消防水工程	消防水阀类	0.60 套/100m²	227 套	35.02	9.26	
	消防水工程	消防水末端装置	13.77 套/100m²	5205 套	29.26	7.74	
	通风空调工程	通风管道	66.34m²/100m²	25080.04m²	347.51	91.92	
	通风空调工程	通风阀部件	4.78 套/100m²	1807 套	73.26	19.38	
	通风空调工程	通风设备	0.74 台/100m²	280 台	116.22	30.74	
	通风空调工程	空调水管道	20.99m/100m²	7935.01m	153.76	40.67	
	通风空调工程	空调阀部件	8.07 套/100m²	3049 套	252.88	66.89	
	通风空调工程	空调设备	0.38 台/100m²	145 台	650.35	172.02	

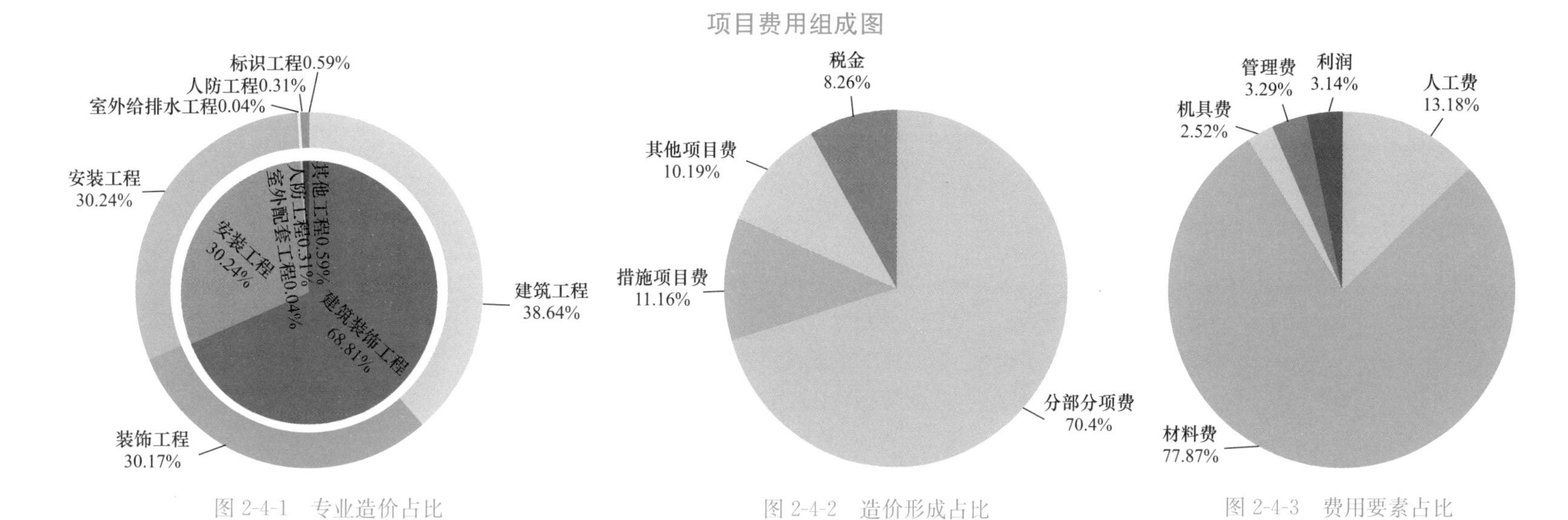

图 2-4-1　专业造价占比

图 2-4-2　造价形成占比

图 2-4-3　费用要素占比

专业名称	金额（元）	费用占比（%）
建筑装饰工程	651293785.18	68.81
安装工程	286257528.56	30.24
室外配套工程	389589.15	0.04
人防工程	2963090.26	0.31
其他工程	5607063.70	0.59

费用名称	金额（元）	费用占比（%）
分部分项费	666318321.17	70.40
措施项目费	105585622.80	11.16
其他项目费	96454823.78	10.19
税金	78152289.10	8.26

费用名称	金额（元）	费用占比（%）
人工费	87792088.88	13.18
材料费	518648245.08	77.87
机具费	16763820.93	2.52
管理费	21897643.20	3.29
利润	20907590.33	3.14

第三章 卫生建筑

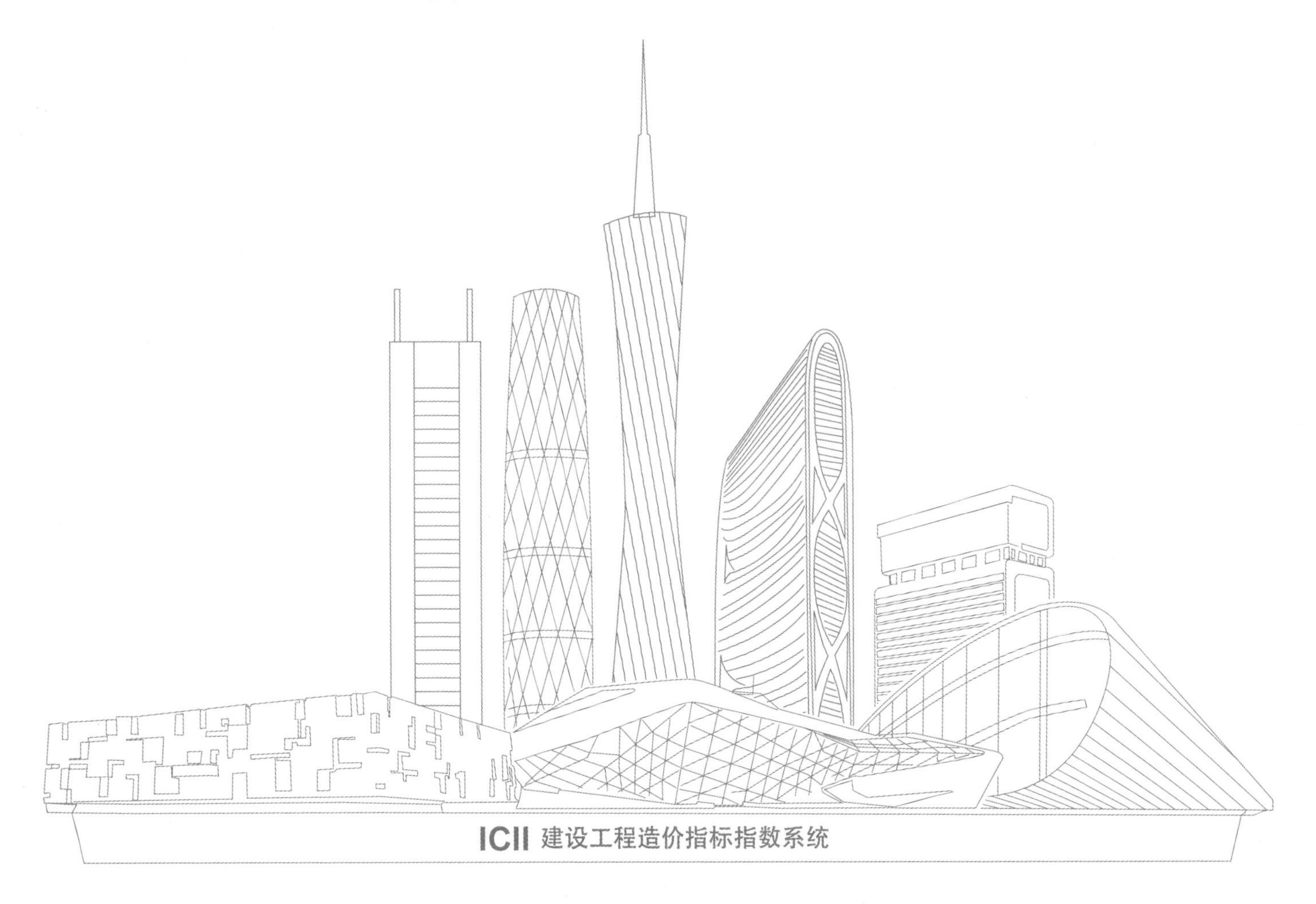

1. 医院门诊楼

工程概况表　　表 3-1-1

<table>
<tr><td>工程类别</td><td colspan="2">医院/社区卫生服务中心</td><td rowspan="3">计价依据</td><td>清单</td><td>国标 13 清单计价规范</td></tr>
<tr><td>工程所在地</td><td colspan="2">广东省广州市</td><td>定额</td><td>广东省 2018 系列定额</td></tr>
<tr><td>建设性质</td><td colspan="2">新建</td><td>其他</td><td>—</td></tr>
<tr><td rowspan="3">建筑面积（m²）</td><td>合计</td><td>38091.82</td><td colspan="2">计税形式</td><td>增值税</td></tr>
<tr><td>其中：±0.00 以上</td><td>38091.82</td><td colspan="2">采价时间</td><td>2020-8</td></tr>
<tr><td>±0.00 以下</td><td>—</td><td colspan="2">工程造价（万元）</td><td>21750.84</td></tr>
<tr><td>人防面积（m²）</td><td colspan="2">—</td><td colspan="2">单方造价（元/m²）</td><td>5710.11</td></tr>
<tr><td rowspan="2">其他规模</td><td>室外面积（m²）</td><td>—</td><td colspan="2" rowspan="2">资金来源</td><td rowspan="2">财政</td></tr>
<tr><td>其他规模</td><td>—</td></tr>
<tr><td rowspan="2">建筑高度（m）</td><td>±0.00 以上</td><td>23.90</td><td colspan="2">装修标准</td><td>精装</td></tr>
<tr><td>±0.00 以下</td><td>—</td><td colspan="2">绿色建筑标准</td><td>基本级</td></tr>
<tr><td rowspan="2">层数</td><td>±0.00 以上</td><td>5</td><td colspan="2">装配率（%）</td><td>—</td></tr>
<tr><td>±0.00 以下</td><td>—</td><td colspan="2">文件形式</td><td>设计概算</td></tr>
<tr><td rowspan="4">层高（m）</td><td>首层</td><td>—</td><td colspan="2">场地类别</td><td>—</td></tr>
<tr><td>标准层</td><td>4.50</td><td colspan="2">结构类型</td><td>框架-剪力墙</td></tr>
<tr><td>顶层</td><td>—</td><td colspan="2">抗震设防烈度</td><td>7</td></tr>
<tr><td>地下室</td><td>—</td><td colspan="2">抗震等级</td><td>—</td></tr>
</table>

本工程主要包含：
1. 建筑工程：砌筑工程，钢筋混凝土工程，金属结构工程，门窗工程，屋面及防水工程，保温隔热防腐工程，模板工程，脚手架工程；
2. 装饰工程：楼地面工程，内墙面工程，天棚工程，幕墙工程，其他工程；
3. 安装工程：电气工程，给排水工程，通风空调工程，消防水工程，消防电工程，气体灭火工程，智能化工程，电梯工程，抗震支架工程

建设项目投资指标表

表 3-1-2

总建筑面积：38091.82 m²，其中：地上面积（±0.00 以上）：38091.82m²，地下面积（±0.00 以下）：0.00m²

序号	名称	金额（万元）	单位指标（元/m²）	造价占比（%）	备注
1	建筑安装工程费用	21750.84	5710.11	100.00	
1.1	建筑工程	5539.39	1454.22	25.47	
1.2	装饰工程	9495.82	2492.88	43.66	
1.3	安装工程	6715.63	1763.01	30.88	

工程造价指标分析表

表 3-1-3

总建筑面积：38091.82m²，其中：地上面积（±0.00 以上）：38091.82m²，地下面积（±0.00 以下）：0.00 m²

专业			工程造价（万元）	经济指标（元/m²）	总造价占比（%）	备注
建筑工程			5539.39	1454.22	25.47	
装饰工程			9495.82	2492.88	43.66	
安装工程			6715.63	1763.01	30.88	
合计			21750.84	5710.11	100.00	
地上	建筑工程	砌筑工程	405.69	106.50	1.87	
		钢筋混凝土工程	2152.98	565.21	9.90	
		金属结构工程	11.55	3.03	0.05	
		门窗工程	686.52	180.23	3.16	
		屋面及防水工程	278.35	73.07	1.28	
		保温隔热防腐工程	47.14	12.38	0.22	
		脚手架工程	453.94	119.17	2.09	
		模板工程	709.00	186.13	3.26	
		单价措施项目	180.63	47.42	0.83	
		总价措施项目	92.66	24.33	0.43	
		其他项目	63.53	16.68	0.29	
		税金	457.38	120.07	2.10	
	装饰工程	楼地面工程	1282.56	336.70	5.90	
		内墙面工程	1518.65	398.68	6.98	
		天棚工程	1038.85	272.72	4.78	

续表

专业			工程造价（万元）	经济指标（元/m^2）	总造价占比（%）	备注
地上	装饰工程	幕墙工程	3714.37	975.11	17.08	
		其他工程	572.79	150.37	2.63	
		单价措施项目	191.99	50.40	0.88	
		总价措施项目	233.08	61.19	1.07	
		其他项目	159.47	41.87	0.73	
		税金	784.06	205.83	3.60	
	安装工程	电气工程	1071.47	281.29	4.93	
		给排水工程	581.97	152.78	2.68	
		通风空调工程	2096.38	550.35	9.64	
		消防电工程	180.31	47.33	0.83	
		消防水工程	283.91	74.53	1.31	
		气体灭火工程	50.86	13.35	0.23	
		智能化工程	316.34	83.05	1.45	
		电梯工程	812.72	213.36	3.74	
		抗震支架工程	167.12	43.87	0.77	
		措施项目	405.79	106.53	1.87	
		其他项目	194.25	50.99	0.89	
		税金	554.50	145.57	2.55	

工程造价及工程费用分析表 表 3-1-4

总建筑面积：38091.82m^2，其中：地上面积（±0.00 以上）：38091.82m^2，地下面积（±0.00 以下）：0.00m^2

工程造价分析												
工程造价组成分析	工程造价（万元）	单方造价（元/m^2）	构成	分部分项工程费		措施项目费		其他项目费		税金		总造价占比（%）
				万元	占比（%）	万元	占比（%）	万元	占比（%）	万元	占比（%）	
建筑工程	5539.39	1454.22		3582.23	64.67	1436.24	25.93	63.53	1.15	457.38	8.26	25.47
装饰工程	9495.82	2492.88		8127.22	85.59	425.07	4.48	159.47	1.68	784.06	8.26	43.66
安装工程	6715.63	1763.01		5561.09	82.81	405.79	6.04	194.25	2.89	554.50	8.26	30.88
合计	21750.84	5710.11		17270.54	79.40	2267.10	10.42	417.26	1.92	1795.94	8.26	100.00

续表

工程费用分析（分部分项工程费）													
费用组成分析		分部分项工程费（万元）		人工费		材料费		机械费		管理费		利润	
				万元	占比（%）	万元	占比（%）	万元	占比（%）	万元	占比（%）	万元	占比（%）
建筑工程		3582.23	构成	456.85	12.75	2884.27	80.52	30.86	0.86	112.70	3.15	97.55	2.72
装饰工程		8127.22		1151.13	14.16	6459.90	79.48	75.60	0.93	195.24	2.40	245.35	3.02
安装工程		5561.09		905.75	16.29	4126.67	74.21	65.49	1.18	269.01	4.84	194.16	3.49
合计		17270.54		2513.73	14.56	13470.84	78.00	171.95	1.00	576.96	3.34	537.06	3.11
建筑工程	砌筑工程	405.69		115.04	28.36	250.43	61.73	—	—	17.21	4.24	23.01	5.67
	钢筋混凝土工程	2152.98		266.96	12.40	1711.79	79.51	30.44	1.41	84.30	3.92	59.48	2.76
	金属结构工程	11.55		5.65	48.95	3.90	33.76	—	—	0.86	7.49	1.13	9.81
	门窗工程	686.52		14.35	2.09	666.78	97.12	0.33	0.05	2.13	0.31	2.94	0.43
	屋面及防水工程	278.35		44.17	15.87	218.56	78.52	0.09	0.03	6.68	2.40	8.85	3.18
	保温隔热防腐工程	47.14		10.67	22.63	32.82	69.61	—	—	1.53	3.24	2.13	4.52
装饰工程	楼地面工程	1282.56		124.14	9.68	1107.69	86.37	2.00	0.16	23.50	1.83	25.23	1.97
	内墙面工程	1518.65		346.15	22.79	1033.92	68.08	12.42	0.82	54.45	3.59	71.71	4.72
	天棚工程	1038.85		270.83	26.07	651.80	62.74	15.87	1.53	43.00	4.14	57.34	5.52
	幕墙工程	3714.37		391.28	10.53	3120.74	84.02	43.99	1.18	71.30	1.92	87.06	2.34
	其他工程	572.79		18.74	3.27	545.72	95.27	1.33	0.23	2.99	0.52	4.01	0.70
安装工程	电气工程	1071.47		181.10	16.90	795.23	74.22	4.69	0.44	53.27	4.97	37.19	3.47
	给排水工程	581.97		58.89	10.12	486.74	83.64	5.61	0.96	17.83	3.06	12.90	2.22
	通风空调工程	2096.38		436.50	20.82	1394.27	66.51	41.63	1.99	128.39	6.12	95.60	4.56
	消防电工程	180.31		57.46	31.87	93.33	51.76	1.19	0.66	16.60	9.21	11.73	6.50
	消防水工程	283.91		60.34	21.25	188.65	66.45	4.30	1.51	17.69	6.23	12.93	4.55
	气体灭火工程	50.86		4.32	8.48	44.22	86.93	0.18	0.35	1.25	2.46	0.90	1.77
	智能化工程	316.34		94.86	29.99	168.57	53.29	3.79	1.20	29.44	9.31	19.67	6.22

续表

费用组成分析		分部分项工程费（万元）	构成	人工费		材料费		机械费		管理费		利润	
				万元	占比（%）	万元	占比（%）	万元	占比（%）	万元	占比（%）	万元	占比（%）
安装工程	电梯工程	812.72		—	—	812.72	100.00	—	—	—	—	—	—
	抗震支架工程	167.12		12.25	7.33	143.03	85.59	4.05	2.42	4.54	2.72	3.26	1.95

建筑工程含量指标表

表 3-1-5

总建筑面积：38091.82m^2，其中：地上面积（±0.00以上）：38091.82m^2，地下面积（±0.00以下）：0.00m^2

部位	名称	单方含量	工程总量	总价（万元）	单方造价（元/m^2）	备注
地上	砌筑工程	0.19m^3/m^2	7284.08m^3	405.69	106.50	
	钢筋工程	58.18kg/m^2	2216079.00kg	1179.29	309.59	
	混凝土工程	0.34m^3/m^2	13079.54m^3	973.69	255.62	
	模板工程	2.47m^2/m^2	94032.69m^2	709.00	186.13	
	门窗工程	0.10m^2/m^2	3968.55m^2	686.52	180.23	
	屋面工程	0.22m^2/m^2	8251.18m^2	94.92	24.92	
	防水工程	0.52m^2/m^2	19650.38m^2	183.43	48.15	
	楼地面工程	0.86m^2/m^2	32918.66m^2	1282.56	336.70	
	内墙面工程	1.99m^2/m^2	75644.83m^2	1518.65	398.68	
	天棚工程	1.05m^2/m^2	39915.98m^2	1038.85	272.72	
	幕墙工程	1.04m^2/m^2	39455.93m^2	3714.37	975.11	

安装工程含量指标表

表 3-1-6

总建筑面积：38091.82m^2，其中：地上面积（±0.00以上）：38091.82m^2，地下面积（±0.00以下）：0.00m^2

部位	专业	名称	百方含量	工程总量	总价（万元）	单方造价（元/m^2）	备注
地上	电气工程	电气配管	176.39m/100m^2	67191.46m	145.62	38.23	
	电气工程	电线	624.88m/100m^2	238028.64m	99.39	26.09	
	电气工程	母线电缆	64.22m/100m^2	24463.96m	150.13	39.41	

续表

部位	专业	名称	百方含量	工程总量	总价（万元）	单方造价（元/m^2）	备注
地上	电气工程	桥架线槽	19.23m/100m^2	7324.98m	95.69	25.12	
	电气工程	开关插座	20.87套/100m^2	7951套	17.28	4.54	
	电气工程	灯具	19.78套/100m^2	7536套	166.34	43.67	
	电气工程	设备	1.75台/100m^2	668台	350.55	92.03	
	给排水工程	给水管道	24.19m/100m^2	9212.93m	89.88	23.60	
	给排水工程	排水管道	26.36m/100m^2	10041.72m	205.33	53.90	
	给排水工程	阀部件类	5.48套/100m^2	2088套	30.51	8.01	
	给排水工程	卫生器具	3.00套/100m^2	1143套	193.31	50.75	
	给排水工程	给排水设备	0.22台/100m^2	82台	60.66	15.93	
	消防电工程	消防电配管	78.77m/100m^2	30006.24m	38.67	10.15	
	消防电工程	消防电配线、缆	202.48m/100m^2	77129.23m	63.41	16.65	
	消防电工程	消防电末端装置	4.53套/100m^2	1724套	22.84	6.00	
	消防电工程	消防电设备	5.27台/100m^2	2007台	55.38	14.54	
	消防水工程	消防水管道	63.07m/100m^2	24025.82m	186.80	49.04	
	消防水工程	消防水阀类	0.49套/100m^2	187套	20.92	5.49	
	消防水工程	消防水末端装置	10.11套/100m^2	3850套	26.14	6.86	
	消防水工程	消防水设备	0.81台/100m^2	307台	50.06	13.14	
	通风空调工程	通风管道	155.61m^2/100m^2	59274.87m^2	846.08	222.12	
	通风空调工程	通风阀部件	20.38套/100m^2	7761套	251.73	66.09	
	通风空调工程	通风设备	25.72台/100m^2	9796台	545.08	143.10	
	通风空调工程	空调水管道	49.87m/100m^2	18995.60m	158.25	41.54	
	通风空调工程	空调阀部件	26.34套/100m^2	10033套	287.85	75.57	
	通风空调工程	空调设备	0.01台/100m^2	2台	7.39	1.94	

项目费用组成图

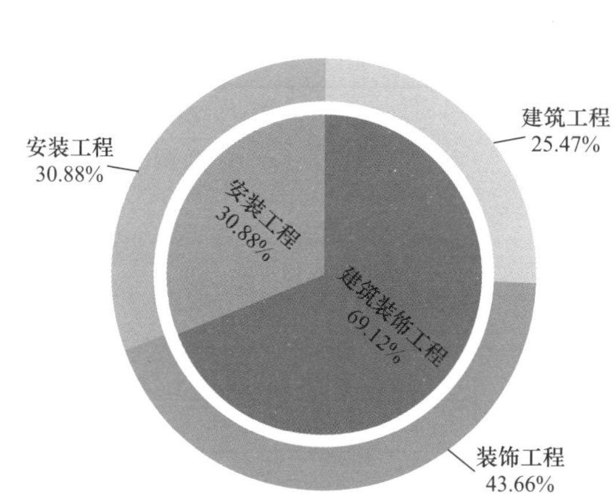

图 3-1-1 专业造价占比

专业名称	金额（元）	费用占比（%）
建筑装饰工程	150352090.66	69.12
安装工程	67156308.89	30.88

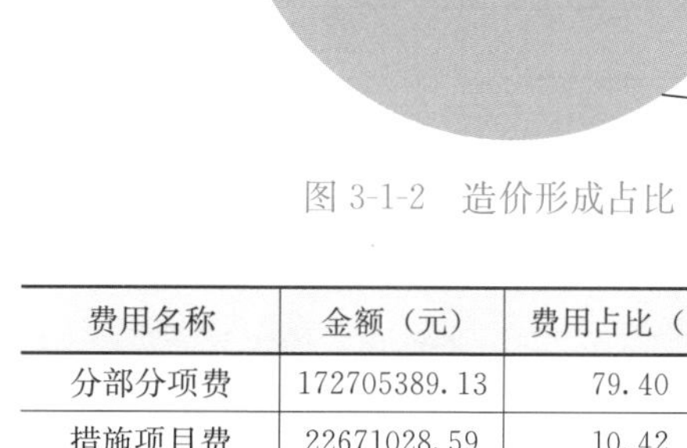

图 3-1-2 造价形成占比

费用名称	金额（元）	费用占比（%）
分部分项费	172705389.13	79.40
措施项目费	22671028.59	10.42
其他项目费	4172572.69	1.92
税金	17959409.14	8.26

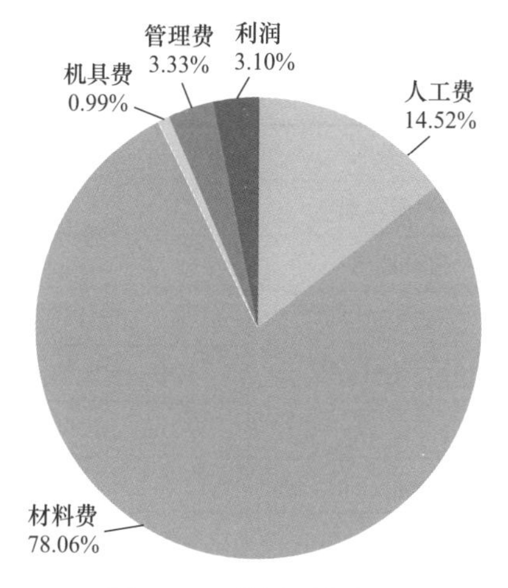

图 3-1-3 费用要素占比

费用名称	金额（元）	费用占比（%）
人工费	25137303.28	14.52
材料费	135160333.88	78.06
机具费	1719482.33	0.99
管理费	5769588.76	3.33
利润	5370598.31	3.10

2. 医院综合楼

工程概况表　　表 3-2-1

工程类别	医院/社区卫生服务中心		计价依据	清单	国标 13 清单计价规范
工程所在地	广东省广州市			定额	广东省 2018 系列定额
建设性质	改建			其他	—
建筑面积（m^2）	合计	28590.71	计税形式		增值税
	其中：±0.00 以上	22847.90	采价时间		2021-11
	±0.00 以下	5742.81	工程造价（万元）		15411.97
人防面积（m^2）	—		单方造价（元/m^2）		5390.55
其他规模	室外面积（m^2）	—	资金来源		财政
	其他规模	—			
建筑高度（m）	±0.00 以上	82.00	装修标准		初装
	±0.00 以下	16.55	绿色建筑标准		基本级
层数	±0.00 以上	17	装配率（%）		—
	±0.00 以下	3	文件形式		招标控制价
层高（m）	首层	6.00	场地类别		二类
	标准层	4.00	结构类型		框架
	顶层	3.5	抗震设防烈度		7
	地下室	5.00	抗震等级		一级

本工程主要包含：
1. 建筑工程：土石方工程，基坑支护工程，桩基础工程，砌筑工程，钢筋混凝土工程，金属结构工程，屋面及防水工程，保温隔热防腐工程，模板工程，脚手架工程；
2. 装饰工程：楼地面工程，外墙面工程，幕墙工程；
3. 安装工程：电气工程，给排水工程，通风空调工程，消防水工程，消防电工程，气体灭火工程，智能化工程，电梯工程，高低压配电工程，发电机工程，抗震支架工程，充电桩工程

建设项目投资指标表

表 3-2-2

总建筑面积：28590.71 m^2

序号	名称	金额（万元）	单位指标（元/m^2）	造价占比（%）	备注
1	建筑安装工程费用	15411.97	5390.55	100.00	
1.1	建筑工程	9451.31	3305.73	61.32	
1.2	装饰工程	868.71	303.84	5.64	
1.3	安装工程	5091.95	1780.98	33.04	

工程造价指标分析表

表 3-2-3

总建筑面积：28590.71m^2

专业		工程造价（万元）	经济指标（元/m^2）	总造价占比（%）	备注
建筑工程		9451.31	3305.73	61.32	
装饰工程		868.71	303.84	5.64	
安装工程		5091.95	1780.98	33.04	
合计		15411.97	5390.55	100.00	
建筑工程	土石方工程	307.60	107.59	2.00	
	基坑支护工程	1772.16	619.84	11.50	
	桩基础工程	437.49	153.02	2.84	
	砌筑工程	460.99	161.24	2.99	
	钢筋混凝土工程	3430.33	1199.81	22.26	
	金属结构工程	38.56	13.49	0.25	
	屋面及防水工程	363.56	127.16	2.36	
	保温隔热防腐工程	7.94	2.78	0.05	
	拆除工程	50.44	17.64	0.33	
	其他工程	6.36	2.23	0.04	
	脚手架工程	287.05	100.40	1.86	
	模板工程	623.50	218.08	4.05	
	单价措施项目	215.20	75.27	1.40	
	总价措施项目	290.70	101.68	1.89	

续表

专业		工程造价（万元）	经济指标（元/m²）	总造价占比（%）	备注
建筑工程	其他项目	379.07	132.59	2.46	
	税金	780.38	272.95	5.06	
装饰工程	楼地面工程	15.01	5.25	0.10	
	外墙面工程	174.34	60.98	1.13	
	幕墙工程	538.40	188.31	3.49	
	单价措施项目	13.26	4.64	0.09	
	总价措施项目	24.95	8.73	0.16	
	其他项目	31.02	10.85	0.20	
	税金	71.73	25.09	0.47	
安装工程	电气工程	745.43	260.72	4.84	
	给排水工程	504.88	176.59	3.28	
	通风空调工程	936.52	327.56	6.08	
	消防电工程	107.48	37.59	0.70	
	消防水工程	191.60	67.01	1.24	
	气体灭火工程	105.20	36.80	0.68	
	智能化工程	683.84	239.18	4.44	
	电梯工程	318.95	111.56	2.07	
	高低压配电工程	372.07	130.14	2.41	
	发电机工程	129.22	45.20	0.84	
	抗震支架工程	19.30	6.75	0.13	
	充电桩工程	68.40	23.92	0.44	
	措施项目	293.07	102.51	1.90	
	其他项目	195.56	68.40	1.27	
	税金	420.44	147.05	2.73	

工程造价及工程费用分析表

表 3-2-4

总建筑面积：28590.71m²

工程造价分析

工程造价组成分析	工程造价（万元）	单方造价（元/m²）	构成	分部分项工程费		措施项目费		其他项目费		税金		总造价占比（%）
				万元	占比（%）	万元	占比（%）	万元	占比（%）	万元	占比（%）	
建筑工程	9451.31	3305.73	构成	6875.41	72.75	1416.45	14.99	379.07	4.01	780.38	8.26	61.32
装饰工程	868.71	303.84		727.75	83.77	38.21	4.40	31.02	3.57	71.73	8.26	5.64
安装工程	5091.95	1780.98		4182.88	82.15	293.07	5.76	195.56	3.84	420.44	8.26	33.04
合计	15411.97	5390.55		11786.03	76.47	1747.73	11.34	605.66	3.93	1272.55	8.26	100.00

工程费用分析（分部分项工程费）

费用组成分析		分部分项工程费（万元）	构成	人工费		材料费		机械费		管理费		利润	
				万元	占比（%）	万元	占比（%）	万元	占比（%）	万元	占比（%）	万元	占比（%）
建筑工程		6875.41	构成	895.15	13.02	4732.03	68.83	634.84	9.23	307.37	4.47	306.02	4.45
装饰工程		727.75		130.13	17.88	549.85	75.55	1.18	0.16	20.32	2.79	26.26	3.61
安装工程		4182.88		648.61	15.51	3137.95	75.02	52.16	1.25	203.97	4.88	140.19	3.35
合计		11786.03		1673.89	14.20	8419.83	71.44	688.18	5.84	531.67	4.51	472.47	4.01
建筑工程	土石方工程	307.60		35.10	11.41	0.10	0.03	191.73	62.33	35.28	11.47	45.39	14.76
	基坑支护工程	1772.16		182.54	10.30	1099.10	62.02	301.05	16.99	92.75	5.23	96.72	5.46
	桩基础工程	437.49		69.93	15.98	242.28	55.38	71.32	16.30	25.71	5.88	28.25	6.46
	砌筑工程	460.99		131.94	28.62	283.14	61.42	—	—	19.52	4.23	26.39	5.72
	钢筋混凝土工程	3430.33		336.84	9.82	2860.95	83.40	45.95	1.34	110.01	3.21	76.57	2.23
	金属结构工程	38.56		15.12	39.22	18.14	47.03	—	—	2.28	5.90	3.02	7.84
	屋面及防水工程	363.56		92.27	25.38	237.64	65.36	0.98	0.27	14.03	3.86	18.64	5.13
	保温隔热防腐工程	7.94		1.83	23.08	5.47	68.96	—	—	0.27	3.35	0.37	4.62
	拆除工程	50.44		28.58	56.66	−19.82	−39.29	23.82	47.23	7.37	14.62	10.48	20.78
	其他工程	6.36		0.97	15.31	5.03	79.07	0.01	0.18	0.15	2.35	0.20	3.10
装饰工程	楼地面工程	15.01		3.28	21.87	10.43	69.48	0.04	0.29	0.59	3.93	0.66	4.43
	外墙面工程	174.34		78.12	44.81	67.81	38.90	0.49	0.28	12.18	6.99	15.72	9.02
	幕墙工程	538.40		48.72	9.05	471.61	87.59	0.65	0.12	7.55	1.40	9.87	1.83

续表

费用组成分析		分部分项工程费（万元）		人工费		材料费		机械费		管理费		利润	
				万元	占比（%）	万元	占比（%）	万元	占比（%）	万元	占比（%）	万元	占比（%）
安装工程	电气工程	745.43	构成	107.56	14.43	580.34	77.85	3.44	0.46	31.88	4.28	22.21	2.98
	给排水工程	504.88		45.96	9.10	430.42	85.25	4.35	0.86	14.08	2.79	10.06	1.99
	通风空调工程	936.52		184.31	19.68	632.92	67.58	22.61	2.41	55.29	5.90	41.39	4.42
	消防电工程	107.48		29.83	27.75	62.31	57.97	0.65	0.60	8.61	8.01	6.09	5.67
	消防水工程	191.60		38.85	20.28	129.18	67.42	3.53	1.84	11.57	6.04	8.47	4.42
	气体灭火工程	105.20		5.10	4.85	97.48	92.66	0.12	0.12	1.46	1.39	1.04	0.99
	智能化工程	683.84		157.06	22.97	446.18	65.25	2.07	0.30	46.68	6.83	31.86	4.66
	电梯工程	318.95		54.78	17.17	216.28	67.81	9.45	2.96	25.60	8.03	12.84	4.03
	高低压配电工程	372.07		16.56	4.45	344.06	92.47	2.27	0.61	5.41	1.45	3.77	1.01
	发电机工程	129.22		1.95	1.51	124.95	96.70	0.90	0.70	0.85	0.66	0.57	0.44
	抗震支架工程	19.30		6.67	34.55	5.44	28.17	2.76	14.33	2.54	13.18	1.88	9.76
	充电桩工程	68.40		—	—	68.40	100.00	—	—	—	—	—	—

建筑工程含量指标表　　表 3-2-5

总建筑面积：28590.71m^2

部位	名称	单方含量	工程总量	总价（万元）	单方造价（元/m^2）	备注
整体	砌筑工程	0.28m^3/m^2	7862.91m^3	460.99	161.24	
	钢筋工程	100.49kg/m^2	2872948.00kg	1906.79	666.93	
	混凝土工程	0.57m^3/m^2	16323.68m^3	1515.05	529.91	
	模板工程	2.75m^2/m^2	78505.66m^2	623.50	218.08	
	屋面工程	0.06m^2/m^2	1735.63m^2	22.93	8.02	
	防水工程	1.44m^2/m^2	41075.32m^2	340.63	119.14	
	楼地面工程	0.04m^2/m^2	1032.16m^2	15.01	5.25	
	外墙面工程	0.36m^2/m^2	10299.73m^2	174.34	60.98	
	幕墙工程	0.27m^2/m^2	7777.81m^2	538.40	188.31	

安装工程含量指标表

表 3-2-6

总建筑面积：28590.71m²

部位	专业	名称	百方含量	工程总量	总价（万元）	单方造价（元/m²）	备注
整体	电气工程	电气配管	216.58m/100m²	61921.68m	89.25	31.22	
	电气工程	电线	545.06m/100m²	155837.87m	67.93	23.76	
	电气工程	母线电缆	47.41m/100m²	13553.92m	317.25	110.96	
	电气工程	桥架线槽	13.93m/100m²	3983.55m	109.81	38.41	
	电气工程	开关插座	12.18 套/100m²	3481 套	8.44	2.95	
	电气工程	灯具	20.94 套/100m²	5986 套	59.88	20.95	
	电气工程	设备	0.92 台/100m²	262 台	69.99	24.48	
	给排水工程	给水管道	16.78m/100m²	4798.75m	53.14	18.59	
	给排水工程	排水管道	21.33m/100m²	6098.04m	55.38	19.37	
	给排水工程	阀部件类	10.16 套/100m²	2904 套	69.44	24.29	
	给排水工程	卫生器具	3.18 套/100m²	910 套	63.28	22.13	
	给排水工程	给排水设备	0.18 台/100m²	51 台	263.63	92.21	
	消防电工程	消防电配管	28.29m/100m²	8088.03m	12.65	4.43	
	消防电工程	消防电配线、缆	73.99m/100m²	21155.40m	14.33	5.01	
	消防电工程	消防电末端装置	6.18 套/100m²	1768 套	29.50	10.32	
	消防电工程	消防电设备	3.01 台/100m²	860 台	51.01	17.84	
	消防水工程	消防水管道	41.82m/100m²	11957.63m	116.39	40.71	
	消防水工程	消防水阀类	0.75 套/100m²	215 套	19.43	6.79	
	消防水工程	消防水末端装置	8.01 套/100m²	2291 套	12.55	4.39	
	消防水工程	消防水设备	1.13 台/100m²	324 台	43.23	15.12	
	通风空调工程	通风管道	39.07m²/100m²	11171.05m²	227.05	79.41	
	通风空调工程	通风阀部件	7.00 套/100m²	2000 套	98.73	34.53	
	通风空调工程	通风设备	3.15 台/100m²	901 台	199.43	69.76	
	通风空调工程	空调水管道	42.51m/100m²	12152.72m	170.21	59.53	
	通风空调工程	空调阀部件	10.16 套/100m²	2905 套	102.43	35.83	
	通风空调工程	空调设备	0.11 台/100m²	32 台	138.66	48.50	

项目费用组成图

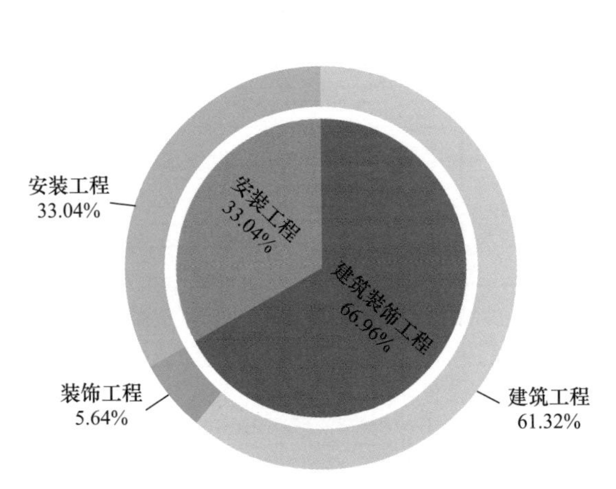

图 3-2-1 专业造价占比

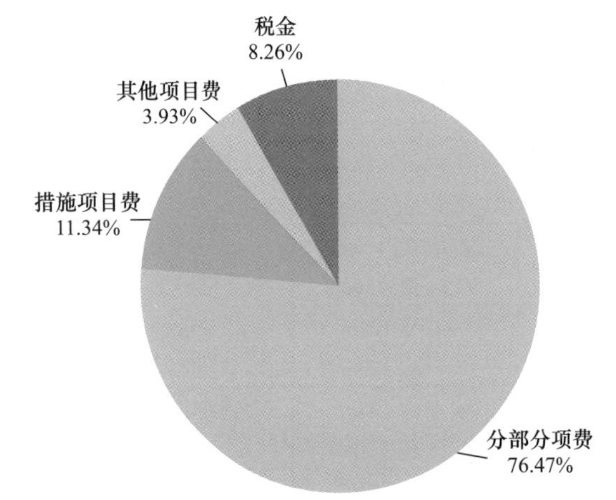

图 3-2-2 造价形成占比

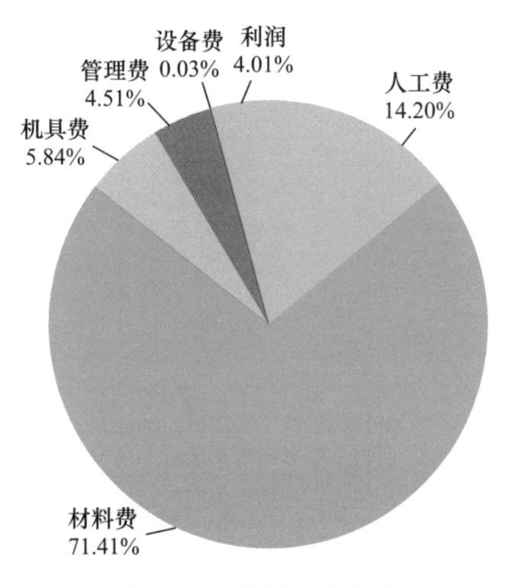

图 3-2-3 费用要素占比

专业名称	金额（元）	费用占比（%）
建筑装饰工程	103200228.53	66.96
安装工程	50919482.02	33.04

费用名称	金额（元）	费用占比（%）
分部分项费	117860347.23	76.47
措施项目费	17477280.69	11.34
其他项目费	6056601.93	3.93
税金	12725480.70	8.26

费用名称	金额（元）	费用占比（%）
人工费	16738888.21	14.20
材料费	84163822.33	71.41
机具费	6881803.59	5.84
管理费	5316669.60	4.51
设备费	34000.00	0.03
利润	4724720.51	4.01

3. 医院医技楼

工程概况表　　表 3-3-1

工程类别	医院/社区卫生服务中心		计价依据	清单	国标13清单计价规范
工程所在地	广东省广州市			定额	广东省2018系列定额
建设性质	新建			其他	—
建筑面积（m^2）	合计	32454.79	计税形式		增值税
	其中：±0.00以上	32454.79	采价时间		2020-8
	±0.00以下	—	工程造价（万元）		19112.56
人防面积（m^2）	—		单方造价（元/m^2）		5888.98
其他规模	室外面积（m^2）	—	资金来源		财政
	其他规模	—			
建筑高度（m）	±0.00以上	73.50	装修标准		精装
	±0.00以下	—	绿色建筑标准		基本级
层数	±0.00以上	17	装配率（%）		—
	±0.00以下	—	文件形式		设计概算
层高（m）	首层	—	场地类别		—
	标准层	4.00	结构类型		框架-剪力墙
	顶层	—	抗震设防烈度		7
	地下室	—	抗震等级		—

本工程主要包含：
1. 建筑工程：砌筑工程，钢筋混凝土工程，金属结构工程，门窗工程，屋面及防水工程，保温隔热防腐工程，模板工程，脚手架工程；
2. 装饰工程：楼地面工程，内墙面工程，天棚工程，外墙面工程，幕墙工程，其他工程；
3. 安装工程：电气工程，给排水工程，通风空调工程，消防水工程，消防电工程，气体灭火工程，智能化工程，电梯工程，抗震支架工程

建设项目投资指标表　　表 3-3-2

总建筑面积：32454.79 m^2，其中：地上面积（±0.00以上）：32454.79m^2，地下面积（±0.00以下）：0.00m^2

序号	名称	金额（万元）	单位指标（元/m^2）	造价占比（%）	备注
1	建筑安装工程费用	19112.56	5888.98	100.00	

续表

序号	名称	金额（万元）	单位指标（元/m²）	造价占比（%）	备注
1.1	建筑工程	5849.90	1802.48	30.61	
1.2	装饰工程	7240.06	2230.81	37.88	
1.3	安装工程	6022.60	1855.69	31.51	

工程造价指标分析表

表 3-3-3

总建筑面积：32454.79m²，其中：地上面积（±0.00 以上）：32454.79m²，地下面积（±0.00 以下）：0.00 m²

专业			工程造价（万元）	经济指标（元/m²）	总造价占比（%）	备注
建筑工程			5849.90	1802.48	30.61	
装饰工程			7240.06	2230.81	37.88	
安装工程			6022.60	1855.69	31.51	
合计			19112.56	5888.98	100.00	
地上	建筑工程	砌筑工程	379.40	116.90	1.99	
		钢筋混凝土工程	2403.13	740.46	12.57	
		金属结构工程	16.14	4.97	0.08	
		门窗工程	952.13	293.37	4.98	
		屋面及防水工程	125.50	38.67	0.66	
		保温隔热防腐工程	11.92	3.67	0.06	
		脚手架工程	464.64	143.17	2.43	
		模板工程	635.51	195.82	3.33	
		单价措施项目	209.24	64.47	1.09	
		总价措施项目	100.45	30.95	0.53	
		其他项目	68.80	21.20	0.36	
		税金	483.02	148.83	2.53	
	装饰工程	楼地面工程	733.40	225.97	3.84	
		内墙面工程	1710.03	526.90	8.95	
		天棚工程	722.03	222.47	3.78	
		外墙面工程	99.45	30.64	0.52	
		幕墙工程	2463.02	758.91	12.89	

续表

专业			工程造价（万元）	经济指标（元/m²）	总造价占比（%）	备注
地上	装饰工程	其他工程	569.93	175.61	2.98	
		总价措施项目	204.48	63.01	1.07	
		其他项目	139.91	43.11	0.73	
		税金	597.80	184.20	3.13	
	安装工程	电气工程	897.88	276.66	4.70	
		给排水工程	1019.66	314.18	5.34	
		通风空调工程	1542.66	475.32	8.07	
		消防电工程	153.55	47.31	0.80	
		消防水工程	286.67	88.33	1.50	
		气体灭火工程	29.59	9.12	0.15	
		智能化工程	230.34	70.97	1.21	
		电梯工程	657.65	202.63	3.44	
		抗震支架工程	136.11	41.94	0.71	
		措施项目	406.40	125.22	2.13	
		其他项目	164.80	50.78	0.86	
		税金	497.28	153.22	2.60	

工程造价及工程费用分析表

表 3-3-4

总建筑面积：32454.79m²，其中：地上面积（±0.00 以上）：32454.79m²，地下面积（±0.00 以下）：0.00m²

工程造价分析												
工程造价组成分析	工程造价（万元）	单方造价（元/m²）	构成	分部分项工程费		措施项目费		其他项目费		税金		总造价占比（%）
				万元	占比（%）	万元	占比（%）	万元	占比（%）	万元	占比（%）	
建筑工程	5849.90	1802.48		3888.23	66.47	1409.85	24.10	68.80	1.18	483.02	8.26	30.61
装饰工程	7240.06	2230.81		6297.86	86.99	204.48	2.82	139.91	1.93	597.80	8.26	37.88
安装工程	6022.60	1855.69		4954.12	82.26	406.40	6.75	164.80	2.74	497.28	8.26	31.51
合计	19112.56	5888.98		15140.21	79.22	2020.73	10.57	373.51	1.95	1578.10	8.26	100.00

续表

工程费用分析（分部分项工程费）

费用组成分析		分部分项工程费（万元）		人工费		材料费		机械费		管理费		利润	
				万元	占比（%）	万元	占比（%）	万元	占比（%）	万元	占比（%）	万元	占比（%）
建筑工程		3888.23	构成	481.53	12.38	3136.14	80.66	47.15	1.21	117.67	3.03	105.74	2.72
装饰工程		6297.86		1023.98	16.26	4850.45	77.02	52.25	0.83	155.93	2.48	215.24	3.42
安装工程		4954.12		775.28	15.65	3736.24	75.42	48.72	0.98	229.13	4.63	164.74	3.33
合计		15140.21		2280.79	15.06	11722.83	77.43	148.12	0.98	502.74	3.32	485.73	3.21
建筑工程	砌筑工程	379.40		113.25	29.85	227.68	60.01	—	—	15.82	4.17	22.65	5.97
	钢筋混凝土工程	2403.13		308.60	12.84	1885.55	78.46	44.97	1.87	93.30	3.88	70.71	2.94
	金属结构工程	16.14		8.00	49.57	5.37	33.29	0.01	0.07	1.15	7.11	1.61	9.96
	门窗工程	952.13		23.17	2.43	918.35	96.45	2.12	0.22	3.42	0.36	5.06	0.53
	屋面及防水工程	125.50		25.67	20.45	91.06	72.56	0.03	0.02	3.60	2.87	5.14	4.10
	保温隔热防腐工程	11.92		2.83	23.77	8.14	68.29	—	—	0.38	3.18	0.57	4.76
装饰工程	楼地面工程	733.40		117.67	16.04	571.54	77.93	0.75	0.10	19.75	2.69	23.69	3.23
	内墙面工程	1710.03		347.80	20.34	1224.35	71.60	14.16	0.83	51.34	3.00	72.39	4.23
	天棚工程	722.03		201.65	27.93	439.05	60.81	9.58	1.33	29.51	4.09	42.25	5.85
	外墙面工程	99.45		34.76	34.95	51.47	51.75	0.98	0.99	5.10	5.13	7.15	7.19
	幕墙工程	2463.02		296.30	12.03	2030.23	82.43	25.51	1.04	46.61	1.89	64.36	2.61
	其他工程	569.93		25.79	4.53	533.82	93.66	1.28	0.22	3.63	0.64	5.41	0.95
安装工程	电气工程	897.88		174.11	19.39	634.25	70.64	3.20	0.36	50.82	5.66	35.51	3.95
	给排水工程	1019.66		88.06	8.64	882.56	86.55	4.79	0.47	25.69	2.52	18.56	1.82
	通风空调工程	1542.66		306.17	19.85	1050.61	68.10	28.63	1.86	90.30	5.85	66.95	4.34
	消防电工程	153.55		47.47	30.91	81.77	53.25	0.96	0.62	13.67	8.90	9.68	6.30
	消防水工程	286.67		68.22	23.80	180.37	62.92	3.92	1.37	19.75	6.89	14.42	5.03
	气体灭火工程	29.59		3.24	10.94	24.54	82.95	0.18	0.59	0.95	3.22	0.68	2.31

续表

费用组成分析		分部分项工程费（万元）		人工费		材料费		机械费		管理费		利润	
				万元	占比（%）	万元	占比（%）	万元	占比（%）	万元	占比（%）	万元	占比（%）
安装工程	智能化工程	230.34	构成	74.49	32.34	114.89	49.88	2.63	1.14	22.97	9.97	15.37	6.67
	电梯工程	657.65		—	—	657.65	100.00	—	—	—	—	—	—
	抗震支架工程	136.11		13.50	9.92	109.68	80.58	4.38	3.22	4.98	3.66	3.57	2.62

建筑工程含量指标表

表 3-3-5

总建筑面积：32454.79m²，其中：地上面积（±0.00 以上）：32454.79m²，地下面积（±0.00 以下）：0.00m²

部位	名称	单方含量	工程总量	总价（万元）	单方造价（元/m²）	备注
地上	砌筑工程	0.20m³/m²	6603.31m³	379.40	116.90	
	钢筋工程	75.87kg/m²	2462500.00kg	1329.68	409.70	
	混凝土工程	0.41m³/m²	13262.16m³	1073.45	330.75	
	模板工程	2.89m²/m²	93932.71m²	635.51	195.82	
	门窗工程	0.20m²/m²	6449.36m²	952.13	293.37	
	屋面工程	0.12m²/m²	3735.13m²	25.71	7.92	
	防水工程	0.25m²/m²	7977.68m²	99.79	30.75	
	楼地面工程	0.79m²/m²	25651.25m²	733.40	225.97	
	内墙面工程	2.01m²/m²	65159.22m²	1710.03	526.90	
	外墙面工程	0.19m²/m²	6047.66m²	99.45	30.64	
	天棚工程	0.91m²/m²	29515.29m²	722.03	222.47	
	幕墙工程	0.91m²/m²	29644.34m²	2463.02	758.91	

安装工程含量指标表

表 3-3-6

总建筑面积：32454.79m²，其中：地上面积（±0.00 以上）：32454.79m²，地下面积（±0.00 以下）：0.00m²

部位	专业	名称	百方含量	工程总量	总价（万元）	单方造价（元/m²）	备注
地上	电气工程	电气配管	200.37m/100m²	65028.61m	150.38	46.33	
	电气工程	电线	951.86m/100m²	308925.06m	136.07	41.93	

续表

部位	专业	名称	百方含量	工程总量	总价（万元）	单方造价（元/m^2）	备注
地上	电气工程	母线电缆	32.97m/100m^2	10699.45m	173.84	53.56	
	电气工程	桥架线槽	17.66m/100m^2	5731.94m	63.79	19.66	
	电气工程	开关插座	20.92 套/100m^2	6789 套	16.41	5.05	
	电气工程	灯具	55.56 套/100m^2	18031 套	140.10	43.17	
	电气工程	设备	2.54 台/100m^2	824 台	192.52	59.32	
	给排水工程	给水管道	46.61m/100m^2	15127.87m	126.24	38.90	
	给排水工程	排水管道	38.98m/100m^2	12650.74m	191.57	59.03	
	给排水工程	阀部件类	15.88 套/100m^2	5155 套	118.77	36.60	
	给排水工程	卫生器具	8.23 套/100m^2	2670 套	274.86	84.69	
	给排水工程	给排水设备	0.47 台/100m^2	153 台	299.31	92.22	
	消防电工程	消防电配管	84.36m/100m^2	27378.94m	35.60	10.97	
	消防电工程	消防电配线、缆	188.64m/100m^2	61223.74m	40.24	12.40	
	消防电工程	消防电末端装置	5.84 套/100m^2	1896 套	28.05	8.64	
	消防电工程	消防电设备	5.13 台/100m^2	1664 台	49.66	15.30	
	消防水工程	消防水管道	73.21m/100m^2	23758.83m	176.89	54.50	
	消防水工程	消防水阀类	0.60 套/100m^2	195 套	24.50	7.55	
	消防水工程	消防水末端装置	31.79 套/100m^2	10318 套	53.01	16.33	
	消防水工程	消防水设备	0.63 台/100m^2	205 台	32.27	9.94	
	通风空调工程	通风管道	110.30m^2/100m^2	35796.57m^2	512.73	157.98	
	通风空调工程	通风阀部件	15.74 套/100m^2	5109 套	174.23	53.68	
	通风空调工程	通风设备	27.77 台/100m^2	9013 台	416.43	128.31	
	通风空调工程	空调水管道	52.74m/100m^2	17115.09m	133.15	41.02	
	通风空调工程	空调阀部件	29.43 套/100m^2	9552 套	223.99	69.02	
	通风空调工程	空调设备	0.04 台/100m^2	12 台	82.14	25.31	

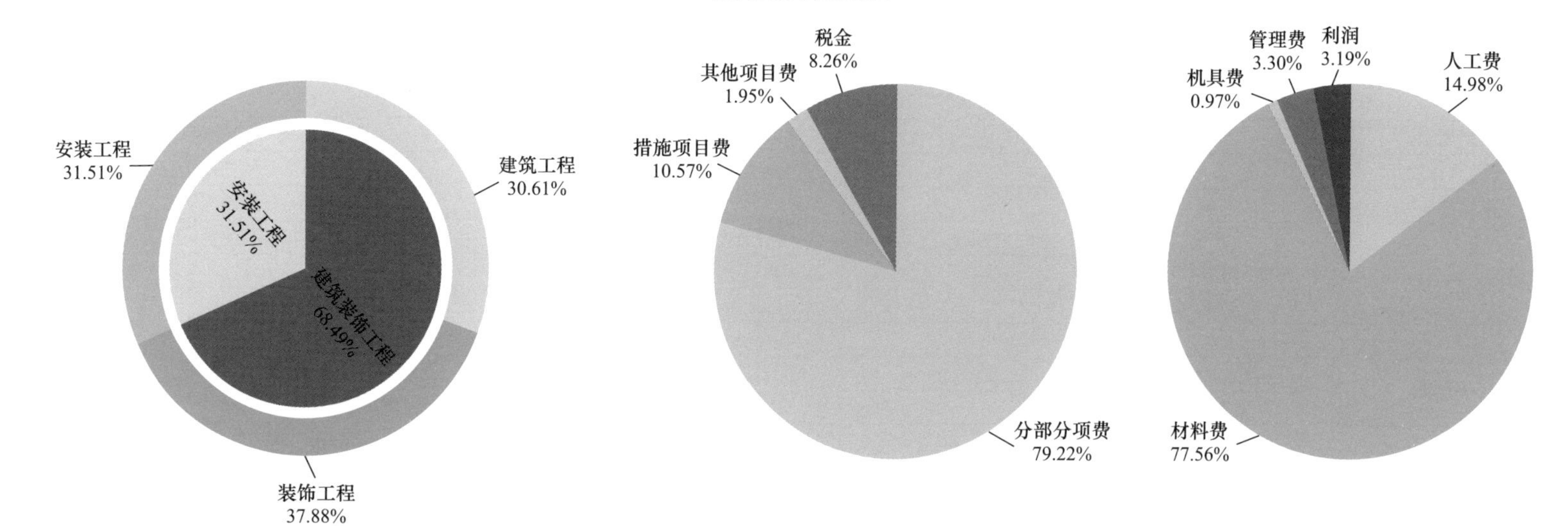

图 3-3-1 专业造价占比

图 3-3-2 造价形成占比

图 3-3-3 费用要素占比

专业名称	金额（元）	费用占比（%）
建筑装饰工程	130899575.35	68.49
安装工程	60225985.95	31.51

费用名称	金额（元）	费用占比（%）
分部分项费	151402059.41	79.22
措施项目费	20207345.09	10.57
其他项目费	3735147.15	1.95
税金	15781009.65	8.26

费用名称	金额（元）	费用占比（%）
人工费	22807874.03	14.98
材料费	118089533.34	77.56
机具费	1481206.88	0.97
管理费	5027391.27	3.30
利润	4857303.19	3.19

4. 医院科研楼

工程概况表 表 3-4-1

工程类别	医院/社区卫生服务中心		计价依据	清单	国标 13 清单计价规范
工程所在地	广东省广州市			定额	广东省 2018 系列定额
建设性质	新建			其他	—
建筑面积（m^2）	合计	21224.00	计税形式		增值税
	其中：±0.00 以上	21224.00	采价时间		2020-8
	±0.00 以下	—	工程造价（万元）		12879.90
人防面积（m^2）	—		单方造价（元/m^2）		6068.55
其他规模	室外面积（m^2）	—	资金来源		财政
	其他规模	—			
建筑高度（m）	±0.00 以上	51.10	装修标准		精装
	±0.00 以下	—	绿色建筑标准		基本级
层数	±0.00 以上	11	装配率（%）		—
	±0.00 以下	—	文件形式		招标控制价
层高（m）	首层	—	场地类别		—
	标准层	4.50	结构类型		框架-剪力墙
	顶层	—	抗震设防烈度		7
	地下室	—	抗震等级		—

本工程主要包含：
1. 建筑工程：砌筑工程，钢筋混凝土工程，金属结构工程，门窗工程，屋面及防水工程，保温隔热防腐工程，模板工程，脚手架工程，其他工程；
2. 装饰工程：楼地面工程，内墙面工程，天棚工程，外墙面工程，幕墙工程，其他工程；
3. 安装工程：电气工程，给排水工程，通风空调工程，消防水工程，消防电工程，智能化工程，电梯工程，抗震支架工程

建设项目投资指标表 表 3-4-2

总建筑面积：21224.00 m^2，其中：地上面积（±0.00 以上）：21224.00m^2，地下面积（±0.00 以下）：0.00m^2

序号	名称	金额（万元）	单位指标（元/m^2）	造价占比（%）	备注
1	建筑安装工程费用	12879.90	6068.55	100.00	
1.1	建筑工程	3961.72	1866.62	30.76	

续表

序号	名称	金额（万元）	单位指标（元/m²）	造价占比（%）	备注
1.2	装饰工程	5008.27	2359.72	38.88	
1.3	安装工程	3909.90	1842.21	30.36	

工程造价指标分析表

表 3-4-3

总建筑面积：21224.00m²，其中：地上面积（±0.00 以上）：21224.00m²，地下面积（±0.00 以下）：0.00 m²

专业			工程造价（万元）	经济指标（元/m²）	总造价占比（%）	备注
建筑工程			3961.72	1866.62	30.76	
装饰工程			5008.27	2359.72	38.88	
安装工程			3909.90	1842.21	30.36	
合计			12879.90	6068.55	100.00	
地上	建筑工程	砌筑工程	239.74	112.96	1.86	
		钢筋混凝土工程	1765.50	831.84	13.71	
		金属结构工程	17.24	8.12	0.13	
		门窗工程	290.46	136.85	2.26	
		屋面及防水工程	132.18	62.28	1.03	
		保温隔热防腐工程	25.37	11.95	0.20	
		其他工程	4.84	2.28	0.04	
		脚手架工程	338.84	159.65	2.63	
		模板工程	552.79	260.46	4.29	
		单价措施项目	152.79	71.99	1.19	
		总价措施项目	68.14	32.11	0.53	
		其他项目	46.71	22.01	0.36	
		税金	327.11	154.12	2.54	
	装饰工程	楼地面工程	536.68	252.86	4.17	
		内墙面工程	669.14	315.28	5.20	
		天棚工程	491.63	231.64	3.82	
		外墙面工程	198.83	93.68	1.54	
		幕墙工程	2090.64	985.03	16.23	
		其他工程	303.71	143.10	2.36	
		总价措施项目	180.57	85.08	1.40	

续表

专业			工程造价（万元）	经济指标（元/m²）	总造价占比（%）	备注
地上	装饰工程	其他项目	123.55	58.21	0.96	
		税金	413.53	194.84	3.21	
	安装工程	电气工程	740.25	348.78	5.75	
		给排水工程	240.35	113.25	1.87	
		通风空调工程	1182.19	557.01	9.18	
		消防电工程	128.63	60.61	1.00	
		消防水工程	189.48	89.28	1.47	
		智能化工程	104.17	49.08	0.81	
		电梯工程	524.25	247.01	4.07	
		抗震支架工程	118.93	56.04	0.92	
		措施项目	249.01	117.32	1.93	
		其他项目	109.81	51.74	0.85	
		税金	322.84	152.11	2.51	

工程造价及工程费用分析表

表 3-4-4

总建筑面积：21224.00m²，其中：地上面积（±0.00 以上）：21224.00m²，地下面积（±0.00 以下）：0.00m²

工程造价分析

工程造价组成分析	工程造价（万元）	单方造价（元/m²）		分部分项工程费		措施项目费		其他项目费		税金		总造价占比（%）
				万元	占比（%）	万元	占比（%）	万元	占比（%）	万元	占比（%）	
建筑工程	3961.72	1866.62	构成	2475.33	62.48	1112.57	28.08	46.71	1.18	327.11	8.26	30.76
装饰工程	5008.27	2359.72		4290.63	85.67	180.57	3.61	123.55	2.47	413.53	8.26	38.88
安装工程	3909.90	1842.21		3228.25	82.57	249.01	6.37	109.81	2.81	322.84	8.26	30.36
合计	12879.90	6068.55		9994.21	77.60	1542.15	11.97	280.07	2.17	1063.48	8.26	100.00

工程费用分析（分部分项工程费）

费用组成分析	分部分项工程费（万元）		人工费		材料费		机械费		管理费		利润	
			万元	占比（%）	万元	占比（%）	万元	占比（%）	万元	占比（%）	万元	占比（%）
建筑工程	2475.33	构成	333.44	13.47	1960.07	79.18	25.19	1.02	84.90	3.43	71.72	2.90
装饰工程	4290.63		906.39	21.12	3002.55	69.98	43.97	1.02	147.63	3.44	190.08	4.43

续表

费用组成分析		分部分项工程费（万元）	构成	人工费		材料费		机械费		管理费		利润	
				万元	占比（%）	万元	占比（%）	万元	占比（%）	万元	占比（%）	万元	占比（%）
安装工程		3228.25		514.27	15.93	2417.76	74.89	34.77	1.08	151.66	4.70	109.78	3.40
合计		9994.21		1754.11	17.55	7380.39	73.85	103.94	1.04	384.19	3.84	371.58	3.72
建筑工程	砌筑工程	239.74		68.15	28.42	147.88	61.68	—	—	10.09	4.21	13.63	5.68
	钢筋混凝土工程	1765.50		215.53	12.21	1410.02	79.87	24.75	1.40	67.14	3.80	48.06	2.72
	金属结构工程	17.24		6.47	37.55	8.48	49.19	—	—	0.99	5.73	1.30	7.53
	门窗工程	290.46		12.19	4.20	273.73	94.24	0.26	0.09	1.79	0.62	2.49	0.86
	屋面及防水工程	132.18		24.50	18.53	99.08	74.96	0.03	0.02	3.67	2.78	4.90	3.71
	保温隔热防腐工程	25.37		5.76	22.71	17.64	69.51	—	—	0.82	3.24	1.15	4.55
	其他工程	4.84		0.85	17.50	3.24	67.00	0.15	3.14	0.40	8.23	0.20	4.13
装饰工程	楼地面工程	536.68		111.50	20.78	381.94	71.17	0.62	0.12	20.20	3.76	22.42	4.18
	内墙面工程	669.14		201.34	30.09	391.04	58.44	4.57	0.68	31.00	4.63	41.19	6.16
	天棚工程	491.63		143.46	29.18	288.52	58.69	7.20	1.46	22.32	4.54	30.13	6.13
	外墙面工程	198.83		83.89	42.19	84.39	42.44	0.86	0.43	12.75	6.41	16.95	8.53
	幕墙工程	2090.64		343.88	16.45	1589.41	76.03	27.10	1.30	56.06	2.68	74.19	3.55
	其他工程	303.71		22.33	7.35	267.27	88.00	3.63	1.19	5.30	1.74	5.19	1.71
安装工程	电气工程	740.25		114.16	15.42	565.54	76.40	3.38	0.46	33.66	4.55	23.51	3.18
	给排水工程	240.35		30.69	12.77	191.17	79.54	2.60	1.08	9.23	3.84	6.66	2.77
	通风空调工程	1182.19		245.69	20.78	790.93	66.90	20.84	1.76	71.45	6.04	53.29	4.51
	消防电工程	128.63		41.41	32.19	66.01	51.32	0.82	0.64	11.95	9.29	8.44	6.56
	消防水工程	189.48		42.89	22.64	122.63	64.72	2.45	1.29	12.44	6.56	9.07	4.79
	智能化工程	104.17		31.20	29.95	54.25	52.08	2.13	2.04	9.94	9.54	6.66	6.39
	电梯工程	524.25		—	—	524.25	100.00	—	—	—	—	—	—
	抗震支架工程	118.93		8.21	6.91	103.02	86.63	2.54	2.14	3.00	2.53	2.15	1.81

建筑工程含量指标表

表 3-4-5

总建筑面积：21224.00m²，其中：地上面积（±0.00 以上）：21224.00m²，地下面积（±0.00 以下）：0.00m²

部位	名称	单方含量	工程总量	总价（万元）	单方造价（元/m²）	备注
地上	砌筑工程	0.20m³/m²	4307.84m³	239.74	112.96	
	钢筋工程	86.49kg/m²	1835623.00kg	969.38	456.74	
	混凝土工程	0.48m³/m²	10180.37m³	796.12	375.10	
	模板工程	3.49m²/m²	74114.11m²	552.79	260.46	
	门窗工程	0.16m²/m²	3438.09m²	290.46	136.85	
	屋面工程	0.18m²/m²	3782.93m²	37.15	17.51	
	防水工程	0.57m²/m²	12165.59m²	95.02	44.77	
	楼地面工程	1.13m²/m²	24046.90m²	536.68	252.86	
	内墙面工程	2.40m²/m²	51025.31m²	669.14	315.28	
	外墙面工程	0.93m²/m²	19641.40m²	198.83	93.68	
	天棚工程	1.50m²/m²	31922.42m²	491.63	231.64	
	幕墙工程	0.98m²/m²	20832.02m²	2090.64	985.03	

安装工程含量指标表

表 3-4-6

总建筑面积：21224.00m²，其中：地上面积（±0.00 以上）：21224.00m²，地下面积（±0.00 以下）：0.00m²

部位	专业	名称	百方含量	工程总量	总价（万元）	单方造价（元/m²）	备注
地上	电气工程	电气配管	185.00m/100m²	39263.77m	79.94	37.66	
	电气工程	电线	866.79m/100m²	183968.40m	75.42	35.54	
	电气工程	母线电缆	69.25m/100m²	14697.33m	218.78	103.08	
	电气工程	桥架线槽	28.81m/100m²	6115.55m	52.17	24.58	
	电气工程	开关插座	7.90 套/100m²	1677 套	5.34	2.52	

续表

部位	专业	名称	百方含量	工程总量	总价（万元）	单方造价（元/m^2）	备注
地上	电气工程	灯具	20.33 套/100m^2	4315 套	80.53	37.94	
	电气工程	设备	1.53 台/100m^2	324 台	204.56	96.38	
	给排水工程	给水管道	27.68m/100m^2	5873.91m	59.60	28.08	
	给排水工程	排水管道	22.97m/100m^2	4876.21m	60.36	28.44	
	给排水工程	阀部件类	5.80 套/100m^2	1230 套	35.36	16.66	
	给排水工程	卫生器具	2.76 套/100m^2	586 套	80.11	37.75	
	给排水工程	给排水设备	0.02 台/100m^2	4 台	2.54	1.20	
	消防电工程	消防电配管	113.75m/100m^2	24143.35m	30.90	14.56	
	消防电工程	消防电配线、缆	266.79m/100m^2	56623.64m	42.68	20.11	
	消防电工程	消防电末端装置	5.32 套/100m^2	1130 套	17.13	8.07	
	消防电工程	消防电设备	7.27 台/100m^2	1542 台	37.92	17.87	
	消防水工程	消防水管道	75.32m/100m^2	15986.67m	117.26	55.25	
	消防水工程	消防水阀类	0.75 套/100m^2	159 套	17.68	8.33	
	消防水工程	消防水末端装置	23.25 套/100m^2	4935 套	26.87	12.66	
	消防水工程	消防水设备	0.71 台/100m^2	151 台	27.67	13.04	
	通风空调工程	通风管道	148.26m^2/100m^2	31467.29m^2	502.86	236.93	
	通风空调工程	通风阀部件	16.46 套/100m^2	3494 套	133.36	62.84	
	通风空调工程	通风设备	3.84 台/100m^2	816 台	279.11	131.50	
	通风空调工程	空调水管道	30.52m/100m^2	6476.79m	80.76	38.05	
	通风空调工程	空调阀部件	22.45 套/100m^2	4764 套	148.83	70.12	
	通风空调工程	空调设备	0.05 台/100m^2	11 台	37.28	17.56	

项目费用组成图

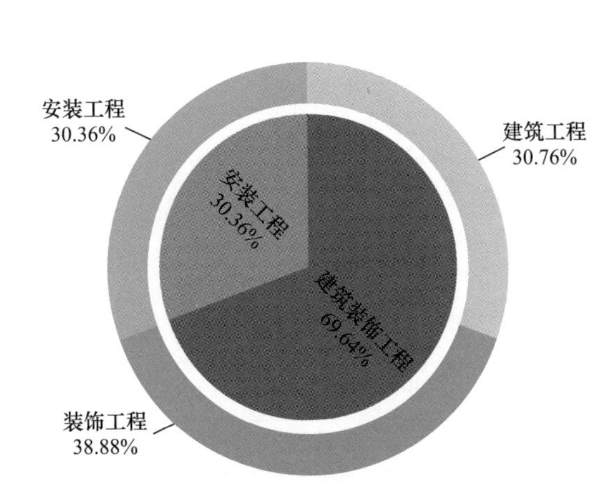

图 3-4-1　专业造价占比

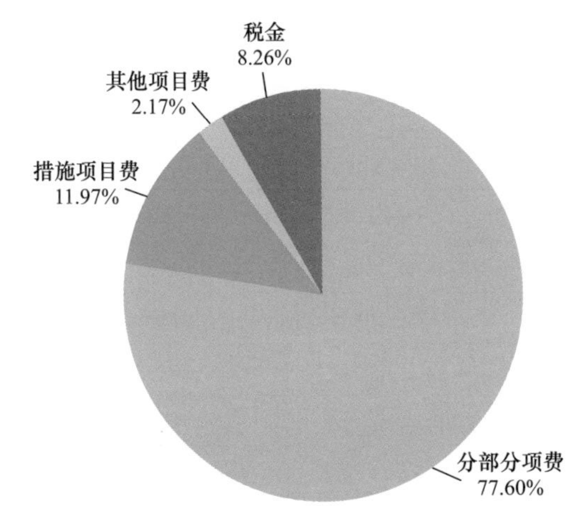

图 3-4-2　造价形成占比

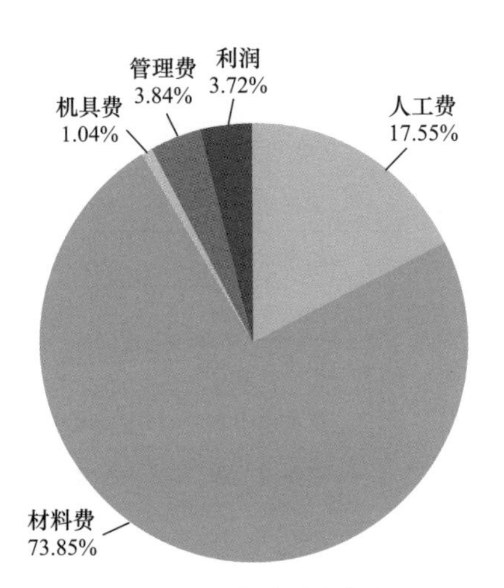

图 3-4-3　费用要素占比

专业名称	金额（元）	费用占比（%）
建筑装饰工程	89699925.95	69.64
安装工程	39099034.17	30.36

费用名称	金额（元）	费用占比（%）
分部分项费	99942058.59	77.60
措施项目费	15421474.60	11.97
其他项目费	2800650.41	2.17
税金	10634776.52	8.26

费用名称	金额（元）	费用占比（%）
人工费	17541062.79	17.55
材料费	73819659.31	73.85
机具费	1039397.63	1.04
管理费	3841866.29	3.84
利润	3715809.79	3.72

5. 医院住院楼 1

工程概况表

表 3-5-1

<table>
<tr><td>工程类别</td><td colspan="2">医院/社区卫生服务中心</td><td rowspan="3">计价依据</td><td>清单</td><td>国标 13 清单计价规范</td></tr>
<tr><td>工程所在地</td><td colspan="2">广东省广州市</td><td>定额</td><td>广东省 2018 系列定额</td></tr>
<tr><td>建设性质</td><td colspan="2">新建</td><td>其他</td><td>—</td></tr>
<tr><td rowspan="3">建筑面积（m²）</td><td>合计</td><td>40138.40</td><td colspan="2">计税形式</td><td>增值税</td></tr>
<tr><td>其中：±0.00 以上</td><td>32375.90</td><td colspan="2">采价时间</td><td>2019-6</td></tr>
<tr><td>±0.00 以下</td><td>7762.50</td><td colspan="2">工程造价（万元）</td><td>20108.39</td></tr>
<tr><td>人防面积（m²）</td><td colspan="2">—</td><td colspan="2">单方造价（元/m²）</td><td>5009.76</td></tr>
<tr><td rowspan="2">其他规模</td><td>室外面积（m²）</td><td>21415.68</td><td colspan="2" rowspan="2">资金来源</td><td rowspan="2">财政</td></tr>
<tr><td>其他规模</td><td>—</td></tr>
<tr><td rowspan="2">建筑高度（m）</td><td>±0.00 以上</td><td>29.80</td><td colspan="2">装修标准</td><td>精装</td></tr>
<tr><td>±0.00 以下</td><td>5.35</td><td colspan="2">绿色建筑标准</td><td>基本级</td></tr>
<tr><td rowspan="2">层数</td><td>±0.00 以上</td><td>8</td><td colspan="2">装配率（%）</td><td>—</td></tr>
<tr><td>±0.00 以下</td><td>1</td><td colspan="2">文件形式</td><td>招标控制价</td></tr>
<tr><td rowspan="4">层高（m）</td><td>首层</td><td>4.50</td><td colspan="2">场地类别</td><td>三类</td></tr>
<tr><td>标准层</td><td>3.50</td><td colspan="2">结构类型</td><td>框架-剪力墙</td></tr>
<tr><td>顶层</td><td>4</td><td colspan="2">抗震设防烈度</td><td>7</td></tr>
<tr><td>地下室</td><td>5.1</td><td colspan="2">抗震等级</td><td>一级</td></tr>
</table>

本工程主要包含：
1. 建筑工程：土石方工程，基坑支护工程，桩基础工程，砌筑工程，钢筋混凝土工程，金属结构工程，门窗工程，屋面及防水工程，保温隔热防腐工程，模板工程，脚手架工程；
2. 装饰工程：楼地面工程，内墙面工程，天棚工程，外墙面工程，其他工程；
3. 安装工程：电气工程，给排水工程，通风空调工程，消防水工程，消防电工程，气体灭火工程，智能化工程，电梯工程，抗震支架工程；
4. 室外配套工程：园建工程，室外给排水工程，绿化工程，室外电气工程，室外道路工程

建设项目投资指标表

表 3-5-2

总建筑面积：40138.40 m²

序号	名称	金额（万元）	单位指标（元/m²）	造价占比（%）	备注
1	建筑安装工程费用	20108.39	5009.76	100.00	
1.1	建筑工程	10626.09	2647.36	52.84	
1.2	装饰工程	4145.90	1032.90	20.62	
1.3	安装工程	4125.03	1027.70	20.51	
1.4	室外配套工程	1211.37	301.80	6.02	

工程造价指标分析表

表 3-5-3

总建筑面积：40138.40m²

专业			工程造价（万元）	经济指标（元/m²）	总造价占比（%）	备注
建筑工程			10626.09	2647.36	56.23	
装饰工程			4145.90	1032.90	21.94	
安装工程			4125.03	1027.70	21.83	
合计			18897.02	4707.97	100.00	
整体	建筑工程	土石方工程	548.19	136.57	2.90	
		基坑支护工程	997.48	248.51	5.28	
		桩基础工程	814.00	202.80	4.31	
		砌筑工程	449.12	111.89	2.38	
		钢筋混凝土工程	3109.07	774.59	16.45	
		金属结构工程	80.15	19.97	0.42	
		门窗工程	564.59	140.66	2.99	
		屋面及防水工程	544.55	135.67	2.88	
		保温隔热防腐工程	58.96	14.69	0.31	
		脚手架工程	223.99	55.80	1.19	

续表

专业			工程造价（万元）	经济指标（元/m²）	总造价占比（%）	备注
整体	建筑工程	模板工程	718.86	179.10	3.80	
		单价措施项目	424.48	105.75	2.25	
		总价措施项目	330.46	82.33	1.75	
		其他项目	884.79	220.44	4.68	
		税金	877.38	218.59	4.64	
	装饰工程	楼地面工程	667.18	166.22	3.53	
		内墙面工程	1152.52	287.14	6.10	
		天棚工程	426.85	106.34	2.26	
		外墙面工程	656.06	163.45	3.47	
		其他工程	349.38	87.04	1.85	
		总价措施项目	145.71	36.30	0.77	
		其他项目	405.88	101.12	2.15	
		税金	342.32	85.29	1.81	
	安装工程	电气工程	900.78	224.42	4.77	
		给排水工程	527.09	131.32	2.79	
		通风空调工程	408.39	101.75	2.16	
		消防电工程	161.65	40.27	0.86	
		消防水工程	305.96	76.23	1.62	
		气体灭火工程	22.29	5.55	0.12	
		智能化工程	71.73	17.87	0.38	
		电梯工程	277.36	69.10	1.47	
		抗震支架工程	76.47	19.05	0.40	

续表

专业			工程造价（万元）	经济指标（元/m²）	总造价占比（%）	备注
整体	安装工程	医疗设备系统	402.46	100.27	2.13	
		措施项目	254.41	63.38	1.35	
		其他项目	375.85	93.64	1.99	
		税金	340.60	84.86	1.80	

工程造价及工程费用分析表

表 3-5-4

总建筑面积：40138.40m²

工程造价分析

工程造价组成分析	工程造价（万元）	单方造价（元/m²）		分部分项工程费		措施项目费		其他项目费		税金		总造价占比（%）
				万元	占比（%）	万元	占比（%）	万元	占比（%）	万元	占比（%）	
建筑工程	10626.09	2647.36	构成	7166.12	67.44	1697.79	15.98	884.79	8.33	877.38	8.26	56.23
装饰工程	4145.90	1032.90		3251.99	78.44	145.71	3.51	405.88	9.79	342.32	8.26	21.94
安装工程	4125.03	1027.70		3154.17	76.46	254.41	6.17	375.85	9.11	340.60	8.26	21.83
合计	18897.02	4707.97		13572.28	71.82	2097.92	11.10	1666.52	8.82	1560.30	8.26	100.00

工程费用分析（分部分项工程费）

费用组成分析		分部分项工程费（万元）		人工费		材料费		机械费		管理费		利润	
				万元	占比（%）	万元	占比（%）	万元	占比（%）	万元	占比（%）	万元	占比（%）
建筑工程		7166.12	构成	937.24	13.08	4745.81	66.23	802.00	11.19	333.40	4.65	347.67	4.85
装饰工程		3251.99		747.53	22.99	2219.14	68.24	19.39	0.60	113.62	3.49	152.31	4.68
安装工程		3154.17		562.57	17.84	2254.16	71.47	41.72	1.32	174.96	5.55	120.77	3.83
合计		13572.28		2247.34	16.56	9219.10	67.93	863.10	6.36	621.98	4.58	620.76	4.57
建筑工程	土石方工程	548.19		43.89	8.01	7.37	1.35	355.30	64.81	61.79	11.27	79.84	14.56
	基坑支护工程	997.48		158.58	15.90	486.04	48.73	212.96	21.35	65.77	6.59	74.12	7.43

续表

费用组成分析		分部分项工程费（万元）		人工费		材料费		机械费		管理费		利润	
				万元	占比（%）	万元	占比（%）	万元	占比（%）	万元	占比（%）	万元	占比（%）
建筑工程	桩基础工程	814.00	构成	123.63	15.19	389.06	47.80	183.96	22.60	55.84	6.86	61.52	7.56
	砌筑工程	449.12		115.77	25.78	292.85	65.21	0.29	0.06	16.99	3.78	23.21	5.17
	钢筋混凝土工程	3109.07		334.69	10.77	2539.35	81.68	48.92	1.57	109.39	3.52	76.72	2.47
	金属结构工程	80.15		32.03	39.96	36.72	45.81	0.12	0.15	4.85	6.05	6.44	8.04
	门窗工程	564.59		26.95	4.77	528.04	93.53	0.24	0.04	3.92	0.69	5.44	0.96
	屋面及防水工程	544.55		82.27	15.11	433.54	79.61	0.24	0.04	12.01	2.21	16.49	3.03
	保温隔热防腐工程	58.96		19.40	32.90	32.83	55.67	—	—	2.85	4.84	3.88	6.58
装饰工程	楼地面工程	667.18		190.61	28.57	406.69	60.96	0.36	0.05	31.32	4.69	38.20	5.73
	内墙面工程	1152.52		344.64	29.90	680.85	59.07	5.39	0.47	51.64	4.48	70.01	6.07
	天棚工程	426.85		117.39	27.50	269.53	63.14	0.32	0.08	16.08	3.77	23.53	5.51
	外墙面工程	656.06		51.34	7.82	573.79	87.46	9.61	1.46	9.13	1.39	12.19	1.86
	其他工程	349.38		43.55	12.46	288.29	82.52	3.71	1.06	5.44	1.56	8.38	2.40
安装工程	电气工程	900.78		161.52	17.93	649.95	72.15	7.22	0.80	48.42	5.38	33.67	3.74
	给排水工程	527.09		82.82	15.71	390.69	74.12	9.33	1.77	25.81	4.90	18.43	3.50
	通风空调工程	408.39		78.47	19.21	286.08	70.05	4.69	1.15	22.51	5.51	16.63	4.07
	消防电工程	161.65		44.26	27.38	95.05	58.80	0.68	0.42	12.68	7.84	8.99	5.56
	消防水工程	305.96		79.40	25.95	175.72	57.43	8.88	2.90	24.29	7.94	17.66	5.77
	气体灭火工程	22.29		1.94	8.70	19.37	86.92	0.04	0.16	0.55	2.46	0.39	1.77
	智能化工程	71.73		28.21	39.33	28.25	39.39	1.06	1.48	8.35	11.63	5.86	8.16
	电梯工程	277.36		37.86	13.65	207.36	74.76	5.93	2.14	17.45	6.29	8.76	3.16
	抗震支架工程	76.47		13.02	17.02	56.86	74.35	—	—	3.99	5.22	2.60	3.40
	医疗设备系统	402.46		34.98	8.69	344.91	85.70	3.89	0.97	10.90	2.71	7.78	1.93

室外配套工程造价指标分析表

表 3-5-5

室外面积：21415.68m²

专业	工程造价（万元）	经济指标（元/m²）	备注
绿化工程	81.57	38.09	
园建工程	399.76	186.67	
室外照明工程	22.75	10.62	
室外道路工程	600.42	280.36	
室外给排水工程	106.88	49.91	
合计	1211.37	565.65	

室外配套工程造价及工程费用分析表

表 3-5-6

室外面积：21415.68m²

工程造价分析

工程造价组成分析	工程造价（万元）	单方造价（元/m²）		分部分项工程费		措施项目费		其他项目费		税金		总造价占比（%）
				万元	占比（%）	万元	占比（%）	万元	占比（%）	万元	占比（%）	
绿化工程	81.57	38.09	构成	65.60	80.43	1.67	2.05	7.56	9.27	6.73	8.26	6.73
园建工程	399.76	186.67		317.22	79.35	13.14	3.29	36.39	9.10	33.01	8.26	33.00
室外照明工程	22.75	10.62		17.46	76.75	1.30	5.72	2.11	9.27	1.88	8.26	1.88
室外道路工程	600.42	280.36		455.80	75.91	37.59	6.26	57.45	9.57	49.58	8.26	49.57
室外给排水工程	106.88	49.91		83.66	78.28	4.71	4.40	9.68	9.06	8.82	8.26	8.82
合计	1211.37	565.65		939.74	77.58	58.41	4.82	113.20	9.34	100.02	8.26	100.00

工程费用分析（分部分项工程费）

费用组成分析	分部分项工程费（万元）		人工费		材料费		机械费		管理费		利润	
			万元	占比（%）	万元	占比（%）	万元	占比（%）	万元	占比（%）	万元	占比（%）
绿化工程	65.60	构成	13.83	21.08	43.89	66.90	2.86	4.36	2.20	3.36	2.82	4.30
园建工程	317.22		67.60	21.31	217.99	68.72	10.28	3.24	9.39	2.96	11.95	3.77
室外照明工程	17.46		3.62	20.75	12.06	69.05	0.02	0.10	1.04	5.95	0.73	4.15

续表

工程费用分析（分部分项工程费）												
费用组成分析	分部分项工程费（万元）	构成	人工费		材料费		机械费		管理费		利润	
			万元	占比（%）	万元	占比（%）	万元	占比（%）	万元	占比（%）	万元	占比（%）
室外道路工程	455.80		63.74	13.98	184.12	40.39	134.10	29.42	34.27	7.52	39.58	8.68
室外给排水工程	83.66		12.27	14.67	65.83	78.69	0.89	1.06	2.54	3.04	2.13	2.54
合计	939.74		161.06	17.14	523.89	55.75	148.15	15.76	49.44	5.26	57.20	6.09

建筑工程含量指标表　　表 3-5-7

总建筑面积：40138.40m^2

部位	名称	单方含量	工程总量	总价（万元）	单方造价（元/m^2）	备注
整体	砌筑工程	0.18m^3/m^2	7048.52m^3	449.12	111.89	
	钢筋工程	78.18kg/m^2	3137876.00kg	1602.72	399.30	
	混凝土工程	0.52m^3/m^2	20992.77m^3	1502.94	374.44	
	模板工程	2.63m^2/m^2	105567.14m^2	718.86	179.10	
	门窗工程	0.25m^2/m^2	10076.65m^2	564.59	140.66	
	屋面工程	0.10m^2/m^2	3839.21m^2	44.23	11.02	
	防水工程	1.18m^2/m^2	47426.07m^2	440.33	109.70	
	楼地面工程	0.85m^2/m^2	34045.71m^2	667.18	166.22	
	内墙面工程	1.79m^2/m^2	71961.03m^2	1152.52	287.14	
	外墙面工程	0.46m^2/m^2	18550.22m^2	656.06	163.45	
	天棚工程	0.97m^2/m^2	38834.14m^2	426.85	106.34	

安装工程含量指标表　　表 3-5-8

总建筑面积：40138.40m^2

部位	专业	名称	百方含量	工程总量	总价（万元）	单方造价（元/m^2）	备注
整体	电气工程	电气配管	155.17m/100m^2	62283.15m	92.27	22.99	

续表

部位	专业	名称	百方含量	工程总量	总价（万元）	单方造价（元/m^2）	备注
整体	电气工程	电线	787.23m/100m^2	315983.27m	108.84	27.12	
	电气工程	母线电缆	45.17m/100m^2	18130.96m	312.15	77.77	
	电气工程	桥架线槽	10.70m/100m^2	4296.66m	41.41	10.32	
	电气工程	开关插座	17.28 套/100m^2	6935 套	21.91	5.46	
	电气工程	灯具	13.62 套/100m^2	5467 套	87.50	21.80	
	电气工程	设备	1.70 台/100m^2	683 台	200.78	50.02	
	给排水工程	给水管道	28.64m/100m^2	11496.60m	95.61	23.82	
	给排水工程	排水管道	25.79m/100m^2	10351.20m	69.32	17.27	
	给排水工程	阀部件类	4.61 套/100m^2	1851 套	47.97	11.95	
	给排水工程	卫生器具	7.92 套/100m^2	3179 套	108.38	27.00	
	给排水工程	给排水设备	1.31 台/100m^2	526 台	205.80	51.27	
	消防电工程	消防电配管	74.63m/100m^2	29955.19m	36.70	9.14	
	消防电工程	消防电配线、缆	112.73m/100m^2	45249.74m	23.29	5.80	
	消防电工程	消防电末端装置	4.22 套/100m^2	1692 套	33.57	8.36	
	消防电工程	消防电设备	4.99 台/100m^2	2004 台	68.09	16.96	
	消防水工程	消防水管道	51.26m/100m^2	20573.52m	198.31	49.41	
	消防水工程	消防水阀类	0.76 套/100m^2	305 套	29.35	7.31	
	消防水工程	消防水末端装置	24.79 套/100m^2	9951 套	37.63	9.38	
	消防水工程	消防水设备	1.10 台/100m^2	443 台	40.66	10.13	
	通风空调工程	通风管道	20.19m^2/100m^2	8105.81m^2	145.65	36.29	
	通风空调工程	通风阀部件	4.50 套/100m^2	1806 套	43.17	10.75	
	通风空调工程	通风设备	2.40 台/100m^2	964 台	219.57	54.70	

项目费用组成图

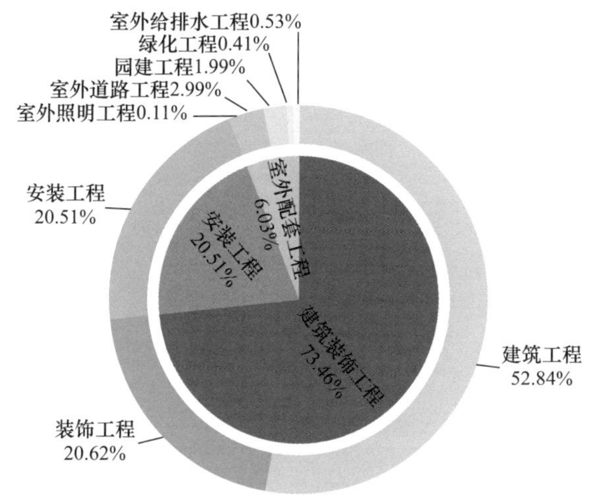

图 3-5-1　专业造价占比

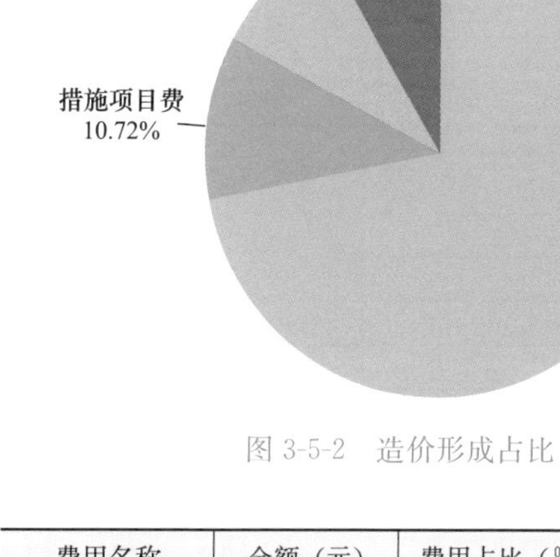

图 3-5-2　造价形成占比

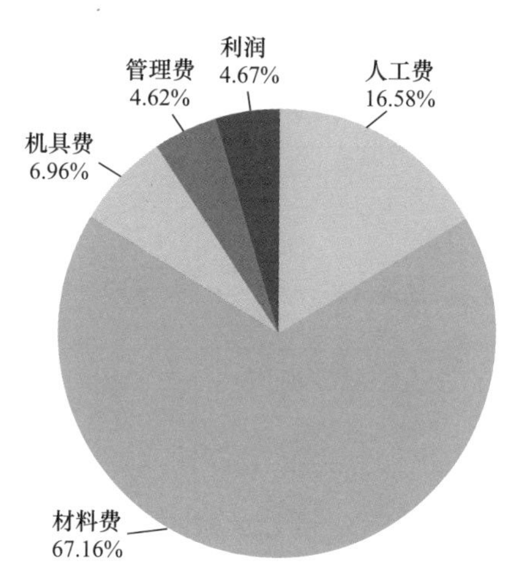

图 3-5-3　费用要素占比

专业名称	金额（元）	费用占比（%）
建筑装饰工程	147719926.41	73.46
安装工程	41250302.93	20.51
室外配套工程	12113699.37	6.03

费用名称	金额（元）	费用占比（%）
分部分项费	145120226.95	72.17
措施项目费	21563244.81	10.72
其他项目费	17797196.79	8.85
税金	16603260.16	8.26

费用名称	金额（元）	费用占比（%）
人工费	24084029.98	16.58
材料费	97545196.13	67.16
机具费	10112479.47	6.96
管理费	6714199.87	4.62
利润	6779550.39	4.67

6. 医院住院楼 2

工程概况表　　表 3-6-1

工程类别	医院/社区卫生服务中心		计价依据	清单	国标 13 清单计价规范
工程所在地	广东省广州市			定额	广东省 2018 系列定额
建设性质	新建			其他	—
建筑面积（m^2）	合计	82644.12	计税形式		增值税
	其中：±0.00 以上	82644.12	采价时间		2020-8
	±0.00 以下	—	工程造价（万元）		53491.06
人防面积（m^2）	—		单方造价（元/m^2）		6472.46
其他规模	室外面积（m^2）	—	资金来源		财政
	其他规模	—			
建筑高度（m）	±0.00 以上	82.70	装修标准		精装
	±0.00 以下	—	绿色建筑标准		基本级
层数	±0.00 以上	19	装配率（%）		—
	±0.00 以下	—	文件形式		招标控制价
层高（m）	首层	—	场地类别		—
	标准层	4.20	结构类型		框架-剪力墙
	顶层	—	抗震设防烈度		7
	地下室	—	抗震等级		—

本工程主要包含：

1. 建筑工程：砌筑工程，钢筋混凝土工程，金属结构工程，门窗工程，屋面及防水工程，保温隔热防腐工程，模板工程，脚手架工程；
2. 装饰工程：楼地面工程，内墙面工程，天棚工程，外墙面工程，幕墙工程，其他工程；
3. 安装工程：电气工程，给排水工程，通风空调工程，消防水工程，消防电工程，气体灭火工程，智能化工程，电梯工程，抗震支架工程

建设项目投资指标表　　表 3-6-2

总建筑面积：82644.12 m^2，其中：地上面积（±0.00 以上）：82644.12m^2，地下面积（±0.00 以下）：0.00m^2

序号	名称	金额（万元）	单位指标（元/m^2）	造价占比（%）	备注
1	建筑安装工程费用	53491.06	6472.46	100.00	
1.1	建筑工程	17788.71	2152.45	33.26	

续表

序号	名称	金额（万元）	单位指标（元/m²）	造价占比（%）	备注
1.2	装饰工程	18754.48	2269.31	35.06	
1.3	安装工程	16947.87	2050.70	31.68	

工程造价指标分析表 表 3-6-3

总建筑面积：82644.12m²，其中：地上面积（±0.00 以上）：82644.12m²，地下面积（±0.00 以下）：0.00 m²

专业			工程造价（万元）	经济指标（元/m²）	总造价占比（%）	备注
建筑工程			17788.71	2152.45	33.26	
装饰工程			18754.48	2269.31	35.06	
安装工程			16947.87	2050.70	31.68	
合计			53491.06	6472.46	100.00	
地上	建筑工程	砌筑工程	898.38	108.70	1.68	
		钢筋混凝土工程	6200.87	750.31	11.59	
		金属结构工程	158.67	19.20	0.30	
		门窗工程	4400.75	532.49	8.23	
		屋面及防水工程	593.32	71.79	1.11	
		保温隔热防腐工程	33.90	4.10	0.06	
		脚手架工程	1232.90	149.18	2.30	
		模板工程	1729.03	209.21	3.23	
		单价措施项目	606.05	73.33	1.13	
		总价措施项目	276.72	33.48	0.52	
		其他项目	189.33	22.91	0.35	
		税金	1468.79	177.73	2.75	
	装饰工程	楼地面工程	1838.82	222.50	3.44	
		内墙面工程	3587.58	434.10	6.71	
		天棚工程	1604.75	194.18	3.00	
		外墙面工程	61.62	7.46	0.12	
		幕墙工程	6001.03	726.13	11.22	
		其他工程	3334.24	403.45	6.23	
		单价措施项目	0.73	0.09	0.00	
		总价措施项目	461.44	55.83	0.86	
		其他项目	315.72	38.20	0.59	
		税金	1548.53	187.37	2.89	

续表

专业			工程造价（万元）	经济指标（元/m²）	总造价占比（%）	备注
地上	安装工程	电气工程	2833.84	342.90	5.30	
		给排水工程	1965.64	237.84	3.67	
		通风空调工程	5442.89	658.59	10.18	
		消防电工程	299.99	36.30	0.56	
		消防水工程	603.04	72.97	1.13	
		气体灭火工程	13.67	1.65	0.03	
		智能化工程	712.84	86.25	1.33	
		电梯工程	1632.59	197.55	3.05	
		抗震支架工程	329.91	39.92	0.62	
		医疗设备系统	128.76	15.58	0.24	
		措施项目	1144.02	138.43	2.14	
		其他项目	441.32	53.40	0.83	
		税金	1399.37	169.32	2.62	

工程造价及工程费用分析表

表 3-6-4

总建筑面积：82644.12m²，其中：地上面积（±0.00 以上）：82644.12m²，地下面积（±0.00 以下）：0.00m²

工程造价分析

工程造价组成分析	工程造价（万元）	单方造价（元/m²）		分部分项工程费		措施项目费		其他项目费		税金		总造价占比（%）
				万元	占比（%）	万元	占比（%）	万元	占比（%）	万元	占比（%）	
建筑工程	17788.71	2152.45	构成	12285.89	69.07	3844.70	21.61	189.33	1.06	1468.79	8.26	33.26
装饰工程	18754.48	2269.31		16428.05	87.60	462.17	2.46	315.72	1.68	1548.53	8.26	35.06
安装工程	16947.87	2050.70		13963.17	82.39	1144.02	6.75	441.32	2.60	1399.37	8.26	31.68
合计	53491.06	6472.46		42677.10	79.78	5450.89	10.19	946.37	1.77	4416.69	8.26	100.00

工程费用分析（分部分项工程费）

费用组成分析	分部分项工程费（万元）		人工费		材料费		机械费		管理费		利润	
			万元	占比（%）	万元	占比（%）	万元	占比（%）	万元	占比（%）	万元	占比（%）
建筑工程	12285.89	构成	1329.63	10.82	10223.98	83.22	126.77	1.03	314.24	2.56	291.26	2.37
装饰工程	16428.05		2325.39	14.16	13165.09	80.14	103.26	0.63	348.53	2.12	485.78	2.96

续表

费用组成分析		分部分项工程费（万元）		人工费		材料费		机械费		管理费		利润	
				万元	占比（%）	万元	占比（%）	万元	占比（%）	万元	占比（%）	万元	占比（%）
安装工程		13963.17	构成	2061.03	14.76	10702.16	76.65	145.55	1.04	613.33	4.39	441.10	3.16
合计		42677.10		5716.05	13.39	34091.23	79.88	375.58	0.88	1276.10	2.99	1218.14	2.85
建筑工程	砌筑工程	898.38		269.48	30.00	537.95	59.88	—	—	37.05	4.12	53.90	6.00
	钢筋混凝土工程	6200.87		803.80	12.96	4850.48	78.22	121.40	1.96	240.15	3.87	185.04	2.98
	金属结构工程	158.67		37.38	23.56	105.83	66.70	1.32	0.83	6.40	4.03	7.74	4.88
	门窗工程	4400.75		59.92	1.36	4318.53	98.13	1.56	0.04	8.45	0.19	12.29	0.28
	屋面及防水工程	593.32		150.90	25.43	388.17	65.42	2.48	0.42	21.12	3.56	30.66	5.17
	保温隔热防腐工程	33.90		8.15	24.04	23.05	67.98	—	—	1.07	3.16	1.63	4.81
装饰工程	楼地面工程	1838.82		270.50	14.71	1469.80	79.93	1.45	0.08	42.68	2.32	54.39	2.96
	内墙面工程	3587.58		861.50	24.01	2411.13	67.21	16.23	0.45	123.19	3.43	175.53	4.89
	天棚工程	1604.75		354.99	22.12	1120.09	69.80	6.01	0.37	51.42	3.20	72.24	4.50
	外墙面工程	61.62		22.22	36.05	30.17	48.95	1.26	2.04	3.29	5.34	4.69	7.62
	幕墙工程	6001.03		735.46	12.26	4924.33	82.06	65.73	1.10	115.27	1.92	160.24	2.67
	其他工程	3334.24		80.70	2.42	3209.62	96.26	12.57	0.38	12.68	0.38	18.68	0.56
安装工程	电气工程	2833.84		441.10	15.57	2164.39	76.38	9.06	0.32	129.16	4.56	90.13	3.18
	给排水工程	1965.64		194.17	9.88	1665.83	84.75	9.03	0.46	55.98	2.85	40.62	2.07
	通风空调工程	5442.89		939.67	17.26	3913.86	71.91	100.51	1.85	280.89	5.16	207.97	3.82
	消防电工程	299.99		91.44	30.48	161.99	54.00	1.62	0.54	26.33	8.78	18.61	6.20
	消防水工程	603.04		127.99	21.22	402.25	66.70	8.26	1.37	37.29	6.18	27.25	4.52
	气体灭火工程	13.67		1.91	13.99	10.72	78.44	0.08	0.57	0.56	4.08	0.40	2.91
	智能化工程	712.84		222.46	31.21	369.35	51.81	6.93	0.97	68.40	9.59	45.70	6.41
	电梯工程	1632.59		—	—	1632.59	100.00	—	—	—	—	—	—
	抗震支架工程	329.91		28.06	8.51	276.08	83.68	8.35	2.53	10.15	3.08	7.28	2.21
	医疗设备系统	128.76		14.20	11.02	105.25	81.74	1.58	1.23	4.59	3.56	3.16	2.45

建筑工程含量指标表

表 3-6-5

总建筑面积：82644.12m^2，其中：地上面积（±0.00 以上）：82644.12m^2，地下面积（±0.00 以下）：0.00m^2

部位	名称	单方含量	工程总量	总价（万元）	单方造价（元/m^2）	备注
地上	砌筑工程	0.19m^3/m^2	15602.58m^3	898.38	108.70	
	钢筋工程	75.68kg/m^2	6254417.00kg	3402.46	411.70	
	混凝土工程	0.40m^3/m^2	33447.60m^3	2796.65	338.40	
	模板工程	2.83m^2/m^2	233866.53m^2	1729.03	209.21	
	门窗工程	0.14m^2/m^2	11869.24m^2	4400.75	532.49	
	屋面工程	0.06m^2/m^2	4942.40m^2	47.24	5.72	
	防水工程	0.58m^2/m^2	47639.16m^2	546.08	66.08	
	楼地面工程	0.92m^2/m^2	76385.66m^2	1838.82	222.50	
	内墙面工程	2.71m^2/m^2	224103.81m^2	3587.58	434.10	
	外墙面工程	0.06m^2/m^2	4897.35m^2	61.62	7.46	
	天棚工程	0.85m^2/m^2	70355.40m^2	1604.75	194.18	
	幕墙工程	0.88m^2/m^2	72355.87m^2	6001.03	726.13	

安装工程含量指标表

表 3-6-6

总建筑面积：82644.12m^2，其中：地上面积（±0.00 以上）：82644.12m^2，地下面积（±0.00 以下）：0.00m^2

部位	专业	名称	百方含量	工程总量	总价（万元）	单方造价（元/m^2）	备注
地上	电气工程	电气配管	223.36m/100m^2	184591.70m	379.90	45.97	
	电气工程	电线	837.22m/100m^2	691911.19m	271.31	32.83	
	电气工程	母线电缆	91.53m/100m^2	75640.91m	606.80	73.42	
	电气工程	桥架线槽	20.81m/100m^2	17197.45m	133.03	16.10	
	电气工程	开关插座	21.59 套/100m^2	17840 套	42.13	5.10	

续表

部位	专业	名称	百方含量	工程总量	总价（万元）	单方造价（元/m^2）	备注
地上	电气工程	灯具	21.24 套/100m^2	17551 套	348.36	42.15	
	电气工程	设备	2.62 台/100m^2	2163 台	978.51	118.40	
	给排水工程	给水管道	50.49m/100m^2	41726.24m	360.81	43.66	
	给排水工程	排水管道	31.26m/100m^2	25832.02m	416.66	50.42	
	给排水工程	阀部件类	13.76 套/100m^2	11371 套	208.16	25.19	
	给排水工程	卫生器具	5.97 套/100m^2	4932 套	626.70	75.83	
	给排水工程	给排水设备	0.83 台/100m^2	689 台	345.51	41.81	
	消防电工程	消防电配管	62.42m/100m^2	51589.65m	66.96	8.10	
	消防电工程	消防电配线、缆	160.97m/100m^2	133034.14m	95.38	11.54	
	消防电工程	消防电末端装置	4.69 套/100m^2	3877 套	53.90	6.52	
	消防电工程	消防电设备	3.84 台/100m^2	3171 台	83.74	10.13	
	消防水工程	消防水管道	56.22m/100m^2	46459.02m	373.54	45.20	
	消防水工程	消防水阀类	0.52 套/100m^2	432 套	54.42	6.58	
	消防水工程	消防水末端装置	26.18 套/100m^2	21634 套	89.18	10.79	
	消防水工程	消防水设备	0.68 台/100m^2	561 台	85.90	10.39	
	通风空调工程	通风管道	127.14m^2/100m^2	105073.36m^2	1630.41	197.28	
	通风空调工程	通风阀部件	18.19 套/100m^2	15035 套	519.63	62.88	
	通风空调工程	通风设备	9.45 台/100m^2	7813 台	1739.50	210.48	
	通风空调工程	空调水管道	61.28m/100m^2	50645.48m	418.38	50.62	
	通风空调工程	空调阀部件	25.22 套/100m^2	20840 套	532.75	64.46	
	通风空调工程	空调设备	0.08 台/100m^2	69 台	602.22	72.87	

项目费用组成图

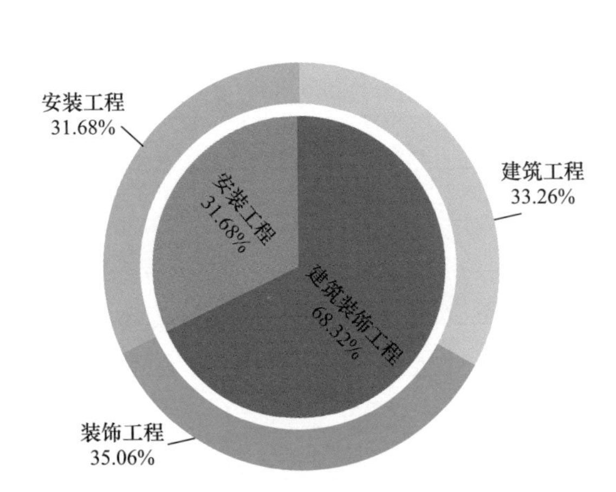

图 3-6-1　专业造价占比

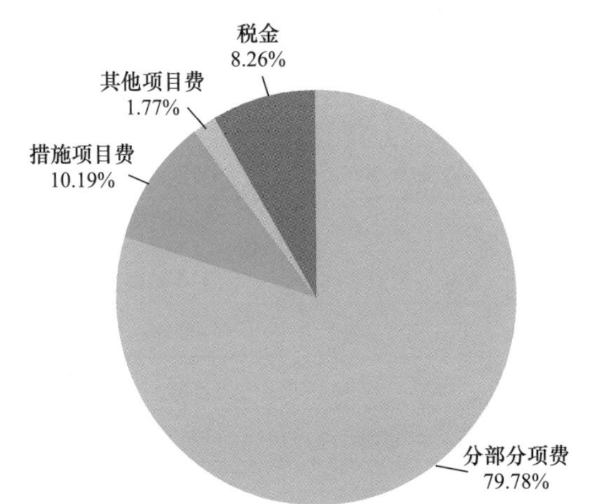

图 3-6-2　造价形成占比

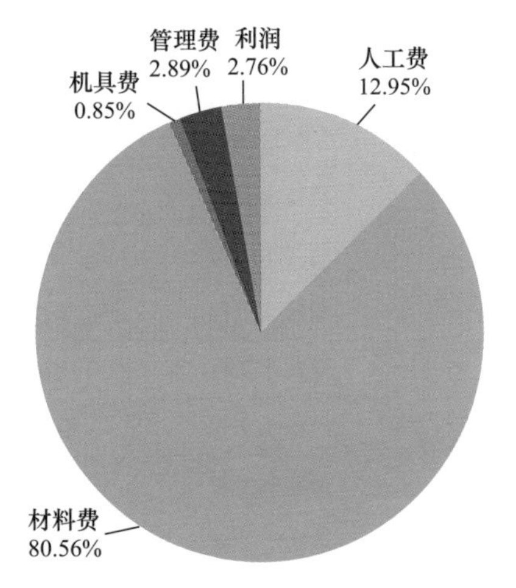

图 3-6-3　费用要素占比

专业名称	金额（元）	费用占比（%）
建筑装饰工程	365431881.35	68.32
安装工程	169478677.74	31.68

费用名称	金额（元）	费用占比（%）
分部分项费	426771045.01	79.78
措施项目费	54508856.54	10.19
其他项目费	9463730.63	1.77
税金	44166926.91	8.26

费用名称	金额（元）	费用占比（%）
人工费	57160527.84	12.95
材料费	355693114.86	80.56
机具费	3755797.40	0.85
管理费	12761027.98	2.89
利润	12181373.06	2.76

第四章 教育建筑

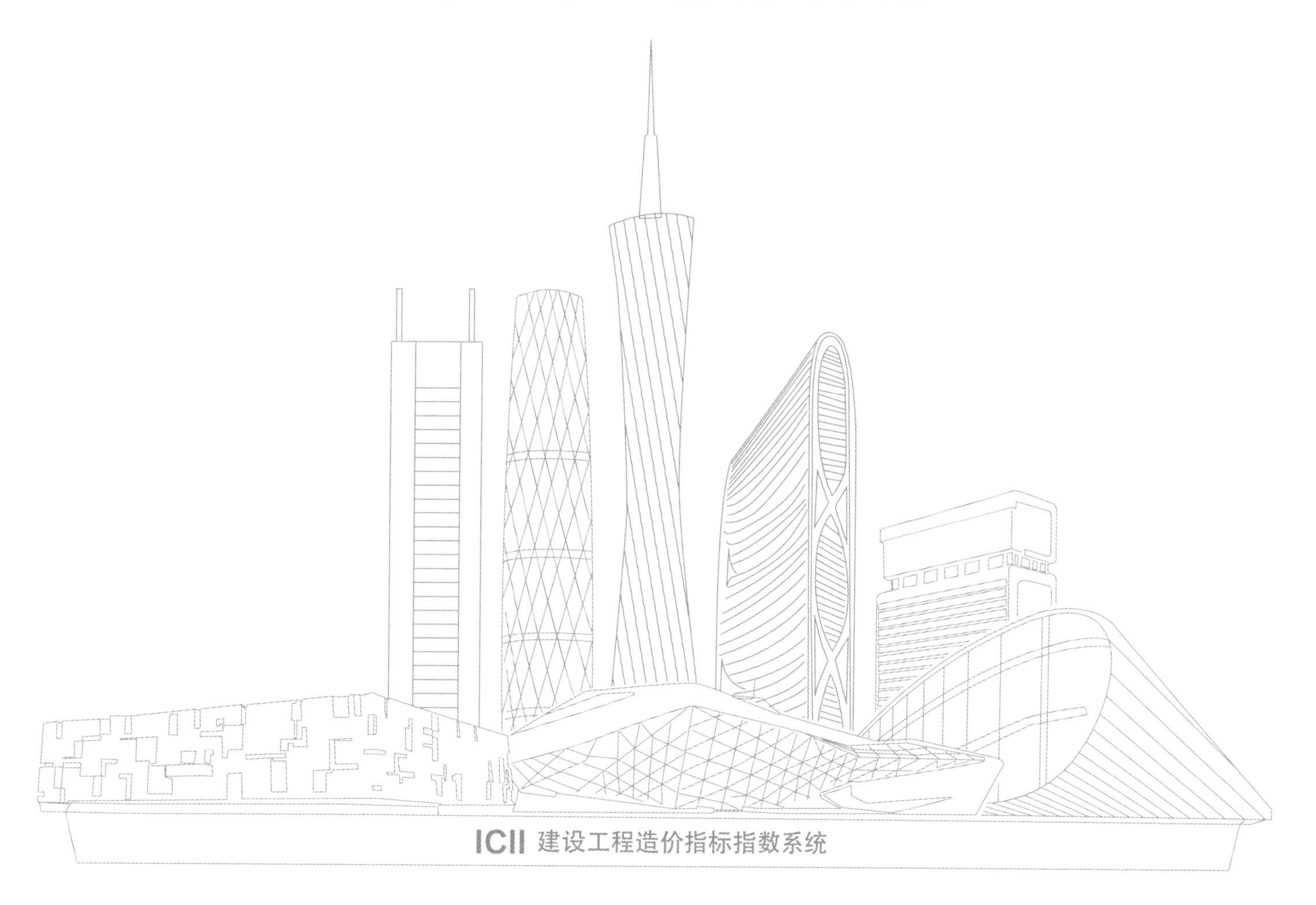

1. 中学教学楼 1

工程概况表　　表 4-1-1

工程类别	大学/中小学		计价依据	清单	国标 13 清单计价规范
工程所在地	广东省广州市			定额	广东省 2018 系列定额
建设性质	—			其他	—
建筑面积（m^2）	合计	5536.32	计税形式		增值税
	其中：±0.00 以上	5536.32	采价时间		2023-10
	±0.00 以下	—	工程造价（万元）		2162.03
人防面积（m^2）	—		单方造价（元/m^2）		3905.18
其他规模	室外面积（m^2）	—	资金来源		财政
	其他规模	—			
建筑高度（m）	±0.00 以上	26.25	装修标准		精装
	±0.00 以下	—	绿色建筑标准		二星
层数	±0.00 以上	6	装配率（%）		50
	±0.00 以下	—	文件形式		招标控制价
层高（m）	首层	4.50	场地类别		三类
	标准层	3.75	结构类型		框架-剪力墙
	顶层	3	抗震设防烈度		7
	地下室	—	抗震等级		剪力墙二级，框架三级

本工程主要包含：
1. 建筑工程：土石方工程，桩基础工程，砌筑工程，钢筋混凝土工程，装配式工程，金属结构工程，门窗工程，屋面及防水工程，保温隔热防腐工程，模板工程，脚手架工程，其他工程；
2. 装饰工程：楼地面工程，内墙面工程，天棚工程，外墙面工程，其他工程；
3. 安装工程：电气工程，给排水工程，通风空调工程，消防水工程，消防电工程，智能化（弱电）工程

建设项目投资指标表

表 4-1-2

总建筑面积：5536.32m²，其中：地上面积（±0.00 以上）：5536.32m²，地下面积（±0.00 以下）：0.00m²

序号	名称	金额（万元）	单位指标（元/m²）	造价占比（%）	备注
1	建筑安装工程费用	2162.03	3905.18	100.00	
1.1	建筑工程	1181.13	2133.42	54.63	
1.2	装饰工程	605.58	1093.84	28.01	
1.3	安装工程	375.32	677.92	17.36	

工程造价指标分析表

表 4-1-3

总建筑面积：5536.32m²，其中：地上面积（±0.00 以上）：5536.32m²，地下面积（±0.00 以下）：0.00m²

专业			工程造价（万元）	经济指标（元/m²）	总造价占比（%）	备注
建筑工程			1181.13	2133.42	54.63	
装饰工程			605.58	1093.84	28.01	
安装工程			375.32	677.92	17.36	
合计			2162.03	3905.18	100.00	
地上	建筑工程	土石方工程	0.01	0.02	0.00	
		桩基础工程	5.60	10.12	0.26	
		砌筑工程	51.42	92.88	2.38	
		钢筋混凝土工程	272.84	492.82	12.62	
		装配式工程	168.38	304.14	7.79	
		金属结构工程	81.40	147.03	3.77	
		门窗工程	85.86	155.08	3.97	
		屋面及防水工程	62.56	113.00	2.89	
		保温隔热防腐工程	11.33	20.46	0.52	
		其他工程	14.04	25.37	0.65	
		脚手架工程	79.76	144.07	3.69	

续表

专业			工程造价（万元）	经济指标（元/m²）	总造价占比（%）	备注
地上	建筑工程	模板工程	112.95	204.01	5.22	
		单价措施项目	32.63	58.93	1.51	
		总价措施项目	21.55	38.92	1.00	
		其他项目	83.28	150.43	3.85	
		税金	97.52	176.15	4.51	
	装饰工程	楼地面工程	132.75	239.78	6.14	
		内墙面工程	28.35	51.20	1.31	
		天棚工程	21.40	38.65	0.99	
		外墙面工程	251.29	453.89	11.62	
		其他工程	23.47	42.39	1.09	
		总价措施项目	38.44	69.43	1.78	
		其他项目	59.89	108.17	2.77	
		税金	50.00	90.32	2.31	
	安装工程	电气工程	102.02	184.27	4.72	
		给排水工程	37.65	68.00	1.74	
		通风空调工程	15.48	27.97	0.72	
		消防电工程	19.61	35.43	0.91	
		消防水工程	20.34	36.74	0.94	
		智能化（弱电）工程	84.79	153.16	3.92	
		措施项目	29.35	53.01	1.36	
		其他项目	35.09	63.38	1.62	
		税金	30.99	55.98	1.43	

工程造价及工程费用分析表

表 4-1-4

总建筑面积：5536.32m²，其中：地上面积（±0.00 以上）：5536.32m²，地下面积（±0.00 以下）：0.00m²

工程造价分析

工程造价组成分析	工程造价（万元）	单方造价（元/m²）		分部分项工程费		措施项目费		其他项目费		税金		总造价占比（%）
				万元	占比(%)	万元	占比(%)	万元	占比(%)	万元	占比(%)	
建筑工程	1181.13	2133.42	构成	753.44	63.79	246.88	20.90	83.28	7.05	97.52	8.26	54.63
装饰工程	605.58	1093.84		457.26	75.51	38.44	6.35	59.89	9.89	50.00	8.26	28.01
安装工程	375.32	677.92		279.90	74.58	29.35	7.82	35.09	9.35	30.99	8.26	17.36
合计	2162.03	3905.18		1490.59	68.94	314.67	14.55	178.26	8.24	178.52	8.26	100.00

工程费用分析（分部分项工程费）

费用组成分析		分部分项工程费（万元）		人工费		材料费		机械费		管理费		利润	
				万元	占比(%)	万元	占比(%)	万元	占比(%)	万元	占比(%)	万元	占比(%)
建筑工程		753.44	构成	105.67	14.03	592.23	78.60	7.74	1.03	25.11	3.33	22.68	3.01
装饰工程		457.26		198.30	43.37	183.93	40.22	4.01	0.88	30.56	6.68	40.46	8.85
安装工程		279.90		68.55	24.49	174.47	62.33	2.42	0.86	20.27	7.24	14.19	5.07
合计		1490.59		372.52	24.99	950.63	63.78	14.17	0.95	75.94	5.09	77.34	5.19
建筑工程	土石方工程	0.01		—	—	—	—	0.01	100.00	—	—	—	—
	桩基础工程	5.60		0.30	5.40	4.23	75.42	0.70	12.51	0.17	3.10	0.20	3.58
	砌筑工程	51.42		16.59	32.26	29.03	56.46	—	—	2.48	4.82	3.32	6.45
	钢筋混凝土工程	272.84		39.38	14.43	207.47	76.04	4.69	1.72	12.50	4.58	8.81	3.23
	装配式工程	168.38		13.51	8.02	147.76	87.75	0.39	0.23	3.94	2.34	2.78	1.65
	金属结构工程	81.40		6.24	7.66	70.14	86.17	1.86	2.29	1.54	1.89	1.62	1.99
	门窗工程	85.86		4.28	4.99	80.06	93.25	0.03	0.03	0.62	0.73	0.86	1.00
	屋面及防水工程	62.56		22.66	36.23	31.87	50.94	0.04	0.06	3.45	5.51	4.54	7.26
	保温隔热防腐工程	11.33		1.53	13.50	9.27	81.87	—	—	0.22	1.93	0.31	2.70
	其他工程	14.04		1.18	8.41	12.41	88.33	0.03	0.20	0.19	1.34	0.24	1.72

续表

工程费用分析（分部分项工程费）														
费用组成分析		分部分项工程费（万元）		人工费		材料费		机械费		管理费		利润	
				万元	占比(%)	万元	占比(%)	万元	占比(%)	万元	占比(%)	万元	占比(%)
装饰工程	楼地面工程	132.75	构成	45.17	34.02	70.63	53.21	0.27	0.20	7.60	5.72	9.09	6.85
	内墙面工程	28.35		15.20	53.61	7.89	27.83	0.05	0.17	2.16	7.63	3.05	10.76
	天棚工程	21.40		9.69	45.28	8.39	39.21	0.01	0.02	1.38	6.43	1.94	9.05
	外墙面工程	251.29		123.98	49.34	81.02	32.24	2.47	0.98	18.53	7.37	25.29	10.06
	其他工程	23.47		4.27	18.17	15.99	68.15	1.22	5.20	0.89	3.81	1.10	4.67
安装工程	电气工程	102.02		29.03	28.45	57.62	56.48	0.84	0.82	8.56	8.39	5.97	5.86
	给排水工程	37.65		8.79	23.35	24.21	64.29	0.32	0.86	2.51	6.66	1.82	4.84
	通风空调工程	15.48		3.82	24.66	9.83	63.46	0.05	0.34	1.01	6.54	0.77	5.00
	消防电工程	19.61		5.00	25.48	11.71	59.70	0.32	1.64	1.52	7.76	1.06	5.43
	消防水工程	20.34		3.35	16.49	14.78	72.66	0.42	2.07	1.03	5.07	0.76	3.71
	智能化（弱电）工程	84.79		18.57	21.90	56.33	66.43	0.46	0.54	5.63	6.64	3.80	4.48

建筑工程含量指标表　　表 4-1-5

总建筑面积：5536.32m^2，其中：地上面积（±0.00 以上）：5536.32m^2，地下面积（±0.00 以下）：0.00m^2

部位	名称	单方含量	工程总量	总价（万元）	单方造价（元/m^2）	备注
地上	砌筑工程	0.13m^3/m^2	698.59m^3	51.42	92.88	
	钢筋工程	53.45kg/m^2	295902.00kg	158.18	285.72	不含装配式工程
	混凝土工程	0.30m^3/m^2	1672.45m^3	113.68	205.34	不含装配式工程
	模板工程	2.52m^2/m^2	13939.86m^2	112.95	204.01	不含装配式工程
	门窗工程	0.26m^2/m^2	1466.78m^2	85.86	155.08	
	屋面工程	0.21m^2/m^2	1145.37m^2	8.93	16.13	
	防水工程	1.07m^2/m^2	5944.72m^2	32.38	58.49	
	楼地面工程	1.39m^2/m^2	7683.02m^2	132.75	239.78	含屋面块料楼地面，连廊地面
	内墙面工程	1.10m^2/m^2	6106.94m^2	28.35	51.20	
	外墙面工程	2.74m^2/m^2	15164.30m^2	251.29	453.89	
	天棚工程	0.82m^2/m^2	4519.47m^2	21.40	38.65	

安装工程含量指标表

表 4-1-6

总建筑面积：5536.32m²，其中：地上面积（±0.00 以上）：5536.32m²，地下面积（±0.00 以下）：0.00m²

部位	专业	名称	百方含量	工程总量	总价（万元）	单方造价（元/m²）	备注
地上	电气工程	电气配管	195.36m/100m²	10816.02m	12.73	23.00	
	电气工程	电线	816.17m/100m²	45185.53m	22.85	41.28	
	电气工程	母线电缆	10.11m/100m²	559.55m	9.64	17.42	
	电气工程	桥架线槽	9.71m/100m²	537.67m	4.90	8.85	
	电气工程	开关插座	31.30 套/100m²	1733 套	9.01	16.27	
	电气工程	灯具	17.29 套/100m²	957 套	15.86	28.65	
	电气工程	设备	1.82 台/100m²	101 台	11.02	19.90	
	给排水工程	给水管道	3.95m/100m²	218.79m	1.99	3.59	
	给排水工程	排水管道	36.84m/100m²	2039.39m	11.72	21.17	
	给排水工程	阀部件类	5.06 套/100m²	280 套	12.50	22.58	
	给排水工程	卫生器具	4.37 套/100m²	242 套	11.15	20.13	
	消防电工程	消防电配管	68.57m/100m²	3796.16m	7.63	13.79	
	消防电工程	消防电配线、缆	72.88m/100m²	4034.77m	3.19	5.76	
	消防电工程	消防电末端装置	5.45 套/100m²	302 套	3.44	6.21	
	消防电工程	消防电设备	1.25 台/100m²	69 台	5.36	9.68	
	消防水工程	消防水管道	10.32m/100m²	571.21m	10.34	18.68	
	消防水工程	消防水阀类	0.56 套/100m²	31 套	1.87	3.38	
	消防水工程	消防水设备	1.81 台/100m²	100 台	8.13	14.68	
	通风空调工程	通风管道	2.23m²/100m²	123.73m²	2.10	3.79	
	通风空调工程	通风阀部件	0.54 套/100m²	30 套	4.04	7.30	
	通风空调工程	通风设备	8.04 台/100m²	445 台	9.35	16.88	

项目费用组成图

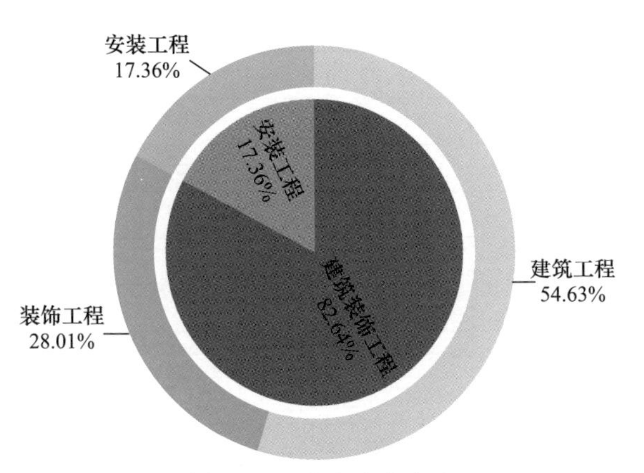

图 4-1-1　专业造价占比

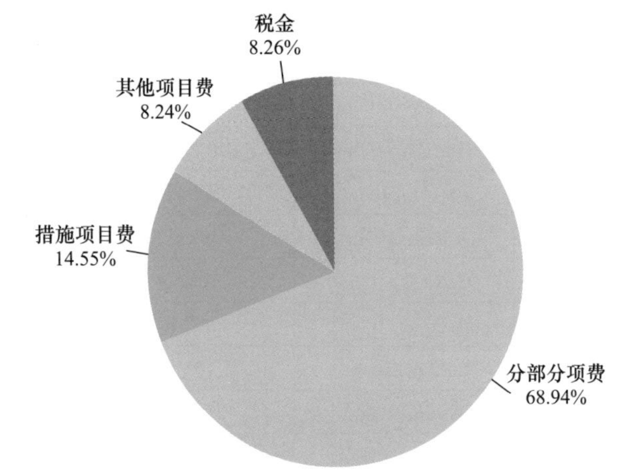

图 4-1-2　造价形成占比

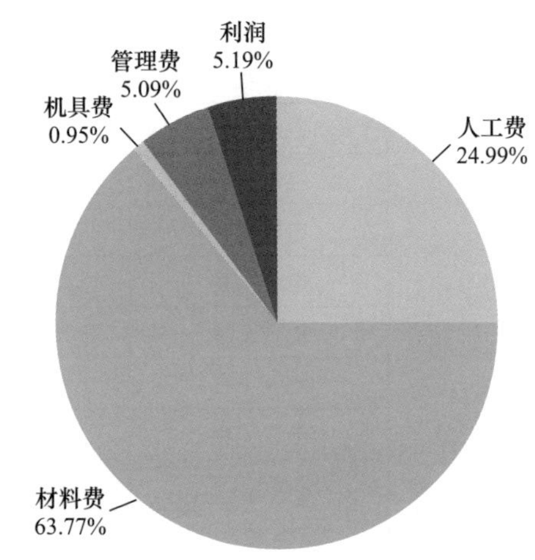

图 4-1-3　费用要素占比

专业名称	金额（元）	费用占比（%）
建筑装饰工程	17867111.68	82.64
安装工程	3753209.23	17.36

费用名称	金额（元）	费用占比（%）
分部分项费	14905936.79	68.94
措施项目费	3146655.63	14.55
其他项目费	1782564.38	8.24
税金	1785164.11	8.26

费用名称	金额（元）	费用占比（%）
人工费	3725170.30	24.99
材料费	9506100.25	63.77
机具费	141684.32	0.95
管理费	759392.54	5.09
利润	773352.85	5.19

2. 中学教学楼 2

工程概况表 表 4-2-1

<table>
<tr><td>工程类别</td><td colspan="2">大学/中小学</td><td rowspan="3">计价依据</td><td>清单</td><td>国标 13 清单计价规范</td></tr>
<tr><td>工程所在地</td><td colspan="2">广东省佛山市</td><td>定额</td><td>广东省 2018 系列定额</td></tr>
<tr><td>建设性质</td><td colspan="2">新建</td><td>其他</td><td>—</td></tr>
<tr><td rowspan="3">建筑面积（m^2）</td><td>合计</td><td>19589.08</td><td colspan="2">计税形式</td><td>增值税</td></tr>
<tr><td>其中：±0.00 以上</td><td>19589.08</td><td colspan="2">采价时间</td><td>2022-6</td></tr>
<tr><td>±0.00 以下</td><td>—</td><td colspan="2">工程造价（万元）</td><td>6278.69</td></tr>
<tr><td>人防面积（m^2）</td><td colspan="2">—</td><td colspan="2">单方造价（元/m^2）</td><td>3205.20</td></tr>
<tr><td rowspan="2">其他规模</td><td>室外面积（m^2）</td><td>—</td><td colspan="2" rowspan="2">资金来源</td><td rowspan="2">财政</td></tr>
<tr><td>其他规模</td><td>—</td></tr>
<tr><td rowspan="2">建筑高度（m）</td><td>±0.00 以上</td><td>25.00</td><td colspan="2">装修标准</td><td>精装</td></tr>
<tr><td>±0.00 以下</td><td>—</td><td colspan="2">绿色建筑标准</td><td>二星</td></tr>
<tr><td rowspan="2">层数</td><td>±0.00 以上</td><td>6</td><td colspan="2">装配率（%）</td><td>—</td></tr>
<tr><td>±0.00 以下</td><td>—</td><td colspan="2">文件形式</td><td>投标报价</td></tr>
<tr><td rowspan="4">层高（m）</td><td>首层</td><td>3.80</td><td colspan="2">场地类别</td><td>二类</td></tr>
<tr><td>标准层</td><td>3.80</td><td colspan="2">结构类型</td><td>框架</td></tr>
<tr><td>顶层</td><td>—</td><td colspan="2">抗震设防烈度</td><td>6</td></tr>
<tr><td>地下室</td><td>—</td><td colspan="2">抗震等级</td><td>三级</td></tr>
</table>

本工程主要包含：
1. 建筑工程：土石方工程，桩基础工程，砌筑工程，钢筋混凝土工程，金属结构工程，门窗工程，屋面及防水工程，保温隔热防腐工程，模板工程，脚手架工程，其他工程；
2. 装饰工程：楼地面工程，内墙面工程，天棚工程，外墙面工程，其他工程；
3. 安装工程：电气工程，给排水工程，通风空调工程，消防水工程，消防电工程，智能化工程

建设项目投资指标表

表 4-2-2

总建筑面积：19589.08m²，其中：地上面积（±0.00 以上）：19589.08m²，地下面积（±0.00 以下）：0.00m²

序号	名称	金额（万元）	单位指标（元/m²）	造价占比（%）	备注
1	建筑安装工程费用	6278.69	3205.20	100.00	
1.1	建筑工程	3790.21	1934.86	60.37	
1.2	装饰工程	1647.91	841.24	26.25	
1.3	安装工程	840.57	429.10	13.39	

工程造价指标分析表

表 4-2-3

总建筑面积：19589.08m²，其中：地上面积（±0.00 以上）：19589.08m²，地下面积（±0.00 以下）：0.00m²

专业			工程造价（万元）	经济指标（元/m²）	总造价占比（%）	备注
建筑工程			3790.21	1934.86	60.37	
装饰工程			1647.91	841.24	26.25	
安装工程			840.57	429.10	13.39	
合计			6278.69	3205.20	100.00	
地上	建筑工程	土石方工程	11.69	5.97	0.19	
		桩基础工程	344.63	175.93	5.49	
		砌筑工程	151.31	77.24	2.41	
		钢筋混凝土工程	1324.14	675.96	21.09	
		金属结构工程	31.49	16.07	0.50	
		门窗工程	272.83	139.28	4.35	
		屋面及防水工程	466.81	238.30	7.43	
		保温隔热防腐工程	21.25	10.85	0.34	
		其他工程	36.26	18.51	0.58	
		脚手架工程	161.58	82.49	2.57	
		模板工程	456.91	233.25	7.28	

续表

专业			工程造价（万元）	经济指标（元/m²）	总造价占比（%）	备注
地上	建筑工程	单价措施项目	99.64	50.87	1.59	
		总价措施项目	72.15	36.83	1.15	
		其他项目	26.58	13.57	0.42	
		税金	312.95	159.76	4.98	
	装饰工程	楼地面工程	352.52	179.96	5.61	
		内墙面工程	271.72	138.71	4.33	
		天棚工程	216.00	110.26	3.44	
		外墙面工程	402.91	205.68	6.42	
		其他工程	143.76	73.39	2.29	
		单价措施项目	6.83	3.49	0.11	
		总价措施项目	86.31	44.06	1.37	
		其他项目	31.80	16.23	0.51	
		税金	136.07	69.46	2.17	
	安装工程	电气工程	271.27	138.48	4.32	
		给排水工程	64.51	32.93	1.03	
		通风空调工程	75.83	38.71	1.21	
		消防电工程	24.19	12.35	0.39	
		消防水工程	189.27	96.62	3.01	
		智能化工程	58.54	29.88	0.93	
		措施项目	70.69	36.09	1.13	
		其他项目	16.87	8.61	0.27	
		税金	69.40	35.43	1.11	

工程造价及工程费用分析表

表 4-2-4

总建筑面积：19589.08m²，其中：地上面积（±0.00 以上）：19589.08m²，地下面积（±0.00 以下）：0.00m²

工程造价分析

工程造价组成分析	工程造价（万元）	单方造价（元/m²）		分部分项工程费		措施项目费		其他项目费		税金		总造价占比（%）
				万元	占比(%)	万元	占比(%)	万元	占比(%)	万元	占比(%)	
建筑工程	3790.21	1934.86	构成	2660.40	70.19	790.28	20.85	26.58	0.70	312.95	8.26	60.37
装饰工程	1647.91	841.24		1386.91	84.16	93.14	5.65	31.80	1.93	136.07	8.26	26.25
安装工程	840.57	429.10		683.60	81.33	70.69	8.41	16.87	2.01	69.40	8.26	13.39
合计	6278.69	3205.20		4730.91	75.35	954.11	15.20	75.25	1.20	518.42	8.26	100.00

工程费用分析（分部分项工程费）

费用组成分析		分部分项工程费（万元）		人工费		材料费		机械费		管理费		利润	
				万元	占比(%)	万元	占比(%)	万元	占比(%)	万元	占比(%)	万元	占比(%)
建筑工程		2660.40	构成	323.01	12.14	2124.24	79.85	56.74	2.13	80.46	3.02	75.94	2.85
装饰工程		1386.91		450.32	32.47	769.95	55.52	3.94	0.28	71.84	5.18	90.86	6.55
安装工程		683.60		155.80	22.79	433.95	63.48	12.94	1.89	47.14	6.90	33.77	4.94
合计		4730.91		929.13	19.64	3328.15	70.35	73.62	1.56	199.43	4.22	200.58	4.24
建筑工程	土石方工程	11.69		2.13	18.23	0.77	6.58	5.93	50.71	1.25	10.70	1.61	13.79
	桩基础工程	344.63		15.55	4.51	266.95	77.46	40.95	11.88	9.88	2.87	11.29	3.28
	砌筑工程	151.31		45.93	30.36	89.24	58.98	—	—	6.95	4.60	9.19	6.07
	钢筋混凝土工程	1324.14		147.71	11.16	1092.08	82.47	8.42	0.64	44.72	3.38	31.22	2.36
	金属结构工程	31.49		19.03	60.43	5.70	18.11	—	—	2.95	9.36	3.81	12.10
	门窗工程	272.83		11.84	4.34	256.73	94.10	0.11	0.04	1.75	0.64	2.39	0.88
	屋面及防水工程	466.81		64.00	13.71	379.02	81.19	0.96	0.21	9.84	2.11	12.99	2.78
	保温隔热防腐工程	21.25		7.24	34.09	11.41	53.69	0.07	0.34	1.06	4.99	1.46	6.89
	其他工程	36.26		9.58	26.42	22.35	61.64	0.31	0.84	2.05	5.65	1.98	5.45

续表

费用组成分析		分部分项工程费（万元）		人工费		材料费		机械费		管理费		利润	
				万元	占比(%)	万元	占比(%)	万元	占比(%)	万元	占比(%)	万元	占比(%)
装饰工程	楼地面工程	352.52	构成	96.31	27.32	219.66	62.31	0.06	0.02	17.22	4.89	19.27	5.47
	内墙面工程	271.72		93.31	34.34	144.63	53.23	0.52	0.19	14.48	5.33	18.77	6.91
	天棚工程	216.00		43.47	20.13	157.18	72.77	0.07	0.03	6.56	3.04	8.71	4.03
	外墙面工程	402.91		198.09	49.17	134.84	33.47	—	—	30.35	7.53	39.62	9.83
	其他工程	143.76		19.15	13.32	113.63	79.04	3.29	2.29	3.21	2.23	4.49	3.12
安装工程	电气工程	271.27		50.77	18.71	193.16	71.21	1.76	0.65	15.07	5.56	10.51	3.87
	给排水工程	64.51		18.73	29.03	35.82	55.54	0.69	1.07	5.38	8.34	3.88	6.02
	通风空调工程	75.83		11.89	15.67	56.93	75.07	0.98	1.29	3.47	4.58	2.57	3.39
	消防电工程	24.19		8.65	35.77	11.14	46.07	0.13	0.56	2.50	10.35	1.75	7.26
	消防水工程	189.27		47.48	25.09	106.58	56.31	8.76	4.63	15.19	8.03	11.25	5.95
	智能化工程	58.54		18.29	31.24	30.32	51.80	0.61	1.04	5.52	9.43	3.80	6.49

建筑工程含量指标表

表 4-2-5

总建筑面积：19589.08m^2，其中：地上面积（±0.00 以上）：19589.08m^2，地下面积（±0.00 以下）：0.00m^2

部位	名称	单方含量	工程总量	总价（万元）	单方造价（元/m^2）	备注
地上	砌筑工程	0.12m^3/m^2	2411.01m^3	151.31	77.24	
	钢筋工程	58.24kg/m^2	1140838.00kg	698.11	356.38	
	混凝土工程	0.40m^3/m^2	7910.78m^3	626.03	319.58	
	模板工程	2.87m^2/m^2	56128.87m^2	456.91	233.25	
	门窗工程	0.26m^2/m^2	5060.00m^2	272.83	139.28	
	屋面工程	0.24m^2/m^2	4679.03m^2	83.72	42.74	
	防水工程	1.34m^2/m^2	26303.34m^2	383.09	195.56	
	楼地面工程	1.06m^2/m^2	20807.56m^2	352.52	179.96	
	内墙面工程	1.15m^2/m^2	22472.45m^2	271.72	138.71	
	外墙面工程	0.90m^2/m^2	17705.78m^2	402.91	205.68	
	天棚工程	0.90m^2/m^2	17691.07m^2	216.00	110.26	

安装工程含量指标表

表 4-2-6

总建筑面积：19589.08m²，其中：地上面积（±0.00 以上）：19589.08m²，地下面积（±0.00 以下）：0.00m²

部位	专业	名称	百方含量	工程总量	总价（万元）	单方造价（元/m²）	备注
地上	电气工程	电气配管	127.42m/100m²	24960.12m	27.72	14.15	
	电气工程	电线	568.13m/100m²	111292.34m	60.77	31.02	
	电气工程	母线电缆	13.54m/100m²	2653.14m	88.45	45.15	
	电气工程	桥架线槽	7.21m/100m²	1412.43m	22.76	11.62	
	电气工程	开关插座	15.19 套/100m²	2976 套	8.20	4.18	
	电气工程	灯具	17.73 套/100m²	3473 套	39.31	20.07	
	电气工程	设备	1.06 台/100m²	208 台	14.92	7.62	
	给排水工程	给水管道	10.12m/100m²	1982.16m	12.29	6.27	
	给排水工程	排水管道	25.28m/100m²	4951.34m	23.51	12.00	
	给排水工程	阀部件类	4.44 套/100m²	869 套	9.85	5.03	
	给排水工程	卫生器具	5.00 套/100m²	979 套	18.18	9.28	
	消防电工程	消防电配管	27.48m/100m²	5383.03m	11.40	5.82	
	消防电工程	消防电配线、缆	42.03m/100m²	8232.72m	4.09	2.09	
	消防电工程	消防电末端装置	1.22 套/100m²	238 套	2.66	1.36	
	消防电工程	消防电设备	1.91 台/100m²	375 台	6.03	3.08	
	消防水工程	消防水管道	70.90m/100m²	13888.16m	148.08	75.59	
	消防水工程	消防水阀类	0.49 套/100m²	96 套	9.15	4.67	
	消防水工程	消防水末端装置	20.67 套/100m²	4050 套	15.95	8.14	
	消防水工程	消防水设备	0.95 台/100m²	186 台	16.09	8.21	
	通风空调工程	通风管道	8.03m²/100m²	1572.28m²	18.37	9.38	
	通风空调工程	通风阀部件	1.42 套/100m²	278 套	6.70	3.42	
	通风空调工程	通风设备	1.86 台/100m²	364 台	20.91	10.68	
	通风空调工程	空调水管道	3.28m/100m²	641.96m	3.34	1.70	
	通风空调工程	空调阀部件	0.14 套/100m²	28 套	0.39	0.20	
	通风空调工程	空调设备	0.17 台/100m²	33 台	26.12	13.34	

项目费用组成图

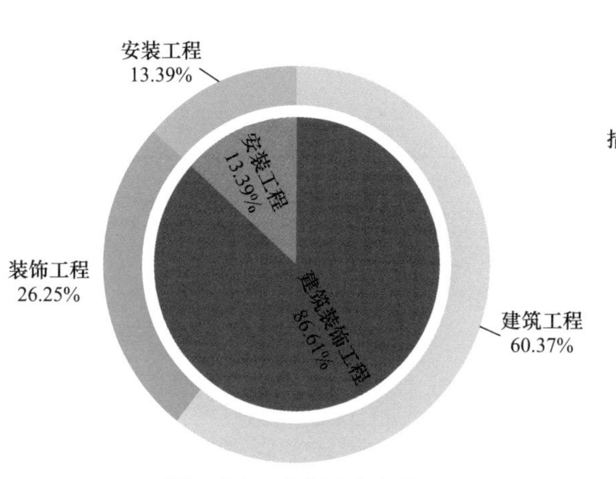

图 4-2-1 专业造价占比

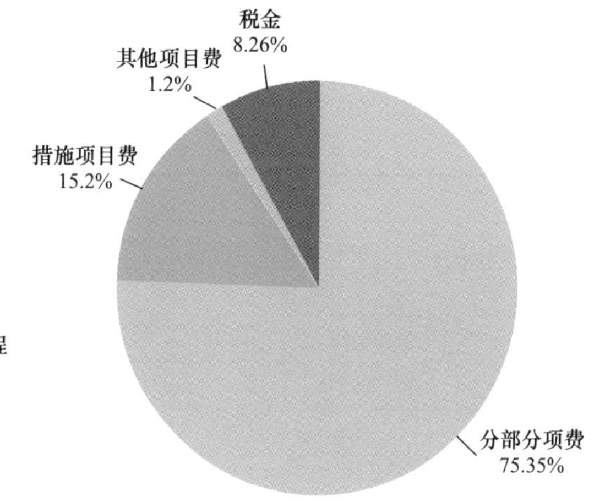

图 4-2-2 造价形成占比

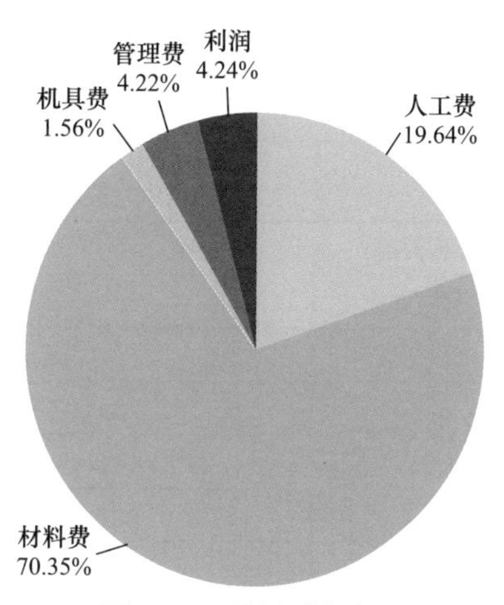

图 4-2-3 费用要素占比

专业名称	金额（元）	费用占比（%）
建筑装饰工程	54381246.30	86. 61
安装工程	8405693.38	13.39

费用名称	金额（元）	费用占比（%）
分部分项费	47309052.28	75.35
措施项目费	9541101.94	15.20
其他项目费	752542.74	1.20
税金	5184242.72	8.26

费用名称	金额（元）	费用占比（%）
人工费	9291270.34	19.64
材料费	33282305.07	70.35
机具费	736188.71	1.56
管理费	1994325.37	4.22
利润	2005798.68	4.24

3. 大学实训楼

工程概况表　　表 4-3-1

工程类别	大学/中小学		计价依据	清单	国标 13 清单计价规范
工程所在地	广东省清远市			定额	广东省 2010 系列定额
建设性质	新建			其他	—
建筑面积（m^2）	合计	30268.59	计税形式		增值税
	其中：±0.00 以上	30268.59	采价时间		2018-1
	±0.00 以下	—	工程造价（万元）		6397.90
人防面积（m^2）	—		单方造价（元/m^2）		2113.71
其他规模	室外面积（m^2）	—	资金来源		财政
	其他规模	—			
建筑高度（m）	±0.00 以上	23.90	装修标准		精装
	±0.00 以下	0.00	绿色建筑标准		基本级
层数	±0.00 以上	5	装配率（%）		—
	±0.00 以下	—	文件形式		招标控制价
层高（m）	首层	5.50	场地类别		二类
	标准层	4.20	结构类型		框架
	顶层	5.7	抗震设防烈度		6
	地下室	—	抗震等级		三级

本工程主要包含：
1. 建筑工程：土石方工程，桩基础工程，钢筋混凝土工程，金属结构工程，门窗工程，屋面及防水工程，保温隔热防腐工程，模板工程，脚手架工程；
2. 装饰工程：楼地面工程，内墙面工程，天棚工程，外墙面工程，其他工程；
3. 安装工程：电气工程，给排水工程，通风空调工程，消防水工程，消防电工程，智能化工程，电梯工程

建设项目投资指标表

表 4-3-2

总建筑面积：30268.59m²，其中：地上面积（±0.00 以上）：30268.59m²，地下面积（±0.00 以下）：0.00m²

序号	名称	金额（万元）	单位指标（元/m²）	造价占比（%）	备注
1	建筑安装工程费用	6397.90	2113.71	100.00	
1.1	建筑工程	3637.33	1201.69	56.85	
1.2	装饰工程	1427.83	471.72	22.32	
1.3	安装工程	1332.74	440.30	20.83	

工程造价指标分析表

表 4-3-3

总建筑面积：30268.59m²，其中：地上面积（±0.00 以上）：30268.59m²，地下面积（±0.00 以下）：0.00m²

专业			工程造价（万元）	经济指标（元/m²）	总造价占比（%）	备注
建筑工程			3637.33	1201.69	56.85	
装饰工程			1427.83	471.72	22.32	
安装工程			1332.74	440.30	20.83	
合计			6397.90	2113.71	100.00	
地上	建筑工程	土石方工程	25.13	8.30	0.39	
		桩基础工程	248.09	81.96	3.88	
		砌筑工程	216.31	71.46	3.38	
		钢筋混凝土工程	1316.53	434.95	20.58	
		金属结构工程	64.76	21.39	1.01	
		门窗工程	349.98	115.62	5.47	
		屋面及防水工程	192.64	63.64	3.01	
		保温隔热防腐工程	19.21	6.35	0.30	
		脚手架工程	160.32	52.97	2.51	
		模板工程	461.80	152.57	7.22	

续表

专业			工程造价（万元）	经济指标（元/m²）	总造价占比（%）	备注
地上	建筑工程	单价措施项目	103.72	34.27	1.62	
		总价措施项目	116.56	38.51	1.82	
		其他项目	31.62	10.45	0.49	
		税金	330.67	109.24	5.17	
	装饰工程	楼地面工程	491.09	162.24	7.68	
		内墙面工程	279.07	92.20	4.36	
		天棚工程	211.74	69.95	3.31	
		外墙面工程	183.41	60.59	2.87	
		其他工程	58.19	19.22	0.91	
		总价措施项目	58.62	19.37	0.92	
		其他项目	15.91	5.25	0.25	
		税金	129.80	42.88	2.03	
	安装工程	电气工程	501.77	165.77	7.84	
		给排水工程	70.00	23.13	1.09	
		通风空调工程	357.72	118.18	5.59	
		消防电工程	19.96	6.59	0.31	
		消防水工程	47.37	15.65	0.74	
		智能化工程	77.70	25.67	1.21	
		电梯工程	66.03	21.81	1.03	
		措施项目	57.35	18.95	0.90	
		其他项目	13.69	4.52	0.21	
		税金	121.16	40.03	1.89	

工程造价及工程费用分析表

表 4-3-4

总建筑面积：30268.59m²，其中：地上面积（±0.00 以上）：30268.59m²，地下面积（±0.00 以下）：0.00m²

工程造价分析

工程造价组成分析	工程造价（万元）	单方造价（元/m²）	构成	分部分项工程费		措施项目费		其他项目费		税金		总造价占比（%）
				万元	占比(%)	万元	占比(%)	万元	占比(%)	万元	占比(%)	
建筑工程	3637.33	1201.69	构成	2432.65	66.88	842.40	23.16	31.62	0.87	330.67	9.09	56.85
装饰工程	1427.83	471.72		1223.50	85.69	58.62	4.11	15.91	1.11	129.80	9.09	22.32
安装工程	1332.74	440.30		1140.54	85.58	57.35	4.30	13.69	1.03	121.16	9.09	20.83
合计	6397.90	2113.71		4796.69	74.97	958.37	14.98	61.22	0.96	581.63	9.09	100.00

工程费用分析（分部分项工程费）

费用组成分析		分部分项工程费（万元）	构成	人工费		材料费		机械费		管理费		利润	
				万元	占比(%)	万元	占比(%)	万元	占比(%)	万元	占比(%)	万元	占比(%)
建筑工程		2432.65	构成	380.93	15.66	1882.20	77.37	60.74	2.50	40.20	1.65	68.57	2.82
装饰工程		1223.50		469.37	38.36	639.97	52.31	0.75	0.06	28.92	2.36	84.48	6.90
安装工程		1140.54		145.57	12.76	940.63	82.47	10.75	0.94	17.31	1.52	26.29	2.30
合计		4796.69		995.88	20.76	3462.80	72.19	72.24	1.51	86.44	1.80	179.34	3.74
建筑工程	土石方工程	25.13		13.99	55.67	0.01	0.05	7.20	28.65	1.41	5.59	2.52	10.03
	桩基础工程	248.09		19.73	7.95	177.32	71.47	41.69	16.81	5.79	2.33	3.56	1.43
	砌筑工程	216.31		62.49	28.89	138.95	64.24	—	—	3.62	1.67	11.25	5.20
	钢筋混凝土工程	1316.53		206.56	15.69	1036.83	78.75	11.61	0.88	24.36	1.85	37.18	2.82
	金属结构工程	64.76		26.78	41.36	31.33	48.39	—	—	1.83	2.82	4.82	7.44
	门窗工程	349.98		—	—	349.98	100.00	—	—	—	—	—	—
	屋面及防水工程	192.64		48.14	24.99	132.57	68.82	0.24	0.12	3.03	1.57	8.67	4.50
	保温隔热防腐工程	19.21		3.24	16.89	15.21	79.16	—	—	0.18	0.93	0.58	3.02
装饰工程	楼地面工程	491.09		113.99	23.21	348.79	71.02	0.01	0.00	7.78	1.58	20.52	4.18
	内墙面工程	279.07		132.38	47.44	114.52	41.04	0.26	0.09	8.08	2.90	23.82	8.54

续表

费用组成分析		分部分项工程费（万元）		人工费		材料费		机械费		管理费		利润	
				万元	占比(%)	万元	占比(%)	万元	占比(%)	万元	占比(%)	万元	占比(%)
装饰工程	天棚工程	211.74	构成	124.08	58.60	58.19	27.48	0.01	0.01	7.13	3.37	22.33	10.54
	外墙面工程	183.41		92.06	50.19	69.23	37.74	—	—	5.55	3.03	16.58	9.04
	其他工程	58.19		6.86	11.79	49.25	84.64	0.47	0.81	0.38	0.65	1.23	2.12
安装工程	电气工程	501.77		74.78	14.90	400.14	79.75	3.87	0.77	9.43	1.88	13.55	2.70
	给排水工程	70.00		17.11	24.44	47.20	67.43	0.96	1.37	1.66	2.37	3.08	4.40
	通风空调工程	357.72		12.50	3.49	341.40	95.44	0.29	0.08	1.28	0.36	2.25	0.63
	消防电工程	19.96		6.46	32.38	11.54	57.81	0.08	0.42	0.71	3.57	1.16	5.82
	消防水工程	47.37		4.11	8.68	41.24	87.06	0.85	1.79	0.43	0.91	0.74	1.56
	智能化工程	77.70		20.53	26.43	47.88	61.63	3.24	4.17	2.35	3.02	3.69	4.75
	电梯工程	66.03		10.08	15.27	51.22	77.56	1.45	2.20	1.46	2.21	1.82	2.75

建筑工程含量指标表

表 4-3-5

总建筑面积：30268.59m^2，其中：地上面积（±0.00以上）：30268.59m^2，地下面积（±0.00以下）：0.00m^2

部位	名称	单方含量	工程总量	总价（万元）	单方造价（元/m^2）	备注
地上	砌筑工程	0.19m^3/m^2	5789.48m^3	216.31	71.46	
	钢筋工程	48.98kg/m^2	1482553.00kg	753.25	248.86	
	混凝土工程	0.37m^3/m^2	11342.06m^3	562.77	185.92	
	模板工程	2.37m^2/m^2	71844.01m^2	461.80	152.57	
	门窗工程	0.30m^2/m^2	9121.75m^2	349.98	115.62	
	屋面工程	0.27m^2/m^2	8159.49m^2	117.85	38.94	
	防水工程	0.43m^2/m^2	12981.26m^2	74.78	24.71	
	楼地面工程	1.02m^2/m^2	30735.73m^2	491.09	162.24	
	内墙面工程	2.37m^2/m^2	71768.55m^2	279.07	92.20	
	外墙面工程	0.99m^2/m^2	29851.05m^2	183.41	60.59	
	天棚工程	1.35m^2/m^2	40758.06m^2	211.74	69.95	

安装工程含量指标表

表 4-3-6

总建筑面积：30268.59m²，其中：地上面积（±0.00 以上）：30268.59m²，地下面积（±0.00 以下）：0.00m²

部位	专业	名称	百方含量	工程总量	总价（万元）	单方造价（元/m²）	备注
地上	电气工程	电气配管	117.07m/100m²	35434.30m	38.45	12.70	
	电气工程	电线	350.03m/100m²	105947.80m	39.76	13.14	
	电气工程	母线电缆	31.29m/100m²	9471.70m	281.59	93.03	
	电气工程	桥架线槽	12.40m/100m²	3752.00m	16.69	5.52	
	电气工程	开关插座	5.19 套/100m²	1571 套	2.91	0.96	
	电气工程	灯具	10.58 套/100m²	3201 套	48.72	16.09	
	电气工程	设备	3.09 台/100m²	935 台	48.71	16.09	
	给排水工程	给水管道	6.60m/100m²	1997.70m	13.85	4.58	
	给排水工程	排水管道	15.69m/100m²	4747.76m	33.51	11.07	
	给排水工程	阀部件类	2.28 套/100m²	689 套	8.19	2.71	
	给排水工程	卫生器具	0.95 套/100m²	287 套	13.88	4.59	
	消防电工程	消防电配管	17.09m/100m²	5173.50m	12.58	4.16	
	消防电工程	消防电配线、缆	15.97m/100m²	4833.20m	1.92	0.64	
	消防电工程	消防电末端装置	0.45 套/100m²	135 套	1.63	0.54	
	消防电工程	消防电设备	0.54 台/100m²	164 台	3.82	1.26	
	消防水工程	消防水管道	4.48m/100m²	1355.50m	13.17	4.35	
	消防水工程	消防水阀类	1.02 套/100m²	310 套	12.84	4.24	
	消防水工程	消防水设备	0.28 台/100m²	84 台	21.35	7.05	
	通风空调工程	通风管道	1.34m²/100m²	406.10m²	5.05	1.67	
	通风空调工程	通风阀部件	0.81 套/100m²	244 套	2.80	0.92	
	通风空调工程	通风设备	0.93 台/100m²	280 台	8.81	2.91	
	通风空调工程	空调设备	1.56 台/100m²	473 台	341.07	112.68	

项目费用组成图

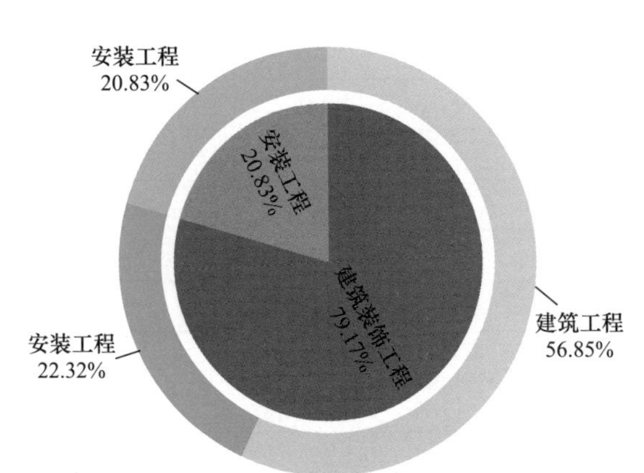

图 4-3-1　专业造价占比

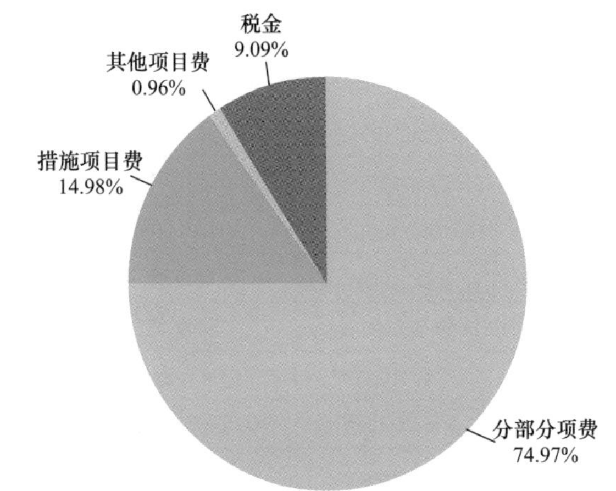

图 4-3-2　造价形成占比

图 4-3-3　费用要素占比

专业名称	金额（元）	费用占比（%）
建筑装饰工程	50651635.40	79.17
安装工程	13327376.63	20.83

费用名称	金额（元）	费用占比（%）
分部分项费	47966913.03	74.97
措施项目费	9583660.73	14.98
其他项目费	612164.44	0.96
税金	5816273.83	9.09

费用名称	金额（元）	费用占比（%）
人工费	9958759.82	27.28
材料费	22237755.70	60.92
机具费	722424.75	1.98
管理费	864390.94	2.37
设备费	925556.57	2.54
利润	1793384.28	4.91

4. 大学综合楼

工程概况表 表 4-4-1

工程类别	大学/中小学		计价依据	清单	国标 13 清单计价规范
工程所在地	广东省佛山市			定额	广东省 2018 系列定额
建设性质	—			其他	—
建筑面积（m^2）	合计	46936.83	计税形式		增值税
	其中：±0.00 以上	46936.83	采价时间		2021-3
	±0.00 以下	—	工程造价（万元）		18254.33
人防面积（m^2）	—		单方造价（元/m^2）		3889.13
其他规模	室外面积（m^2）	5957.73	资金来源		财政
	其他规模	—			
建筑高度（m）	±0.00 以上	42.60	装修标准		精装
	±0.00 以下	—	绿色建筑标准		基本级
层数	±0.00 以上	9	装配率（%）		—
	±0.00 以下	—	文件形式		招标控制价
层高（m）	首层	4.50	场地类别		二类
	标准层	4.50	结构类型		框架
	顶层	3.7	抗震设防烈度		7
	地下室	—	抗震等级		框架二级

本工程主要包含：
1. 建筑工程：土石方工程，桩基础工程，砌筑工程，钢筋混凝土工程，金属结构工程，门窗工程，屋面及防水工程，保温隔热防腐工程，模板工程，脚手架工程；
2. 装饰工程：楼地面工程，内墙面工程，天棚工程，外墙面工程，幕墙工程，其他工程；
3. 安装工程：电气工程，给排水工程，通风空调工程，消防水工程，消防电工程，气体灭火工程，抗震支架工程；
4. 室外配套工程：室外照明工程

建设项目投资指标表

表 4-4-2

总建筑面积：46936.83m^2，其中：地上面积（±0.00 以上）：46936.83m^2，地下面积（±0.00 以下）：0.00m^2

序号	名称	金额（万元）	单位指标（元/m^2）	造价占比（%）	备注
1	建筑安装工程费用	18254.33	3889.13	100.00	
1.1	建筑工程	9064.69	1931.25	49.66	
1.2	装饰工程	5494.77	1170.67	30.10	
1.3	安装工程	3592.05	765.29	19.68	
1.4	室外配套工程	102.83	21.91	0.56	

工程造价指标分析表

表 4-4-3

总建筑面积：46936.83m^2，其中：地上面积（±0.00 以上）：46936.83m^2，地下面积（±0.00 以下）：0.00m^2

专业			工程造价（万元）	经济指标（元/m^2）	总造价占比（%）	备注
建筑工程			9064.69	1931.25	49.94	
装饰工程			5494.77	1170.67	30.27	
安装工程			3592.05	765.29	19.79	
合计			18151.50	3867.22	100.00	
地上	建筑工程	土石方工程	49.70	10.59	0.27	
		桩基础工程	1055.21	224.81	5.81	
		砌筑工程	1066.62	227.24	5.88	
		钢筋混凝土工程	3436.28	732.11	18.93	
		金属结构工程	59.88	12.76	0.33	
		门窗工程	360.79	76.87	1.99	
		屋面及防水工程	409.46	87.24	2.26	
		保温隔热防腐工程	57.44	12.24	0.32	
		脚手架工程	467.64	99.63	2.58	
		模板工程	895.94	190.88	4.94	

续表

专业			工程造价（万元）	经济指标（元/m²）	总造价占比（%）	备注
地上	建筑工程	单价措施项目	251.88	53.66	1.39	
		总价措施项目	205.41	43.76	1.13	
		税金	748.46	159.46	4.12	
	装饰工程	楼地面工程	834.41	177.77	4.60	
		内墙面工程	489.26	104.24	2.70	
		天棚工程	1449.37	308.79	7.98	
		外墙面工程	385.60	82.15	2.12	
		幕墙工程	1364.55	290.72	7.52	
		其他工程	266.39	56.76	1.47	
		单价措施项目	61.68	13.14	0.34	
		总价措施项目	189.81	40.44	1.05	
		税金	453.70	96.66	2.50	
	安装工程	电气工程	939.26	200.11	5.17	
		给排水工程	261.64	55.74	1.44	
		通风空调工程	1038.60	221.28	5.72	
		消防电工程	183.33	39.06	1.01	
		消防水工程	365.34	77.84	2.01	
		气体灭火工程	27.04	5.76	0.15	
		抗震支架工程	198.00	42.19	1.09	
		措施项目	282.23	60.13	1.55	
		税金	296.59	63.19	1.63	

工程造价及工程费用分析表

表 4-4-4

总建筑面积：46936.83m²，其中：地上面积（±0.00 以上）：46936.83m²，地下面积（±0.00 以下）：0.00m²

工程造价分析

工程造价组成分析	工程造价（万元）	单方造价（元/m²）		分部分项工程费		措施项目费		其他项目费		税金		总造价占比（%）
				万元	占比(%)	万元	占比(%)	万元	占比(%)	万元	占比(%)	
建筑工程	9064.69	1931.25	构成	6495.36	71.66	1820.86	20.09	—	—	748.46	8.26	49.94
装饰工程	5494.77	1170.67		4789.59	87.17	251.49	4.58	—	—	453.70	8.26	30.27
安装工程	3592.05	765.29		3013.23	83.89	282.23	7.86	—	—	296.59	8.26	19.79
合计	18151.50	3867.22		14298.18	78.77	2354.58	12.97	—	—	1498.75	8.26	100.00

工程费用分析（分部分项工程费）

费用组成分析		分部分项工程费（万元）		人工费		材料费		机械费		管理费		利润	
				万元	占比(%)	万元	占比(%)	万元	占比(%)	万元	占比(%)	万元	占比(%)
建筑工程		6495.36	构成	902.65	13.90	4971.76	76.54	178.47	2.75	226.22	3.48	216.26	3.33
装饰工程		4789.59		961.97	20.08	3430.84	71.63	37.02	0.77	159.95	3.34	199.81	4.17
安装工程		3013.23		594.87	19.74	2052.75	68.12	57.98	1.92	177.00	5.87	130.63	4.34
合计		14298.18		2459.49	17.20	10455.35	73.12	273.47	1.91	563.17	3.94	546.69	3.82
建筑工程	土石方工程	49.70		17.94	36.11	1.89	3.79	17.33	34.88	5.48	11.03	7.06	14.20
	桩基础工程	1055.21		37.08	3.51	861.54	81.65	103.86	9.84	24.53	2.32	28.20	2.67
	砌筑工程	1066.62		283.22	26.55	683.02	64.04	0.22	0.02	43.47	4.08	56.69	5.31
	钢筋混凝土工程	3436.28		374.06	10.89	2801.83	81.54	52.52	1.53	122.55	3.57	85.32	2.48
	金属结构工程	59.88		31.85	53.19	16.71	27.90	—	—	4.94	8.25	6.39	10.66
	门窗工程	360.79		12.03	3.33	344.38	95.45	0.15	0.04	1.79	0.49	2.44	0.68
	屋面及防水工程	409.46		130.98	31.99	227.12	55.47	3.39	0.83	21.09	5.15	26.88	6.56
	保温隔热防腐工程	57.44		15.49	26.97	35.31	61.48	0.96	1.68	2.38	4.14	3.29	5.73
装饰工程	楼地面工程	834.41		238.65	28.60	504.27	60.43	0.65	0.08	42.98	5.15	47.86	5.74
	内墙面工程	489.26		158.79	32.46	271.30	55.45	2.06	0.42	24.92	5.09	32.19	6.58

续表

费用组成分析		分部分项工程费（万元）	构成	人工费		材料费		机械费		管理费		利润	
				万元	占比(%)	万元	占比(%)	万元	占比(%)	万元	占比(%)	万元	占比(%)
装饰工程	天棚工程	1449.37		174.46	12.04	1202.14	82.94	8.34	0.58	27.88	1.92	36.56	2.52
	外墙面工程	385.60		163.47	42.39	164.39	42.63	—	—	25.05	6.50	32.69	8.48
	幕墙工程	1364.55		210.25	15.41	1046.17	76.67	24.73	1.81	36.41	2.67	47.00	3.44
	其他工程	266.39		16.33	6.13	242.59	91.06	1.25	0.47	2.71	1.02	3.51	1.32
安装工程	电气工程	939.26		132.61	14.12	732.39	77.98	6.58	0.70	39.79	4.24	27.90	2.97
	给排水工程	261.64		46.58	17.80	183.36	70.08	6.95	2.65	14.06	5.37	10.70	4.09
	通风空调工程	1038.60		274.56	26.44	588.98	56.71	32.59	3.14	81.06	7.81	61.41	5.91
	消防电工程	183.33		48.34	26.37	110.22	60.12	0.93	0.51	13.97	7.62	9.87	5.38
	消防水工程	365.34		79.34	21.72	235.65	64.50	9.04	2.47	23.64	6.47	17.67	4.84
	气体灭火工程	27.04		1.06	3.92	25.25	93.36	0.16	0.59	0.33	1.23	0.24	0.90
	抗震支架工程	198.00		12.39	6.26	176.90	89.34	1.74	0.88	4.15	2.09	2.83	1.43

室外配套工程造价指标分析表

表 4-4-5

室外面积：5957.73m^2

专业	工程造价（万元）	经济指标（元/m^2）	备注
室外照明工程	102.83	172.60	
合计	102.83	172.60	

室外配套工程造价及工程费用分析表

表 4-4-6

室外面积：5957.73m^2

工程造价分析												
工程造价组成分析	工程造价（万元）	单方造价（元/m^2）	构成	分部分项工程费		措施项目费		其他项目费		税金		总造价占比（%）
				万元	占比(%)	万元	占比(%)	万元	占比(%)	万元	占比(%)	
室外照明工程	102.83	172.60		89.51	87.05	4.83	4.70	—	—	8.49	8.26	100.00
合计	102.83	172.60		89.51	87.05	4.83	4.70	—	—	8.49	8.26	100.00

续表

工程费用分析（分部分项工程费）												
费用组成分析	分部分项工程费（万元）	构成	人工费		材料费		机械费		管理费		利润	
			万元	占比(%)	万元	占比(%)	万元	占比(%)	万元	占比(%)	万元	占比(%)
室外照明工程	89.51		11.00	12.29	73.08	81.65	0.04	0.04	3.18	3.55	2.21	2.47
合计	89. 51		11.00	12.29	73.08	81.65	0.04	0.04	3.18	3.55	2.21	2.47

建筑工程含量指标表

表 4-4-7

总建筑面积：46936.83m^2，其中：地上面积（±0.00 以上）：46936.83m^2，地下面积（±0.00 以下）：0.00m^2

部位	名称	单方含量	工程总量	总价（万元）	单方造价（元/m^2）	备注
地上	砌筑工程	0.25m^3/m^2	11692.94m^3	1066.62	227.24	
	钢筋工程	60.33kg/m^2	2831708.00kg	1830.32	389.95	
	混凝土工程	0.43m^3/m^2	20264.76m^3	1583.54	337.38	
	模板工程	2.57m^2/m^2	120451.15m^2	895.94	190.88	
	门窗工程	0.15m^2/m^2	7238.28m^2	360.79	76.87	
	屋面工程	0.15m^2/m^2	6822.25m^2	71.11	15.15	
	防水工程	1.66m^2/m^2	77712.02m^2	338.35	72.09	
	楼地面工程	0.98m^2/m^2	46098.93m^2	834.41	177.77	
	内墙面工程	0.81m^2/m^2	38087.65m^2	489.26	104.24	
	外墙面工程	0.89m^2/m^2	41613.26m^2	385.60	82.15	
	天棚工程	1.16m^2/m^2	54375.15m^2	1449.37	308.79	
	幕墙工程	0.27m^2/m^2	12845.28m^2	1364.55	290.72	

安装工程含量指标表

表 4-4-8

总建筑面积：46936.83m²，其中：地上面积（±0.00 以上）：46936.83m²，地下面积（±0.00 以下）：0.00m²

部位	专业	名称	百方含量	工程总量	总价（万元）	单方造价（元/m²）	备注
地上	电气工程	电气配管	104.39m/100m²	48996.75m	28.02	5.97	
	电气工程	电线	359.41m/100m²	168697.63m	124.48	26.52	
	电气工程	母线电缆	54.10m/100m²	25393.51m	472.40	100.65	
	电气工程	桥架线槽	9.58m/100m²	4497.71m	110.21	23.48	
	电气工程	开关插座	4.89 套/100m²	2297 套	6.80	1.45	
	电气工程	灯具	10.46 套/100m²	4909 套	81.61	17.39	
	电气工程	设备	1.90 台/100m²	894 台	78.25	16.67	
	给排水工程	给水管道	6.88m/100m²	3227.46m	32.45	6.91	
	给排水工程	排水管道	20.84m/100m²	9781.47m	144.14	30.71	
	给排水工程	阀部件类	3.73 套/100m²	1750 套	23.63	5.03	
	给排水工程	卫生器具	1.20 套/100m²	564 套	54.41	11.59	
	给排水工程	给排水设备	—	2 台	1.25	0.27	
	消防电工程	消防电配管	72.89m/100m²	34212.65m	57.09	12.16	
	消防电工程	消防电配线、缆	205.86m/100m²	96622.19m	64.71	13.79	
	消防电工程	消防电末端装置	2.79 套/100m²	1309 套	17.51	3.73	
	消防电工程	消防电设备	1.96 台/100m²	921 台	44.01	9.38	
	消防水工程	消防水管道	48.52m/100m²	22772.99m	277.16	59.05	
	消防水工程	消防水阀类	0.55 套/100m²	259 套	14.69	3.13	
	消防水工程	消防水末端装置	20.44 套/100m²	9595 套	27.76	5.91	
	消防水工程	消防水设备	1.32 台/100m²	621 台	45.73	9.74	
	通风空调工程	通风管道	71.76m²/100m²	33681.18m²	445.14	94.84	
	通风空调工程	通风阀部件	0.43 套/100m²	204 套	20.08	4.28	
	通风空调工程	通风设备	2.68 台/100m²	1258 台	268.96	57.30	
	通风空调工程	空调水管道	38.30m/100m²	17976.34m	130.11	27.72	
	通风空调工程	空调阀部件	11.38 套/100m²	5342 套	169.28	36.06	
	通风空调工程	空调设备	—	—	5.03	1.07	

项目费用组成图

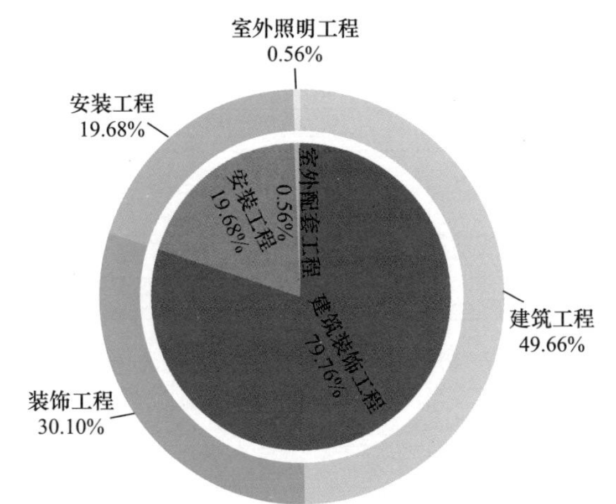

图 4-4-1　专业造价占比

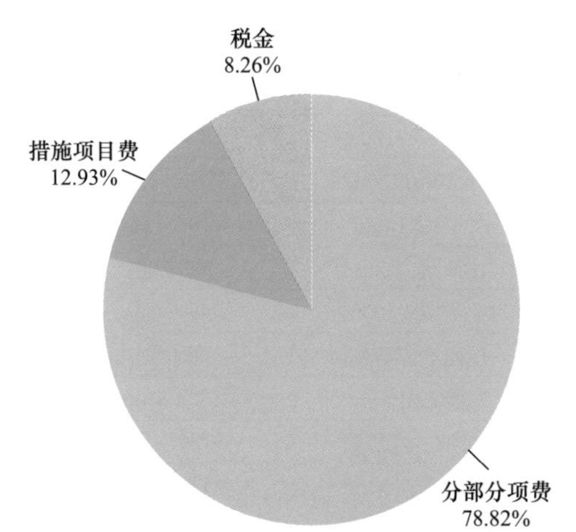

图 4-4-2　造价形成占比

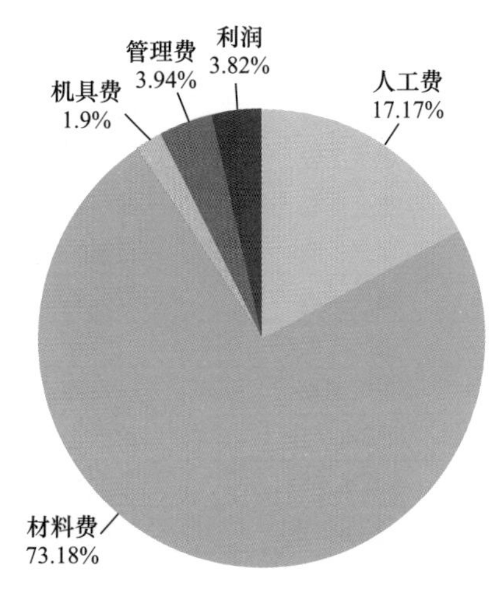

图 4-4-3　费用要素占比

专业名称	金额（元）	费用占比（%）
建筑装饰工程	145594545.72	79.76
安装工程	35920501.73	19.68
室外配套工程	1028279.38	0.56

费用名称	金额（元）	费用占比（%）
分部分项费	143876874.21	78.82
措施项目费	23594067.86	12.93
税金	15072384.76	8.26

费用名称	金额（元）	费用占比（%）
人工费	24704897.18	17.17
材料费	105282215.64	73.18
机具费	2735109.41	1.90
管理费	5663501.13	3.94
利润	5489012.69	3.82

第五章 文化建筑

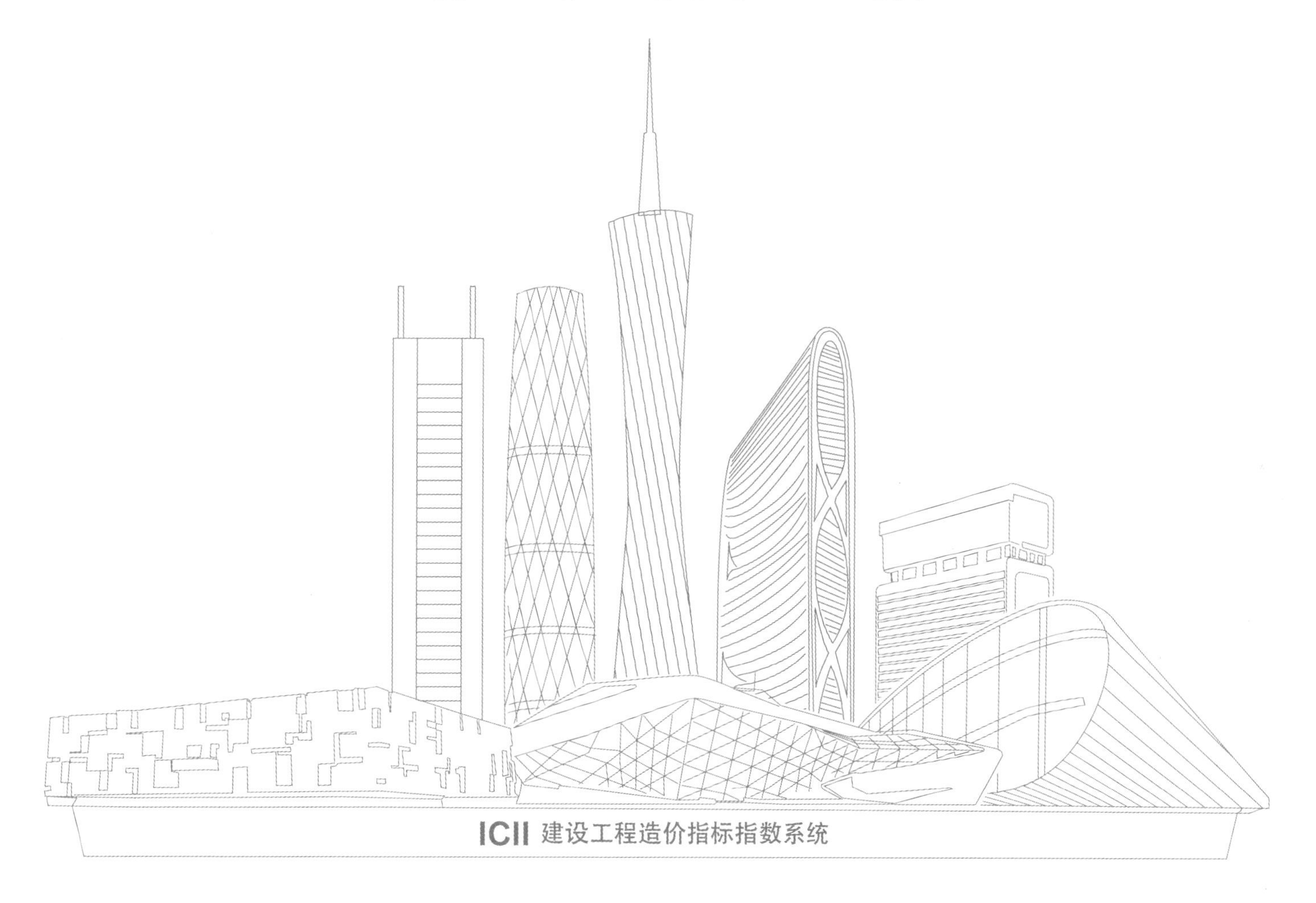

1. 学校图书馆 1

工程概况表　　表 5-1-1

工程类别	文化娱乐		计价依据	清单	国标 13 清单计价规范
工程所在地	广东省广州市			定额	广东省 2010 系列定额
建设性质	—			其他	—
建筑面积（m^2）	合计	23183.00	计税形式		增值税
	其中：±0.00 以上	23183.00	采价时间		2018-9
	±0.00 以下	—	工程造价（万元）		8839.80
人防面积（m^2）	—		单方造价（元/m^2）		3813.05
其他规模	室外面积（m^2）	163.80	资金来源		财政
	其他规模	23183.00			
建筑高度（m）	±0.00 以上	49.80	装修标准		精装
	±0.00 以下	—	绿色建筑标准		一星
层数	±0.00 以上	7	装配率（%）		—
	±0.00 以下	—	文件形式		设计概算
层高（m）	首层	5.40	场地类别		二类
	标准层	4.50	结构类型		框架
	顶层	3.90	抗震设防烈度		6
	地下室	—	抗震等级		三级

本工程主要包含：
1. 建筑工程：砌筑工程，钢筋混凝土工程，金属结构工程，门窗工程，屋面及防水工程，保温隔热防腐工程，模板工程，脚手架工程，人防门工程；
2. 装饰工程：楼地面工程，内墙面工程，天棚工程，外墙面工程，幕墙工程，其他工程；
3. 安装工程：电气工程，给排水工程，通风空调工程，消防水工程，消防电工程，气体灭火工程，智能化（弱电）工程，电梯工程，抗震支架工程，发电机工程，人防安装工程；
4. 室外配套工程：室外给排水工程

建设项目投资指标表

表 5-1-2

总建筑面积：23183.00m^2，其中：地上面积（±0.00以上）：23183.00m^2，地下面积（±0.00以下）：0.00m^2

序号	名称	金额（万元）	单位指标（元/m^2）	造价占比（%）	备注
1	建筑安装工程费用	8839.80	3813.05	100.00	
1.1	建筑工程	3348.10	1444.21	37.88	
1.2	装饰工程	2690.59	1160.59	30.44	
1.3	安装工程	2790.23	1203.57	31.56	
1.4	室外配套工程	10.88	4.69	0.12	

工程造价指标分析表

表 5-1-3

总建筑面积：23183.00m^2，其中：地上面积（±0.00以上）：23183.00m^2，地下面积（±0.00以下）：0.00m^2

专业			工程造价（万元）	经济指标（元/m^2）	总造价占比（%）	备注
建筑工程			3348.10	1444.21	37.92	
装饰工程			2690.59	1160.59	30.47	
安装工程			2790.23	1203.57	31.60	
合计			8828.92	3808.36	100.00	
地上	建筑工程	砌筑工程	144.15	62.18	1.63	
		钢筋混凝土工程	1334.43	575.61	15.11	
		金属结构工程	31.87	13.75	0.36	
		门窗工程	173.36	74.78	1.96	
		屋面及防水工程	142.50	61.47	1.61	
		保温隔热防腐工程	176.03	75.93	1.99	
		脚手架工程	119.11	51.38	1.35	
		模板工程	397.04	171.26	4.50	
		单价措施项目	78.45	33.84	0.89	
		总价措施项目	103.35	44.58	1.17	

续表

专业			工程造价（万元）	经济指标（元/m²）	总造价占比（%）	备注
地上	建筑工程	其他项目	340.40	146.83	3.86	
		税金	307.41	132.60	3.48	
	装饰工程	楼地面工程	278.35	120.07	3.15	
		内墙面工程	337.05	145.39	3.82	
		天棚工程	519.80	224.21	5.89	
		外墙面工程	107.74	46.47	1.22	
		幕墙工程	709.87	306.20	8.04	
		其他工程	47.45	20.47	0.54	
		总价措施项目	103.24	44.53	1.17	
		其他项目	340.04	146.68	3.85	
		税金	247.04	106.56	2.80	
	安装工程	电气工程	329.06	141.94	3.73	
		给排水工程	172.27	74.31	1.95	
		通风空调工程	454.52	196.06	5.15	
		消防电工程	129.34	55.79	1.46	
		消防水工程	224.32	96.76	2.54	
		气体灭火工程	26.00	11.22	0.29	
		智能化（弱电）工程	454.63	196.11	5.15	
		电梯工程	164.93	71.14	1.87	
		发电机工程	31.50	13.59	0.36	
		抗震支架工程	115.92	50.00	1.31	
		措施项目	155.91	67.25	1.77	
		其他项目	289.61	124.92	3.28	
		税金	242.21	104.48	2.74	

工程造价及工程费用分析表

表 5-1-4

总建筑面积：23183.00m²，其中：地上面积（±0.00 以上）：23183.00m²，地下面积（±0.00 以下）：0.00m²

工程造价分析

工程造价组成分析	工程造价（万元）	单方造价（元/m²）		分部分项工程费		措施项目费		其他项目费		税金		总造价占比（%）
				万元	占比(%)	万元	占比(%)	万元	占比(%)	万元	占比(%)	
建筑工程	3348.10	1444.21	构成	2002.34	59.81	697.95	20.85	340.40	10.17	307.41	9.18	37.92
装饰工程	2690.59	1160.59		2000.26	74.34	103.24	3.84	340.04	12.64	247.04	9.18	30.47
安装工程	2790.23	1203.57		2102.50	75.35	155.91	5.59	289.61	10.38	242.21	8.68	31.60
合计	8828.92	3808.36		6105.11	69.15	957.09	10.84	970.06	10.99	796.67	9.02	100.00

工程费用分析（分部分项工程费）

费用组成分析		分部分项工程费（万元）		人工费		材料费		机械费		管理费		利润	
				万元	占比(%)	万元	占比(%)	万元	占比(%)	万元	占比(%)	万元	占比(%)
建筑工程		2002.34	构成	336.87	16.82	1543.87	77.10	18.88	0.94	42.08	2.10	60.64	3.03
装饰工程		2000.26		444.32	22.21	1429.85	71.48	8.62	0.43	37.51	1.88	79.97	4.00
安装工程		2102.50		363.37	17.28	1601.45	76.17	19.98	0.95	52.34	2.49	65.36	3.11
合计		6105.11		1144.55	18.75	4575.17	74.94	47.48	0.78	131.94	2.16	205.97	3.37
建筑工程	砌筑工程	144.15		38.32	26.58	95.85	66.49	0.10	0.07	2.99	2.07	6.90	4.79
	钢筋混凝土工程	1334.43		175.03	13.12	1089.59	81.65	10.00	0.75	28.31	2.12	31.50	2.36
	金属结构工程	31.87		13.69	42.96	14.47	45.41	—	—	1.24	3.90	2.47	7.74
	门窗工程	173.36		11.59	6.69	158.81	91.61	—	—	0.87	0.50	2.09	1.20
	屋面及防水工程	142.50		40.42	28.36	91.24	64.03	0.06	0.04	3.51	2.46	7.28	5.11
	保温隔热防腐工程	176.03		57.82	32.84	93.91	53.35	8.73	4.96	5.16	2.93	10.41	5.92
装饰工程	楼地面工程	278.35		67.40	24.22	192.70	69.23	0.01	0.00	6.11	2.20	12.13	4.36
	内墙面工程	337.05		104.38	30.97	204.25	60.60	0.48	0.14	9.17	2.72	18.78	5.57

续表

费用组成分析		分部分项工程费（万元）		人工费		材料费		机械费		管理费		利润	
				万元	占比(%)	万元	占比(%)	万元	占比(%)	万元	占比(%)	万元	占比(%)
装饰工程	天棚工程	519.80	构成	68.62	13.20	433.24	83.35	0.26	0.05	5.32	1.02	12.35	2.38
	外墙面工程	107.74		51.69	47.98	42.34	39.29	0.07	0.07	4.34	4.03	9.30	8.64
	幕墙工程	709.87		142.39	20.06	523.06	73.68	7.13	1.00	11.67	1.64	25.63	3.61
	其他工程	47.45		9.84	20.74	34.27	72.22	0.67	1.42	0.90	1.89	1.77	3.73
安装工程	电气工程	329.06		72.74	22.11	226.71	68.90	5.95	1.81	10.57	3.21	13.09	3.98
	给排水工程	172.27		44.96	26.10	111.64	64.80	1.28	0.74	6.30	3.66	8.09	4.70
	通风空调工程	454.52		96.06	21.14	323.42	71.16	4.73	1.04	13.02	2.86	17.29	3.80
	消防电工程	129.34		31.51	24.36	86.66	67.00	0.91	0.71	4.59	3.55	5.66	4.38
	消防水工程	224.32		41.48	18.49	166.73	74.33	2.92	1.30	5.72	2.55	7.47	3.33
	气体灭火工程	26.00		—	—	26.00	100.00	—	—	—	—	—	—
	智能化（弱电）工程	454.63		56.37	12.40	377.66	83.07	2.13	0.47	8.35	1.84	10.12	2.23
	电梯工程	164.93		20.24	12.27	135.22	81.98	2.05	1.25	3.78	2.29	3.64	2.21
	发电机工程	31.50		—	—	31.50	100.00	—	—	—	—	—	—
	抗震支架工程	115.92		—	—	115.92	100.00	—	—	—	—	—	—

室外配套工程造价指标分析表

表 5-1-5

室外面积：163.80m^2

专业	工程造价（万元）	经济指标（元/m^2）	备注
室外给排水工程	10.88	664.10	
合计	10.88	664.10	

室外配套工程造价及工程费用分析表

表 5-1-6

室外面积：163.80m²

工程造价分析												
工程造价组成分析	工程造价（万元）	单方造价（元/m²）	构成	分部分项工程费		措施项目费		其他项目费		税金		总造价占比（%）
				万元	占比(%)	万元	占比(%)	万元	占比(%)	万元	占比(%)	
室外给排水工程	10.88	664.10		8.13	74.73	0.38	3.45	1.38	12.70	0.99	9.11	100.00
合计	10.88	664.10		8.13	74.73	0.38	3.45	1.38	12.70	0.99	9.11	100.00

工程费用分析（分部分项工程费）												
费用组成分析	分部分项工程费（万元）	构成	人工费		材料费		机械费		管理费		利润	
			万元	占比(%)	万元	占比(%)	万元	占比(%)	万元	占比(%)	万元	占比(%)
室外给排水工程	8.13		2.00	24.59	5.44	66.97	0.17	2.15	0.15	1.87	0.36	4.42
合计	8.13		2.00	24.59	5.44	66.97	0.17	2.15	0.15	1.87	0.36	4.42

建筑工程含量指标表

表 5-1-7

总建筑面积：23183.00m²，其中：地上面积（±0.00 以上）：23183.00m²，地下面积（±0.00 以下）：0.00m²

部位	名称	单方含量	工程总量	总价（万元）	单方造价（元/m²）	备注
地上	砌筑工程	0.15m³/m²	3578.35m³	144.15	62.18	
	钢筋工程	60.00kg/m²	1390980.00kg	773.85	333.80	
	混凝土工程	0.33m³/m²	7753.52m³	560.58	241.81	
	模板工程	2.30m²/m²	53252.02m²	397.04	171.26	
	门窗工程	0.15m²/m²	3506.62m²	173.36	74.78	
	屋面工程	0.20m²/m²	4663.88m²	75.62	32.62	
	防水工程	0.38m²/m²	8761.23m²	66.88	28.85	
	楼地面工程	0.94m²/m²	21785.98m²	278.35	120.07	
	内墙面工程	1.29m²/m²	29938.00m²	337.05	145.39	
	外墙面工程	0.42m²/m²	9684.56m²	107.74	46.47	
	天棚工程	1.00m²/m²	23273.89m²	519.80	224.21	
	幕墙工程	0.46m²/m²	10571.33m²	709.87	306.20	

安装工程含量指标表

表 5-1-8

总建筑面积：23183.00m²，其中：地上面积（±0.00 以上）：23183.00m²，地下面积（±0.00 以下）：0.00m²

部位	专业	名称	百方含量	工程总量	总价（万元）	单方造价（元/m²）	备注
地上	电气工程	电气配管	134.43m/100m²	31165.72m	49.59	21.39	
	电气工程	电线	478.35m/100m²	110896.91m	37.53	16.19	
	电气工程	母线电缆	20.42m/100m²	4735.00m	83.10	35.84	
	电气工程	桥架线槽	1.33m/100m²	308.84m	5.38	2.32	
	电气工程	开关插座	12.10 套/100m²	2806 套	5.68	2.45	
	电气工程	灯具	19.03 套/100m²	4412 套	26.02	11.22	
	电气工程	设备	1.73 台/100m²	402 台	86.10	37.14	
	给排水工程	给水管道	42.73m/100m²	9906.00m	38.89	16.78	
	给排水工程	排水管道	37.69m/100m²	8737.00m	107.44	46.34	
	给排水工程	阀部件类	0.69 套/100m²	159 套	4.46	1.92	
	给排水工程	卫生器具	1.42 套/100m²	329 套	21.48	9.27	
	消防电工程	消防电配管	150.07m/100m²	34790.00m	41.39	17.85	
	消防电工程	消防电配线、缆	175.93m/100m²	40785.00m	19.58	8.44	
	消防电工程	消防电末端装置	4.75 套/100m²	1101 套	19.77	8.53	
	消防电工程	消防电设备	2.01 台/100m²	466 台	48.61	20.97	
	消防水工程	消防水管道	78.35m/100m²	18164.00m	147.91	63.80	
	消防水工程	消防水阀类	0.57 套/100m²	133 套	26.26	11.33	
	消防水工程	消防水末端装置	22.86 套/100m²	5299 套	17.79	7.67	
	消防水工程	消防水设备	0.59 台/100m²	137 台	32.35	13.96	
	通风空调工程	通风管道	105.25m²/100m²	24401.14m²	206.82	89.21	
	通风空调工程	通风阀部件	0.55 套/100m²	127 套	3.15	1.36	
	通风空调工程	通风设备	0.52 台/100m²	121 台	41.09	17.72	
	通风空调工程	空调水管道	14.48m/100m²	3356.38m	8.57	3.69	
	通风空调工程	空调阀部件	6.06 套/100m²	1406 套	134.00	57.80	
	通风空调工程	空调设备	0.03 台/100m²	8 台	60.90	26.27	

项目费用组成图

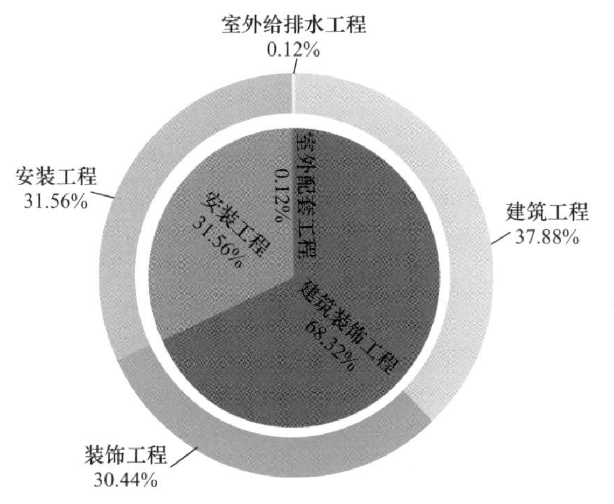

图 5-1-1 专业造价占比

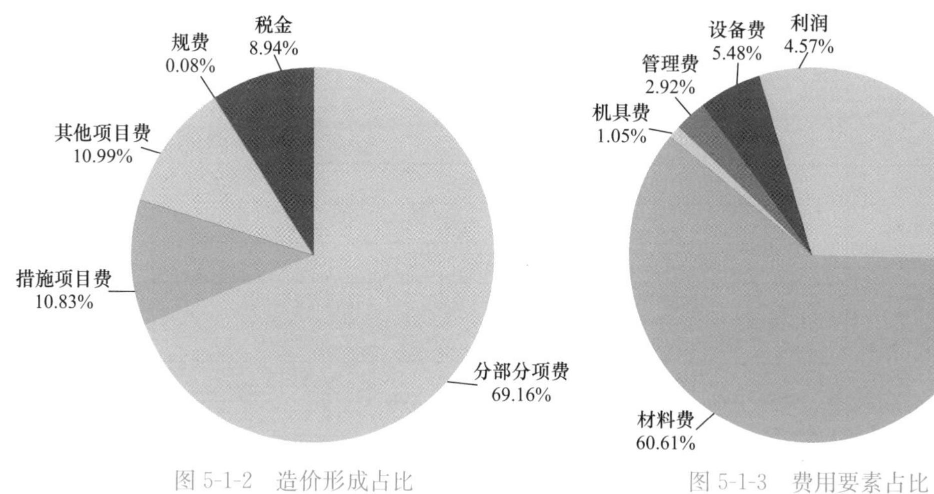

图 5-1-2 造价形成占比

图 5-1-3 费用要素占比

专业名称	金额（元）	费用占比（%）
建筑装饰工程	60386943.52	68.32
安装工程	27902272.70	31.56
室外配套工程	108779.74	0.12

费用名称	金额（元）	费用占比（%）
分部分项费	61132350.15	69.16
措施项目费	9574688.03	10.83
其他项目费	9714383.09	10.99
规费	74406.88	0.08
税金	7902167.81	8.94

费用名称	金额（元）	费用占比（%）
人工费	11465498.66	25.37
材料费	27392418.95	60.61
机具费	476532.12	1.05
管理费	1320874.98	2.92
设备费	2477224.31	5.48
利润	2063286.87	4.57

2. 学校图书馆 2

工程概况表　　表 5-2-1

工程类别	文化娱乐		计价依据	清单	国标 13 清单计价规范
工程所在地	广东省广州市			定额	广东省 2010 系列定额
建设性质	—			其他	—
建筑面积（m^2）	合计	45145.70	计税形式		增值税
	其中：±0.00 以上	32826.70	采价时间		2018-9
	±0.00 以下	12319.00	工程造价（万元）		19319.78
人防面积（m^2）	9938.00		单方造价（元/m^2）		4280.31
其他规模	室外面积（m^2）	19050.21	资金来源		财政
	其他规模	—			
建筑高度（m）	±0.00 以上	27.70	装修标准		精装
	±0.00 以下	5.50	绿色建筑标准		基本级
层数	±0.00 以上	5.00	装配率（%）		—
	±0.00 以下	1.00	文件形式		招标控制价
层高（m）	首层	5.70	场地类别		二类
	标准层	4.50	结构类型		框架
	顶层	3.6	抗震设防烈度		7
	地下室	5	抗震等级		三级

本工程主要包含：
1. 建筑工程：土石方工程，基坑支护工程，桩基础工程，砌筑工程，钢筋混凝土工程，金属结构工程，门窗工程，屋面及防水工程，保温隔热防腐工程，模板工程，脚手架工程，人防门工程；
2. 装饰工程：楼地面工程，内墙面工程，天棚工程，幕墙工程，其他工程；
3. 安装工程：电气工程，给排水工程，通风空调工程，消防水工程，消防电工程，气体灭火工程，智能化工程，高低压配电工程，人防安装工程；
4. 室外配套工程：室外给排水工程，绿化工程，室外电气工程，室外道路工程

建设项目投资指标表

表 5-2-2

总建筑面积：45145.70m²，其中：地上面积（±0.00 以上）：32826.70m²，地下面积（±0.00 以下）：12319.00m²

序号	名称	金额（万元）	单位指标（元/m²）	造价占比（%）	备注
1	建筑安装工程费用	19319.78	4280.31	100.00	
1.1	建筑工程	9546.00	2114.49	49.40	
1.2	装饰工程	2977.15	659.45	15.41	
1.3	安装工程	5765.16	1277.90	29.86	
1.4	人防工程	255.30	56.55	1.32	
1.5	室外配套工程	776.17	171.93	4.02	

工程造价指标分析表

表 5-2-3

总建筑面积：45145.70m²，其中：地上面积（±0.00 以上）：32826.70m²，地下面积（±0.00 以下）：12319.00m²

专业			工程造价（万元）	经济指标（元/m²）	总造价占比（%）	备注
建筑工程			9546.00	2114.49	51.47	
装饰工程			2977.15	659.45	16.05	
安装工程			5765.16	1277.90	31.10	
人防工程			255.30	256.89	1.38	以人防面积计算
合计			18543.61	4108.39	100.00	
地上	建筑工程	土石方工程	3.53	1.08	0.02	
		桩基础工程	41.09	12.52	0.22	
		砌筑工程	295.73	90.09	1.59	
		钢筋混凝土工程	1895.73	577.49	10.22	
		门窗工程	461.02	140.44	2.49	
		屋面及防水工程	171.03	52.10	0.92	
		保温隔热防腐工程	101.56	30.94	0.55	
		脚手架工程	101.70	30.98	0.55	
		模板工程	439.66	133.93	2.37	
		单价措施项目	107.53	32.76	0.58	
		总价措施项目	142.29	43.34	0.77	
		其他项目	207.88	63.33	1.12	
		税金	401.24	122.23	2.16	
	装饰工程	楼地面工程	639.40	194.78	3.45	

续表

专业			工程造价（万元）	经济指标（元/m^2）	总造价占比（%）	备注
地上	装饰工程	内墙面工程	464.74	141.57	2.51	
		天棚工程	389.94	118.79	2.10	
		幕墙工程	389.22	118.57	2.10	
		其他工程	52.28	15.93	0.28	
		单价措施项目	6.62	2.02	0.04	
		总价措施项目	92.74	28.25	0.50	
		其他项目	135.49	41.27	0.73	
		税金	219.43	66.85	1.18	
	安装工程	电气工程	1001.02	304.94	5.40	
		给排水工程	52.18	15.89	0.28	
		通风空调工程	937.18	285.49	5.05	
		消防电工程	242.95	74.01	1.31	
		消防水工程	183.24	55.82	0.99	
		气体灭火工程	190.31	57.97	1.03	
		智能化工程	983.67	299.65	5.30	
		电梯工程	2.78	0.85	0.01	
		高低压配电工程	414.67	126.32	2.24	
		措施项目	236.93	72.17	1.28	
		其他项目	277.48	84.53	1.50	
		税金	457.21	139.28	2.47	
地下	建筑工程	土石方工程	299.25	242.92	1.61	
		基坑支护工程	345.39	280.37	1.86	
		桩基础工程	540.21	438.52	2.91	
		砌筑工程	135.11	109.68	0.73	
		钢筋混凝土工程	2392.24	1941.91	12.90	
		金属结构工程	10.91	8.85	0.06	
		门窗工程	9.93	8.06	0.05	
		防水工程	136.89	111.12	0.74	
		保温隔热防腐工程	10.62	8.62	0.06	
		脚手架工程	30.52	24.78	0.16	

续表

专业			工程造价（万元）	经济指标（元/m^2）	总造价占比（%）	备注
地下	建筑工程	模板工程	258.95	210.21	1.40	
		单价措施项目	73.19	59.41	0.39	
		总价措施项目	185.93	150.93	1.00	
		其他项目	271.64	220.50	1.46	
		税金	475.25	385.79	2.56	
	装饰工程	楼地面工程	307.14	249.32	1.66	
		内墙面工程	112.79	91.56	0.61	
		天棚工程	51.85	42.09	0.28	
		其他工程	5.33	4.32	0.03	
		总价措施项目	22.86	18.56	0.12	
		其他项目	33.40	27.11	0.18	
		税金	53.92	43.77	0.29	
	安装工程	给排水工程	71.45	58.00	0.39	
		通风空调工程	329.20	267.23	1.77	
		消防电工程	15.14	12.29	0.08	
		消防水工程	149.51	121.36	0.81	
		智能化工程	71.60	58.12	0.39	
		措施项目	31.93	25.92	0.17	
		其他项目	44.58	36.19	0.24	
		税金	72.13	58.55	0.39	
	人防工程	人防门工程	154.59	155.56	0.83	
		人防电气工程	25.75	25.91	0.14	
		人防给排水工程	4.03	4.06	0.02	
		人防通风工程	21.48	21.61	0.12	
		措施项目	11.60	11.67	0.06	
		其他项目	14.41	14.50	0.08	
		税金	23.44	23.59	0.13	

工程造价及工程费用分析表

表 5-2-4

总建筑面积：45145.70m²，其中：地上面积（±0.00 以上）：32826.70m²，地下面积（±0.00 以下）：12319.00m²

工程造价分析

工程造价组成分析	工程造价（万元）	单方造价（元/m²）		分部分项工程费		措施项目费		其他项目费		税金		总造价占比（%）
				万元	占比(%)	万元	占比(%)	万元	占比(%)	万元	占比(%)	
建筑工程	9546.00	2114.49	构成	6850.23	71.76	1339.77	14.03	479.52	5.02	876.49	9.18	51.47
装饰工程	2977.15	659.45	构成	2412.69	81.04	122.22	4.11	168.89	5.67	273.35	9.18	16.05
安装工程	5765.16	1277.90	构成	4644.89	80.58	268.86	4.66	322.06	5.58	529.34	9.18	31.10
人防工程	255.30	256.89	构成	205.85	80.63	11.60	4.54	14.41	5.64	23.44	9.18	1.38
合计	18543.61	4108.39	构成	14113.65	76.12	1742.44	9.39	984.87	5.31	1702.62	9.18	100.00

工程费用分析（分部分项工程费）

费用组成分析		分部分项工程费（万元）		人工费		材料费		机械费		管理费		利润	
				万元	占比(%)	万元	占比(%)	万元	占比(%)	万元	占比(%)	万元	占比(%)
建筑工程		6850.23	构成	937.54	13.69	5179.22	75.61	403.27	5.89	161.42	2.36	168.78	2.46
装饰工程		2412.69	构成	686.82	28.47	1540.56	63.85	5.92	0.25	55.77	2.31	123.62	5.12
安装工程		4644.89	构成	669.99	14.42	3721.43	80.12	42.29	0.91	90.70	1.95	120.48	2.59
人防工程		205.85	构成	10.64	5.17	191.90	93.22	0.27	0.13	1.12	0.55	1.91	0.93
合计		14113.65	构成	2304.99	16.33	10633.11	75.34	451.75	3.20	309.01	2.19	414.79	2.94
建筑工程	土石方工程	302.78	构成	37.88	12.51	−0.04	−0.01	226.92	74.95	31.19	10.30	6.82	2.25
建筑工程	基坑支护工程	345.39	构成	91.05	26.36	153.61	44.47	65.63	19.00	18.72	5.42	16.38	4.74
建筑工程	桩基础工程	581.30	构成	35.36	6.08	458.87	78.94	66.55	11.45	14.16	2.44	6.37	1.09
建筑工程	砌筑工程	430.84	构成	117.84	27.35	285.54	66.28	—	—	6.25	1.45	21.21	4.92
建筑工程	钢筋混凝土工程	4287.97	构成	548.24	12.79	3514.72	81.97	43.35	1.01	82.96	1.93	98.70	2.30
建筑工程	金属结构工程	10.91	构成	1.20	11.04	8.59	78.75	0.61	5.58	0.29	2.64	0.22	1.99

续表

费用组成分析		分部分项工程费（万元）		人工费		材料费		机械费		管理费		利润	
				万元	占比(%)	万元	占比(%)	万元	占比(%)	万元	占比(%)	万元	占比(%)
建筑工程	门窗工程	470.94	构成	11.08	2.35	456.98	97.03	0.04	0.01	0.86	0.18	1.99	0.42
	屋面及防水工程	307.92		58.54	19.01	234.41	76.13	0.08	0.03	4.35	1.41	10.54	3.42
	保温隔热防腐工程	112.18		36.36	32.41	66.54	59.31	0.09	0.08	2.64	2.35	6.55	5.84
装饰工程	楼地面工程	946.53		193.59	20.45	700.24	73.98	0.95	0.10	16.88	1.78	34.86	3.68
	内墙面工程	577.53		280.70	48.60	223.67	38.73	0.74	0.13	21.89	3.79	50.53	8.75
	天棚工程	441.79		143.83	32.56	260.97	59.07	0.01	0.00	11.12	2.52	25.87	5.86
	幕墙工程	389.22		57.91	14.88	312.07	80.18	3.76	0.97	5.05	1.30	10.42	2.68
	其他工程	57.61		10.78	18.71	43.61	75.70	0.46	0.80	0.82	1.43	1.94	3.37
安装工程	电气工程	1001.02		103.80	10.37	857.34	85.65	6.23	0.62	14.97	1.50	18.68	1.87
	给排水工程	123.63		22.65	18.32	92.72	75.00	1.43	1.15	2.75	2.22	4.08	3.30
	通风空调工程	1266.38		204.17	16.12	986.19	77.87	13.79	1.09	25.46	2.01	36.76	2.90
	消防电工程	258.09		71.52	27.71	162.41	62.93	1.12	0.43	10.26	3.97	12.79	4.96
	消防水工程	332.75		69.35	20.84	235.39	70.74	7.44	2.23	8.09	2.43	12.48	3.75
	气体灭火工程	190.31		11.91	6.26	174.03	91.45	0.59	0.31	1.64	0.86	2.14	1.13
	智能化工程	1055.26		168.56	15.97	823.04	77.99	8.45	0.80	24.92	2.36	30.29	2.87
	电梯工程	2.78		0.15	5.58	2.57	92.44	—	—	0.02	0.86	0.03	1.00
	高低压配电工程	414.67		17.87	4.31	387.74	93.51	3.25	0.78	2.60	0.63	3.22	0.78
人防工程	人防门工程	154.59		—	—	154.59	100.00	—	—	—	—	—	—
	人防电气工程	25.75		3.65	14.18	20.95	81.34	0.09	0.34	0.41	1.59	0.66	2.55
	人防给排水工程	4.03		1.09	26.98	2.51	62.24	0.13	3.18	0.11	2.73	0.20	4.86
	人防通风工程	21.48		5.89	27.44	13.86	64.53	0.06	0.26	0.61	2.82	1.06	4.94

室外配套工程造价指标分析表 表 5-2-5

室外面积：19050.21m²

专业	工程造价（万元）	经济指标（元/m²）	备注
室外电气工程	49.84	26.16	
绿化工程	354.25	185.96	
室外道路工程	254.99	133.85	
室外给排水工程	117.10	61.47	
合计	776.17	407.44	

室外配套工程造价及工程费用分析表 表 5-2-6

室外面积：19050.21m²

工程造价分析

工程造价组成分析	工程造价（万元）	单方造价（元/m²）		分部分项工程费		措施项目费		其他项目费		税金		总造价占比（%）
				万元	占比(%)	万元	占比(%)	万元	占比(%)	万元	占比(%)	
室外电气工程	49.84	26.16	构成	40.49	81.24	1.94	3.89	2.83	5.69	4.58	9.18	6.42
绿化工程	354.25	185.96		287.79	81.24	13.79	3.89	20.15	5.69	32.53	9.18	45.64
室外道路工程	254.99	133.85		205.53	80.60	11.66	4.57	14.39	5.64	23.41	9.18	32.85
室外给排水工程	117.10	61.47		94.01	80.28	5.76	4.92	6.58	5.62	10.75	9.18	15.09
合计	776.17	407.44		627.81	80.89	33.15	4.27	43.95	5.66	71.27	9.18	100.00

工程费用分析（分部分项工程费）

费用组成分析	分部分项工程费（万元）		人工费		材料费		机械费		管理费		利润	
			万元	占比(%)	万元	占比(%)	万元	占比(%)	万元	占比(%)	万元	占比(%)
室外电气工程	40.49	构成	7.07	17.47	28.78	71.08	2.40	5.92	0.97	2.38	1.27	3.14
绿化工程	287.79		71.46	24.83	194.43	67.56	3.02	1.05	6.03	2.09	12.86	4.47
室外道路工程	205.53		33.56	16.33	159.45	77.58	3.71	1.80	2.76	1.34	6.04	2.94
室外给排水工程	94.01		17.66	18.79	68.11	72.45	3.29	3.50	1.76	1.87	3.18	3.38
合计	627.81		129.76	20.67	450.77	71.80	12.41	1.98	11.51	1.83	23.35	3.72

建筑工程含量指标表

表 5-2-7

总建筑面积：45145.70m²，其中：地上面积（±0.00 以上）：32826.70m²，地下面积（±0.00 以下）：12319.00m²

部位	名称	单方含量	工程总量	总价（万元）	单方造价（元/m²）	备注
地上	砌筑工程	0.15m³/m²	4884.57m³	295.73	90.09	
	钢筋工程	60.62kg/m²	1989826.20kg	1134.30	345.54	
	混凝土工程	0.29m³/m²	9645.59m³	744.38	226.76	
	模板工程	1.96m²/m²	64292.36m²	439.66	133.93	
	门窗工程	0.23m²/m²	7479.76m²	461.02	140.44	
	屋面工程	0.24m²/m²	7839.63m²	94.77	28.87	
	防水工程	0.32m²/m²	10525.69m²	76.26	23.23	
	楼地面工程	0.95m²/m²	31233.64m²	639.40	194.78	
	内墙面工程	0.68m²/m²	22176.02m²	464.74	141.57	
	天棚工程	1.24m²/m²	40592.39m²	389.94	118.79	
	幕墙工程	0.13m²/m²	4126.33m²	389.22	118.57	
地下	土石方开挖工程	5.71m³/m²	70341.30m³	35.22	28.59	
	土石方回填工程	1.92m³/m²	23689.88m³	31.89	25.88	
	管桩工程	1.63m/m²	20098.00m	540.21	438.52	
	支护工程	—	—	345.39	280.37	
	砌筑工程	0.17m³/m²	2051.67m³	135.11	109.68	
	钢筋工程	175.00kg/m²	2155825.00kg	1213.03	984.68	
	混凝土工程	1.25m³/m²	15381.67m³	1172.78	952.01	
	模板工程	3.05m²/m²	37618.99m²	258.95	210.21	
	防火门工程	0.01m²/m²	160.82m²	8.53	6.92	
	普通门工程	0.23m²/m²	28.26m²	1.40	1.13	
	防水工程	1.77m²/m²	21802.90m²	136.89	111.12	
	楼地面工程	1.01m²/m²	12412.15m²	307.14	249.32	
	墙柱面工程	1.47m²/m²	18102.60m²	112.79	91.56	
	天棚工程	1.35m²/m²	16569.55m²	51.85	42.09	
	人防门工程	0.03m²/m²	291.54m²	154.59	155.56	

安装工程含量指标表

表 5-2-8

总建筑面积：45145.70m^2，其中：地上面积（±0.00 以上）：32826.70m^2，地下面积（±0.00 以下）：12319.00m^2

部位	专业	名称	百方含量	工程总量	总价（万元）	单方造价（元/m^2）	备注
地上	电气工程	电气配管	118.36m/100m^2	38853.00m	70.51	21.48	
	电气工程	电线	322.70m/100m^2	105933.00m	42.02	12.80	
	电气工程	母线电缆	168.19m/100m^2	55212.00m	635.08	193.46	
	电气工程	桥架线槽	7.31m/100m^2	2399.00m	19.57	5.96	
	电气工程	开关插座	1.04 套/100m^2	343 套	0.84	0.26	
	电气工程	灯具	5.27 套/100m^2	1729 套	18.62	5.67	
	电气工程	设备	0.56 台/100m^2	184 台	169.67	51.69	
	给排水工程	给水管道	6.07m/100m^2	1993.62m	13.37	4.07	
	给排水工程	排水管道	7.58m/100m^2	2488.04m	15.90	4.84	
	给排水工程	阀部件类	0.65 套/100m^2	212 套	9.31	2.84	
	给排水工程	卫生器具	1.17 套/100m^2	384 套	13.60	4.14	
	消防电工程	消防电配管	253.52m/100m^2	83222.00m	97.51	29.70	
	消防电工程	消防电配线、缆	390.67m/100m^2	128244.00m	35.45	10.80	
	消防电工程	消防电末端装置	6.20 套/100m^2	2036 套	35.69	10.87	
	消防电工程	消防电设备	5.81 台/100m^2	1906 台	74.30	22.64	
	消防水工程	消防水管道	43.22m/100m^2	14187.14m	129.63	39.49	
	消防水工程	消防水阀类	0.42 套/100m^2	139 套	17.06	5.20	
	消防水工程	消防水末端装置	8.65 套/100m^2	2841 套	10.23	3.12	
	消防水工程	消防水设备	1.28 台/100m^2	419 台	22.69	6.91	
	通风空调工程	通风管道	54.86m^2/100m^2	18009.35m^2	301.42	91.82	
	通风空调工程	通风阀部件	3.80 套/100m^2	1246 套	50.66	15.43	
	通风空调工程	通风设备	0.27 台/100m^2	88 台	51.06	15.55	
	通风空调工程	空调水管道	7.95m/100m^2	2608.83m	58.07	17.69	
	通风空调工程	空调阀部件	17.46 套/100m^2	5732 套	293.51	89.41	
	通风空调工程	空调设备	0.39 台/100m^2	129 台	182.45	55.58	

续表

部位	专业	名称	百方含量	工程总量	总价（万元）	单方造价（元/m²）	备注
地下	给排水工程	给水管道	7.58m/100m²	934.00m	11.65	9.46	
	给排水工程	排水管道	4.64m/100m²	571.90m	7.81	6.34	
	给排水工程	阀部件类	2.54套/100m²	313套	10.07	8.18	
	给排水工程	卫生器具	0.01套/100m²	1套	0.01	0.01	
	给排水工程	给排水设备	0.32台/100m²	39台	41.89	34.01	
	给排水工程	消防水设备	1.19台/100m²	147台	32.34	26.25	
	消防电工程	消防电配管	22.34m/100m²	2752.00m	3.08	2.50	
	消防电工程	消防电配线、缆	27.65m/100m²	3406.00m	1.88	1.53	
	消防电工程	消防电末端装置	0.48套/100m²	59套	3.94	3.20	
	消防电工程	消防电设备	0.45台/100m²	55台	6.24	5.06	
	消防水工程	消防水管道	52.34m/100m²	6447.70m	79.72	64.71	
	消防水工程	消防水阀类	2.75套/100m²	339套	30.16	24.49	
	消防水工程	消防水末端装置	9.38套/100m²	1156套	7.28	5.91	
	通风空调工程	通风管道	20.00m²/100m²	2463.65m²	43.29	35.14	
	通风空调工程	通风阀部件	0.99套/100m²	122套	8.54	6.93	
	通风空调工程	通风设备	0.10台/100m²	12台	13.80	11.20	
	通风空调工程	空调水管道	0.92m/100m²	113.00m	5.63	4.57	
	通风空调工程	空调阀部件	4.15套/100m²	511套	14.75	11.98	
	通风空调工程	空调设备	0.13台/100m²	16台	243.19	197.41	

项目费用组成图

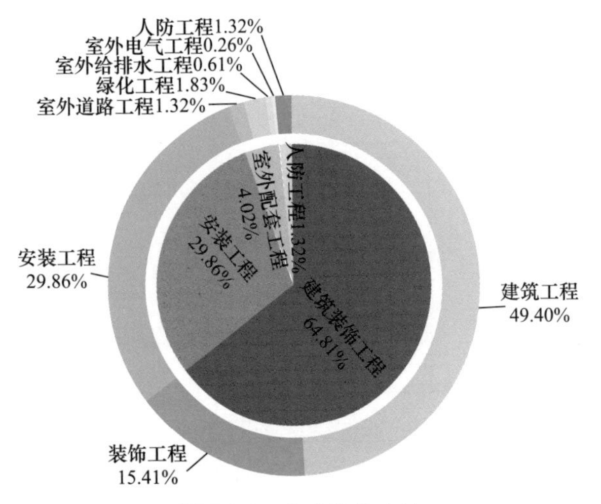

图 5-2-1　专业造价占比

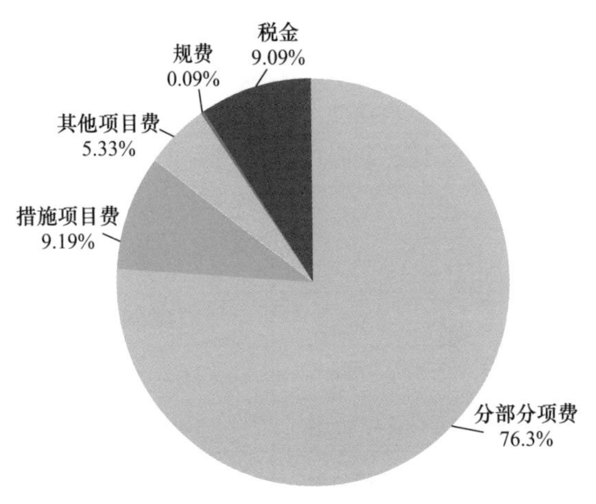

图 5-2-2　造价形成占比

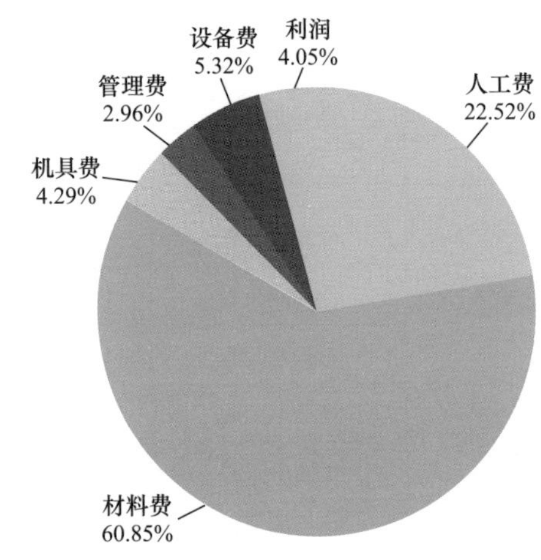

图 5-2-3　费用要素占比

专业名称	金额（元）	费用占比（%）
建筑装饰工程	125231418.16	64.81
安装工程	57691598.44	29.86
室外配套工程	7761733.32	4.02
人防工程	2553004.60	1.32

费用名称	金额（元）	费用占比（%）
分部分项费	147414615.85	76.30
措施项目费	17755898.24	9.19
其他项目费	10288178.53	5.33
规费	175458.71	0.09
税金	17563415.15	9.09

费用名称	金额（元）	费用占比（%）
人工费	24347423.43	22.52
材料费	65788064.05	60.85
机具费	4641630.88	4.29
管理费	3205269.38	2.96
设备费	5751402.21	5.32
利润	4381470.04	4.05

3. 歌剧院

工程概况表　　表 5-3-1

工程类别	文化娱乐		计价依据	清单	国标 13 清单计价规范
工程所在地	广东省珠海市			定额	广东省 2010 系列定额
建设性质	—			其他	—
建筑面积（m^2）	合计	59000.00	计税形式		营业税计税法
	其中：±0.00 以上	25923.90	采价时间		2012-5
	±0.00 以下	33076.10	工程造价（万元）		20566.21
人防面积（m^2）	—		单方造价（元/m^2）		3485.80
其他规模	室外面积（m^2）	—	资金来源		财政
	其他规模	59000.00			
建筑高度（m）	±0.00 以上	90.00	装修标准		初装
	±0.00 以下	15.00	绿色建筑标准		—
层数	±0.00 以上	7	装配率（%）		—
	±0.00 以下	3	文件形式		竣工结算价
层高（m）	首层	6.00	场地类别		三类
	标准层	4.50	结构类型		框架-剪力墙
	顶层	—	抗震设防烈度		7
	地下室	4.5	抗震等级		歌剧院：抗震墙一级、框架二级，多功能剧场：抗震墙二级、框架三级，入口大厅区、北绿化区、车库区：框架三级、少量抗震墙三级

本工程主要包含：
1. 建筑工程：土石方工程，砌筑工程，钢筋混凝土工程，金属结构工程，门窗工程，屋面及防水工程，保温隔热防腐工程，拆除工程，模板工程，脚手架工程；
2. 装饰工程：楼地面工程，内墙面工程，天棚工程，其他工程；
3. 安装工程：电气工程，给排水工程，通风空调工程，消防水工程，消防电工程，气体灭火工程，抗震支架工程，发电机工程

建设项目投资指标表

表 5-3-2

总建筑面积：59000.00m^2，其中：地上面积（±0.00 以上）：25923.90m^2，地下面积（±0.00 以下）：33076.10m^2

序号	名称	金额（万元）	单位指标（元/m^2）	造价占比（%）	备注
1	建筑安装工程费用	20566.21	3485.80	100.00	
1.1	建筑工程	15427.25	2614.79	75.01	
1.2	装饰工程	423.39	71.76	2.06	
1.3	安装工程	4715.58	799.25	22.93	

地上工程造价指标分析表

表 5-3-3

地上面积（±0.00 以上）：25923.90m^2

专业		工程造价（万元）	经济指标（元/m^2）	总造价占比（%）	备注
建筑工程		6573.83	2535.82	74.16	
装饰工程		201.92	77.89	2.28	
安装工程		2089.23	805.91	23.57	
合计		8864.98	3419.61	100.00	
建筑工程	砌筑工程	161.91	62.45	1.83	
	钢筋混凝土工程	3114.15	1201.26	35.13	
	金属结构工程	1637.37	631.61	18.47	
	门窗工程	6.06	2.34	0.07	

续表

专业		工程造价（万元）	经济指标（元/m²）	总造价占比（%）	备注
建筑工程	屋面及防水工程	214.22	82.63	2.42	
	保温隔热防腐工程	11.63	4.49	0.13	
	脚手架工程	36.30	14.00	0.41	
	模板工程	117.81	45.44	1.33	
	单价措施项目	793.58	306.12	8.95	
	总价措施项目	245.11	94.55	2.76	
	其他项目	14.82	5.72	0.17	
	税金	220.89	85.21	2.49	
装饰工程	楼地面工程	31.16	12.02	0.35	
	内墙面工程	135.18	52.15	1.52	
	天棚工程	20.47	7.90	0.23	
	总价措施项目	7.78	3.00	0.09	
	其他项目	0.54	0.21	0.01	
	税金	6.78	2.62	0.08	
安装工程	电气工程	416.15	160.53	4.69	
	给排水工程	309.36	119.33	3.49	
	通风空调工程	489.99	189.01	5.53	
	消防电工程	315.02	121.52	3.55	
	消防水工程	173.28	66.84	1.95	
	气体灭火工程	130.94	50.51	1.48	
	发电机工程	113.93	43.95	1.29	
	措施项目	70.35	27.14	0.79	
	税金	70.20	27.08	0.79	

地上工程造价及工程费用分析表

表 5-3-4

地上面积（±0.00 以上）：25923.90m²

工程造价分析

工程造价组成分析	工程造价（万元）	单方造价（元/m²）		分部分项工程费		措施项目费		其他项目费		税金		总造价占比（%）
				万元	占比(%)	万元	占比(%)	万元	占比(%)	万元	占比(%)	
建筑工程	6573.83	1114.21	构成	5145.33	78.27	1192.79	18.14	14.82	0.23	220.89	3.36	74.16
装饰工程	201.92	34.22		186.81	92.52	7.78	3.85	0.54	0.27	6.78	3.36	2.28
安装工程	2089.23	354.11		1948.67	93.27	70.35	3.37	—	—	70.20	3.36	23.57
合计	8864.98	1502.54		7280.81	82.13	1270.93	14.34	15.36	0.17	297.88	3.36	100.00

工程费用分析（分部分项工程费）

费用组成分析		分部分项工程费（万元）		人工费		材料费		机械费		管理费		利润	
				万元	占比(%)	万元	占比(%)	万元	占比(%)	万元	占比(%)	万元	占比(%)
建筑工程		5145.33	构成	520.91	10.12	4313.39	83.83	117.94	2.29	99.32	1.93	93.76	1.82
装饰工程		186.81		63.20	33.83	103.77	55.55	1.87	1.00	6.60	3.53	11.38	6.09
安装工程		1948.67		224.95	11.54	1620.99	83.18	20.33	1.04	41.91	2.15	40.49	2.08
合计		7280.81		809.06	11.11	6038.15	82.93	140.14	1.92	147.83	2.03	145.63	2.00
建筑工程	砌筑工程	161.91		28.24	17.45	125.98	77.81	0.24	0.15	2.36	1.46	5.08	3.14
	钢筋混凝土工程	3114.15		354.94	11.40	2607.13	83.72	27.30	0.88	60.88	1.95	63.89	2.05
	金属结构工程	1637.37		74.32	4.54	1429.17	87.28	89.79	5.48	30.71	1.88	13.38	0.82
	门窗工程	6.06		—	—	6.06	100.00	—	—	—	—	—	—
	屋面及防水工程	214.22		60.68	28.33	136.95	63.93	0.60	0.28	5.06	2.36	10.92	5.10
	保温隔热防腐工程	11.63		2.72	23.35	8.10	69.70	—	—	0.31	2.70	0.49	4.20
装饰工程	楼地面工程	31.16		8.46	27.14	20.06	64.38	0.19	0.61	0.93	2.99	1.52	4.88
	内墙面工程	135.18		49.21	36.40	70.56	52.19	1.62	1.20	4.93	3.65	8.86	6.55
	天棚工程	20.47		5.53	27.02	13.15	64.22	0.06	0.28	0.74	3.60	1.00	4.86

续表

费用组成分析		分部分项工程费（万元）		人工费		材料费		机械费		管理费		利润	
				万元	占比(%)	万元	占比(%)	万元	占比(%)	万元	占比(%)	万元	占比(%)
安装工程	电气工程	416.15	构成	28.60	6.87	375.60	90.26	2.21	0.53	4.59	1.10	5.15	1.24
	给排水工程	309.36		15.17	4.91	283.61	91.68	3.60	1.16	4.25	1.37	2.73	0.88
	通风空调工程	489.99		145.96	29.79	285.91	58.35	9.11	1.86	22.75	4.64	26.27	5.36
	消防电工程	315.02		33.26	10.56	269.39	85.51	1.14	0.36	5.26	1.67	5.99	1.90
	消防水工程	173.28		6.82	3.93	156.19	90.14	3.86	2.23	5.18	2.99	1.23	0.71
	气体灭火工程	130.94		—	—	130.06	99.33	0.24	0.18	0.64	0.49	—	—
	发电机工程	113.93		1.44	1.26	111.40	97.78	0.58	0.51	0.26	0.23	0.26	0.23

地下工程造价指标分析表 **表 5-3-5**

地下面积（±0.00 以下）：33076.10m²

专业		工程造价（万元）	经济指标（元/m²）	总造价占比（%）	备注
建筑工程		8853.42	2676.68	75.66	
装饰工程		221.47	66.96	1.89	
安装工程		2626.35	794.03	22.45	
合计		11701.24	3537.67	100.00	
建筑工程	土石方工程	229.34	69.34	1.96	
	砌筑工程	154.13	46.60	1.32	
	钢筋混凝土工程	6483.28	1960.11	55.41	
	门窗工程	4.17	1.26	0.04	
	防水工程	578.20	174.81	4.94	
	拆除工程	11.63	3.52	0.10	
	脚手架工程	95.03	28.73	0.81	
	模板工程	582.43	176.09	4.98	

续表

专业		工程造价（万元）	经济指标（元/m^2）	总造价占比（%）	备注
建筑工程	单价措施项目	141.55	42.80	1.21	
	总价措施项目	254.68	77.00	2.18	
	其他项目	21.49	6.50	0.18	
	税金	297.49	89.94	2.54	
装饰工程	楼地面工程	81.09	24.52	0.69	
	内墙面工程	81.66	24.69	0.70	
	天棚工程	31.88	9.64	0.27	
	其他工程	4.81	1.46	0.04	
	总价措施项目	14.01	4.24	0.12	
	其他项目	0.57	0.17	0.00	
	税金	7.44	2.25	0.06	
安装工程	电气工程	749.83	226.70	6.41	
	给排水工程	534.50	161.60	4.57	
	通风空调工程	489.86	148.10	4.19	
	消防电工程	131.90	39.88	1.13	
	消防水工程	252.08	76.21	2.15	
	抗震支架工程	301.00	91.00	2.57	
	措施项目	78.93	23.86	0.67	
	税金	88.25	26.68	0.75	

地下工程造价及工程费用分析表

表 5-3-6

地下面积（±0.00 以下）：33076.10m^2

工程造价分析												
工程造价组成分析	工程造价（万元）	单方造价（元/m^2）	构成	分部分项工程费		措施项目费		其他项目费		税金		总造价占比（%）
				万元	占比(%)	万元	占比(%)	万元	占比(%)	万元	占比(%)	
建筑工程	8853.42	2676.68	构成	7460.75	84.27	1073.69	12.13	21.49	0.24	297.49	3.36	75.66
装饰工程	221.47	66.96		199.44	90.05	14.01	6.33	0.57	0.26	7.44	3.36	1.89
安装工程	2626.35	794.03		2459.17	93.63	78.93	3.01	—	—	88.25	3.36	22.45
合计	11701.24	3537.67		10119.35	86.48	1166.64	9.97	22.06	0.19	393.18	3.36	100.00

工程费用分析（分部分项工程费）													
费用组成分析		分部分项工程费（万元）	构成	人工费		材料费		机械费		管理费		利润	
				万元	占比(%)	万元	占比(%)	万元	占比(%)	万元	占比(%)	万元	占比(%)
建筑工程		7460.75	构成	955.30	12.80	5952.12	79.78	221.38	2.97	160.00	2.14	171.95	2.30
装饰工程		199.44		58.58	29.37	122.75	61.55	0.93	0.46	6.63	3.33	10.54	5.29
安装工程		2459.17		304.55	12.38	2017.49	82.04	34.03	1.38	48.28	1.96	54.82	2.23
合计		10119.35		1318.42	13.03	8092.36	79.97	256.34	2.53	214.92	2.12	237.32	2.35
建筑工程	土石方工程	229.34		41.19	17.96	32.97	14.37	134.97	58.85	12.80	5.58	7.41	3.23
	砌筑工程	154.13		27.49	17.84	119.15	77.31	0.25	0.16	2.29	1.49	4.95	3.21
	钢筋混凝土工程	6483.28		774.10	11.94	5352.30	82.56	85.82	1.32	131.73	2.03	139.34	2.15
	门窗工程	4.17		—	—	4.17	100.00	—	—	—	—	—	—
	防水工程	578.20		112.52	19.46	431.90	74.70	0.35	0.06	13.18	2.28	20.25	3.50
	拆除工程	11.63		—	—	11.63	100.00	—	—	—	—	—	—
装饰工程	楼地面工程	81.09		23.49	28.97	50.85	62.71	0.47	0.58	2.05	2.52	4.23	5.22
	内墙面工程	81.66		18.98	23.25	57.25	70.11	0.05	0.06	1.96	2.40	3.42	4.18
	天棚工程	31.88		15.53	48.72	10.59	33.24	0.38	1.18	2.58	8.09	2.80	8.77
	其他工程	4.81		0.57	11.88	4.06	84.29	0.03	0.66	0.05	1.03	0.10	2.14

续表

费用组成分析		分部分项工程费（万元）		人工费		材料费		机械费		管理费		利润	
				万元	占比(%)	万元	占比(%)	万元	占比(%)	万元	占比(%)	万元	占比(%)
安装工程	电气工程	749.83	构成	52.76	7.04	672.76	89.72	6.31	0.84	8.50	1.13	9.50	1.27
	给排水工程	534.50		52.60	9.84	457.24	85.55	6.76	1.26	8.44	1.58	9.47	1.77
	通风空调工程	489.86		128.31	26.19	304.41	62.14	13.65	2.79	20.40	4.16	23.09	4.71
	消防电工程	131.90		23.50	17.82	99.29	75.28	1.19	0.90	3.69	2.80	4.23	3.21
	消防水工程	252.08		42.33	16.79	189.53	75.19	6.13	2.43	6.47	2.57	7.62	3.02
	抗震支架工程	301.00		5.05	1.68	294.26	97.76	—	—	0.78	0.26	0.91	0.30

建筑工程含量指标表

表 5-3-7

总建筑面积：59000.00m^2，其中：地上面积（±0.00 以上）：25923.90m^2，地下面积（±0.00 以下）：33076.10m^2

部位	名称	单方含量	工程总量	总价（万元）	单方造价（元/m^2）	备注
地上	砌筑工程	0.14m^3/m^2	3531.72m^3	161.91	62.45	
	钢筋工程	139.64kg/m^2	3619899.00kg	2086.62	804.90	
	混凝土工程	0.76m^3/m^2	19660.52m^3	975.36	376.24	
	模板工程	—	—	117.81	45.44	模板独立费无工程量
	门窗工程	0.01m^2/m^2	141.51m^2	6.06	2.34	
	屋面工程	0.74m^2/m^2	19260.16m^2	109.62	42.29	
	防水工程	0.89m^2/m^2	23057.80m^2	101.88	39.30	
	楼地面工程	0.09m^2/m^2	2308.55m^2	31.16	12.02	
	内墙面工程	1.05m^2/m^2	27122.27m^2	135.18	52.15	
	天棚工程	0.13m^2/m^2	3463.76m^2	20.47	7.90	

续表

部位	名称	单方含量	工程总量	总价（万元）	单方造价（元/m^2）	备注
地下	土石方开挖工程	2.61m^3/m^2	86350.78m^3	192.65	58.24	
	土石方回填工程	0.42m^3/m^2	13811.39m^3	36.69	11.09	
	砌筑工程	0.10m^3/m^2	3288.51m^3	154.13	46.60	
	钢筋工程	203.59kg/m^2	6733911.00kg	3975.06	1201.79	
	混凝土工程	1.54m^3/m^2	50855.89m^3	2505.29	757.43	
	模板工程	—	—	582.43	176.09	模板独立费无工程量
	防火门工程	0.17m^2/m^2	54.97m^2	2.07	0.63	
	普通门工程	0.18m^2/m^2	59.96m^2	2.10	0.63	
	防水工程	0.20m^2/m^2	6745.72m^2	18.23	5.51	
	楼地面工程	0.49m^2/m^2	16148.72m^2	81.09	24.52	
	墙柱面工程	0.68m^2/m^2	22485.97m^2	81.66	24.69	
	天棚工程	0.45m^2/m^2	14871.72m^2	31.88	9.64	

安装工程含量指标表

表 5-3-8

总建筑面积：59000.00m^2，其中：地上面积（±0.00 以上）：25923.90m^2，地下面积（±0.00 以下）：33076.10m^2

部位	专业	名称	百方含量	工程总量	总价（万元）	单方造价（元/m^2）	备注
地上	电气工程	电气配管	15.26m/100m^2	3954.86m	12.26	4.73	
	电气工程	电线	27.55m/100m^2	7142.76m	5.18	2.00	
	电气工程	母线电缆	41.67m/100m^2	10802.06m	250.90	96.78	
	电气工程	桥架线槽	12.09m/100m^2	3134.12m	41.55	16.03	
	电气工程	设备	0.72 台/100m^2	186 台	101.43	39.13	
	给排水工程	给水管道	6.19m/100m^2	1604.20m	61.08	23.56	
	给排水工程	排水管道	10.99m/100m^2	2848.00m	89.33	34.46	

续表

部位	专业	名称	百方含量	工程总量	总价（万元）	单方造价（元/m²）	备注
地上	给排水工程	阀部件类	8.78 套/100m²	2275 套	148.14	57.15	
	给排水工程	给排水设备	0.04 台/100m²	11 台	10.81	4.17	
	消防电工程	消防电配管	114.82m/100m²	29765.27m	48.58	18.74	
	消防电工程	消防电配线、缆	244.28m/100m²	63326.97m	56.14	21.65	
	消防电工程	消防电末端装置	9.29 套/100m²	2409 套	61.46	23.71	
	消防电工程	消防电设备	1.61 台/100m²	418 台	148.85	57.42	
	消防水工程	消防水管道	30.86m/100m²	7999.90m	111.98	43.20	
	消防水工程	消防水阀类	19.09 套/100m²	4950 套	49.67	19.16	
	消防水工程	消防水末端装置	0.04 套/100m²	11 套	0.08	0.03	
	消防水工程	消防水设备	0.28 台/100m²	72 台	11.55	4.46	
	通风空调工程	通风管道	147.01m²/100m²	38109.96m²	377.34	145.56	
	通风空调工程	通风阀部件	2.77 套/100m²	719 套	27.32	10.54	
	通风空调工程	通风设备	1.11 台/100m²	288 台	27.49	10.60	
	通风空调工程	空调水管道	25.45m/100m²	6597.30m	40.46	15.61	
	通风空调工程	空调阀部件	2.08 套/100m²	540 套	6.48	2.50	
	通风空调工程	空调设备	2.38 台/100m²	616 台	10.91	4.21	
地下	电气工程	电气配管	11.45m/100m²	3786.42m	14.38	4.35	
	电气工程	电线	63.67m/100m²	21059.51m	12.60	3.81	
	电气工程	母线电缆	61.43m/100m²	20318.11m	467.94	141.47	
	电气工程	桥架线槽	2.70m/100m²	893.87m	7.50	2.27	

续表

部位	专业	名称	百方含量	工程总量	总价（万元）	单方造价（元/m^2）	备注
地下	电气工程	设备	0.47 台/100m^2	154 台	237.88	71.92	
	给排水工程	给水管道	9.48m/100m^2	3135.31m	101.68	30.74	
	给排水工程	排水管道	27.81m/100m^2	9199.46m	161.60	48.86	
	给排水工程	阀部件类	7.63 套/100m^2	2523 套	71.56	21.63	
	给排水工程	给排水设备	0.38 台/100m^2	126 台	199.66	60.36	
	给排水工程	消防水设备	0.06 台/100m^2	19 台	25.48	7.70	
	消防电工程	消防电配管	68.64m/100m^2	22703.24m	35.33	10.68	
	消防电工程	消防电配线、缆	89.12m/100m^2	29478.11m	29.04	8.78	
	消防电工程	消防电末端装置	7.01 套/100m^2	2320 套	35.17	10.63	
	消防电工程	消防电设备	0.40 台/100m^2	133 台	32.36	9.78	
	消防水工程	消防水管道	8.78m/100m^2	2903.38m	122.45	37.02	
	消防水工程	消防水阀类	50.76 套/100m^2	16790 套	104.08	31.47	
	消防水工程	消防水末端装置	0.01 套/100m^2	4 套	0.07	0.02	
	通风空调工程	通风管道	74.11m^2/100m^2	24514.09m^2	229.01	69.24	
	通风空调工程	通风阀部件	4.37 套/100m^2	1445 套	145.66	44.04	
	通风空调工程	通风设备	1.63 台/100m^2	540 台	44.29	13.39	
	通风空调工程	空调水管道	20.01m/100m^2	6617.36m	64.53	19.51	
	通风空调工程	空调阀部件	0.24 套/100m^2	79 套	2.25	0.68	
	通风空调工程	空调设备	0.12 台/100m^2	40 台	4.12	1.25	

项目费用组成图

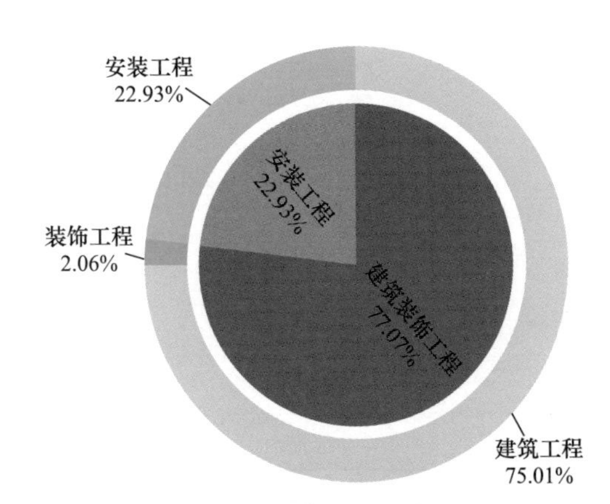

图 5-3-1　专业造价占比

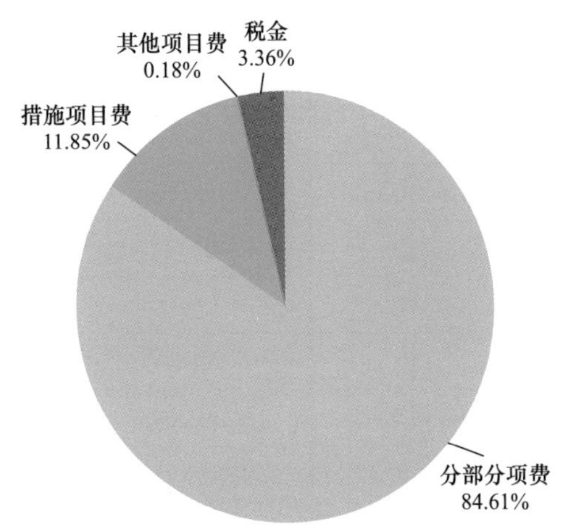

图 5-3-2　造价形成占比

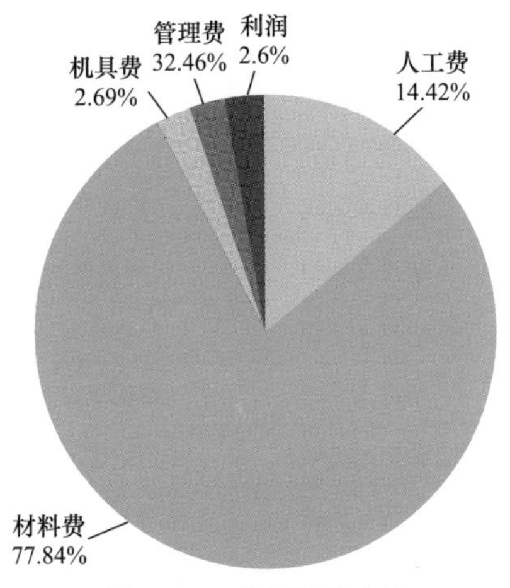

图 5-3-3　费用要素占比

专业名称	金额（元）	费用占比（%）
建筑装饰工程	158506322.65	77.07
安装工程	47155783.68	22.93

费用名称	金额（元）	费用占比（%）
分部分项费	174001666.43	84.61
措施项目费	24375670.81	11.85
其他项目费	374178.87	0.18
税金	6910590.22	3.36

费用名称	金额（元）	费用占比（%）
人工费	21274789.84	14.42
材料费	114839956.26	77.84
机具费	3964838.52	2.69
管理费	3627527.11	2.46
利润	3829450.65	2.60

第六章 体育建筑

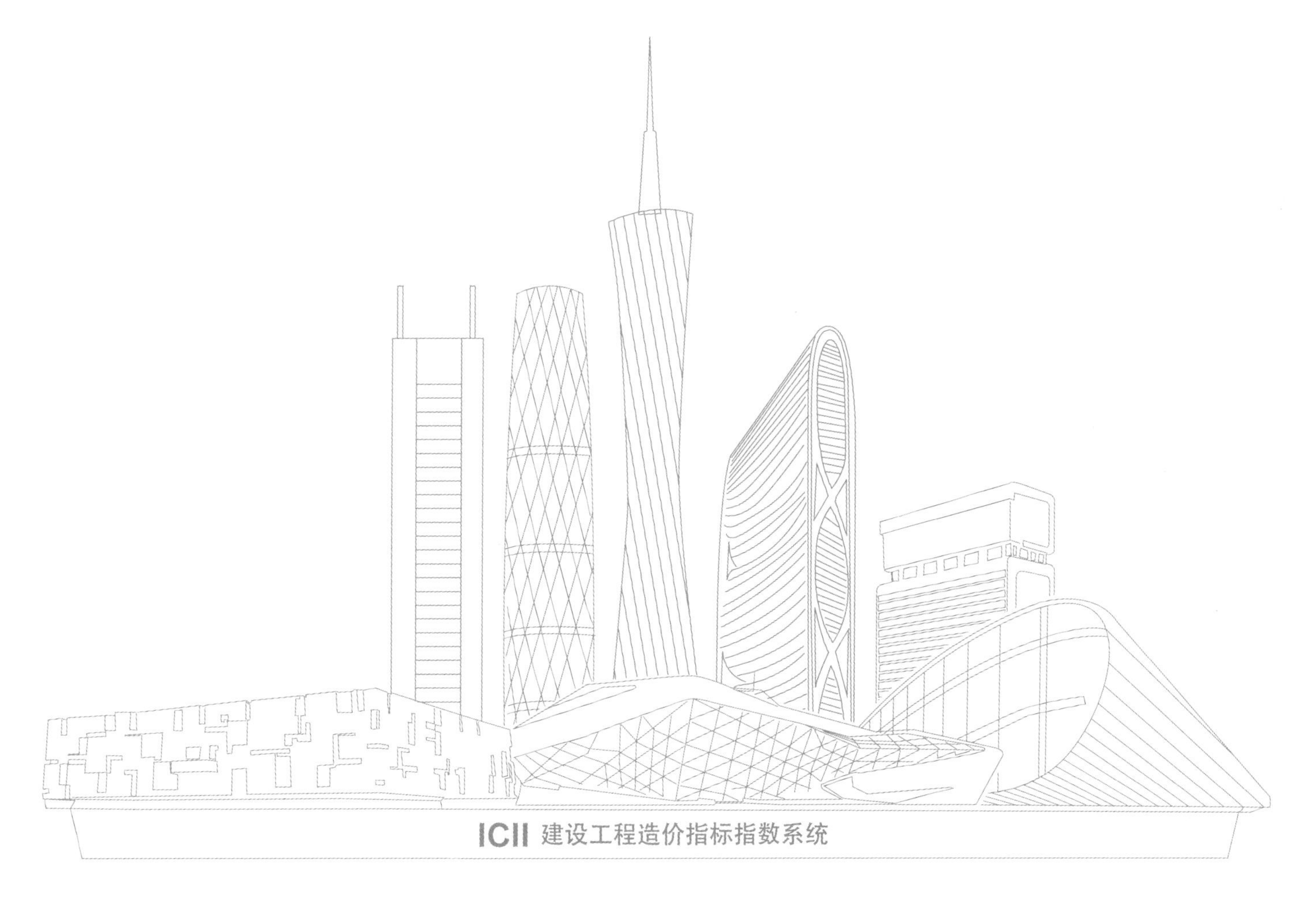

1. 学校体育馆 1

工程概况表　　表 6-1-1

<table>
<tr><td>工程类别</td><td colspan="2">体育中心/场馆</td><td rowspan="3">计价依据</td><td>清单</td><td>国标 13 清单计价规范</td></tr>
<tr><td>工程所在地</td><td colspan="2">广东省广州市</td><td>定额</td><td>广东省 2018 系列定额</td></tr>
<tr><td>建设性质</td><td colspan="2">—</td><td>其他</td><td>—</td></tr>
<tr><td rowspan="3">建筑面积（m²）</td><td>合计</td><td>12542.13</td><td colspan="2">计税形式</td><td>增值税</td></tr>
<tr><td>其中：±0.00 以上</td><td>12542.13</td><td colspan="2">采价时间</td><td>2020-4</td></tr>
<tr><td>±0.00 以下</td><td>—</td><td colspan="2">工程造价（万元）</td><td>8252.15</td></tr>
<tr><td>人防面积（m²）</td><td colspan="2">—</td><td colspan="2">单方造价（元/m²）</td><td>6579.54</td></tr>
<tr><td rowspan="2">其他规模</td><td>室外面积（m²）</td><td>19700.47</td><td colspan="2" rowspan="2">资金来源</td><td rowspan="2">财政</td></tr>
<tr><td>其他规模</td><td>—</td></tr>
<tr><td rowspan="2">建筑高度（m）</td><td>±0.00 以上</td><td>33.44</td><td colspan="2">装修标准</td><td>初装</td></tr>
<tr><td>±0.00 以下</td><td>—</td><td colspan="2">绿色建筑标准</td><td>一星</td></tr>
<tr><td rowspan="2">层数</td><td>±0.00 以上</td><td>3</td><td colspan="2">装配率（%）</td><td>—</td></tr>
<tr><td>±0.00 以下</td><td>—</td><td colspan="2">文件形式</td><td>招标控制价</td></tr>
<tr><td rowspan="4">层高（m）</td><td>首层</td><td>7.80</td><td colspan="2">场地类别</td><td>二类</td></tr>
<tr><td>标准层</td><td>3.00</td><td colspan="2">结构类型</td><td>框架</td></tr>
<tr><td>顶层</td><td>—</td><td colspan="2">抗震设防烈度</td><td>7</td></tr>
<tr><td>地下室</td><td>—</td><td colspan="2">抗震等级</td><td>二级</td></tr>
<tr><td colspan="6">本工程主要包含：
1. 建筑工程：土石方工程，基坑支护工程，桩基础工程，砌筑工程，钢筋混凝土工程，金属结构工程，门窗工程，屋面及防水工程，保温隔热防腐工程，模板工程，脚手架工程；
2. 装饰工程：楼地面工程，内墙面工程，天棚工程，外墙面工程，幕墙工程，其他工程；
3. 安装工程：电气工程，给排水工程，通风空调工程，消防水工程，消防电工程，智能化工程，抗震支架工程；
4. 室外配套工程：室外道路工程</td></tr>
</table>

建设项目投资指标表

表 6-1-2

总建筑面积：12542.13m²，其中：地上面积（±0.00 以上）：12542.13m²，地下面积（±0.00 以下）：0.00m²

序号	名称	金额（万元）	单位指标（元/m²）	造价占比（%）	备注
1	建筑安装工程费用	8252.15	6579.54	100.00	
1.1	建筑工程	4722.44	3765.26	57.23	
1.2	装饰工程	1584.58	1263.40	19.20	
1.3	安装工程	1313.22	1047.04	15.91	
1.4	室外配套工程	631.91	503.83	7.66	

工程造价指标分析表

表 6-1-3

总建筑面积：12542.13m²，其中：地上面积（±0.00 以上）：12542.13m²，地下面积（±0.00 以下）：0.00m²

专业			工程造价（万元）	经济指标（元/m²）	总造价占比（%）	备注
建筑工程			4722.44	3765.26	61.97	
装饰工程			1584.58	1263.40	20.79	
安装工程			1313.22	1047.04	17.23	
合计			7620.23	6075.71	100.00	
地上	建筑工程	土石方工程	121.02	96.49	1.59	
		基坑支护工程	133.14	106.15	1.75	
		桩基础工程	63.69	50.78	0.84	
		砌筑工程	128.67	102.59	1.69	
		钢筋混凝土工程	1626.64	1296.94	21.35	
		金属结构工程	628.76	501.32	8.25	
		门窗工程	37.82	30.16	0.50	
		屋面及防水工程	544.57	434.19	7.15	
		保温隔热防腐工程	63.56	50.67	0.83	
		脚手架工程	199.32	158.92	2.62	

续表

专业			工程造价（万元）	经济指标（元/m²）	总造价占比（%）	备注
地上	建筑工程	模板工程	357.43	284.99	4.69	
		单价措施项目	89.32	71.22	1.17	
		总价措施项目	114.54	91.33	1.50	
		其他项目	224.02	178.61	2.94	
		税金	389.93	310.89	5.12	
	装饰工程	楼地面工程	428.02	341.27	5.62	
		内墙面工程	223.30	178.04	2.93	
		天棚工程	65.65	52.34	0.86	
		外墙面工程	32.06	25.56	0.42	
		幕墙工程	225.80	180.03	2.96	
		其他工程	222.71	177.57	2.92	
		总价措施项目	61.24	48.83	0.80	
		其他项目	194.96	155.45	2.56	
		税金	130.84	104.32	1.72	
	安装工程	电气工程	302.51	241.20	3.97	
		给排水工程	193.86	154.56	2.54	
		通风空调工程	428.00	341.25	5.62	
		消防电工程	44.30	35.32	0.58	
		消防水工程	88.35	70.44	1.16	
		智能化工程	3.22	2.57	0.04	
		抗震支架工程	25.75	20.53	0.34	
		措施项目	60.19	47.99	0.79	
		其他项目	58.62	46.74	0.77	
		税金	108.43	86.45	1.42	

工程造价及工程费用分析表

表 6-1-4

总建筑面积：12542.13m^2，其中：地上面积（±0.00 以上）：12542.13m^2，地下面积（±0.00 以下）：0.00m^2

工程造价分析

工程造价组成分析	工程造价（万元）	单方造价（元/m^2）		分部分项工程费		措施项目费		其他项目费		税金		总造价占比（%）
				万元	占比(%)	万元	占比(%)	万元	占比(%)	万元	占比(%)	
建筑工程	4722.44	3765.26	构成	3347.88	70.89	760.62	16.11	224.02	4.74	389.93	8.26	61.97
装饰工程	1584.58	1263.40	构成	1197.53	75.57	61.24	3.86	194.96	12.30	130.84	8.26	20.79
安装工程	1313.22	1047.04	构成	1085.97	82.70	60.19	4.58	58.62	4.46	108.43	8.26	17.23
合计	7620.23	6075.71	构成	5631.39	73.90	882.05	11.58	477.60	6.27	629.19	8.26	100.00

工程费用分析（分部分项工程费）

费用组成分析		分部分项工程费（万元）		人工费		材料费		机械费		管理费		利润	
				万元	占比(%)	万元	占比(%)	万元	占比(%)	万元	占比(%)	万元	占比(%)
建筑工程		3347.88	构成	448.01	13.38	2490.71	74.40	154.84	4.62	133.75	3.99	120.57	3.60
装饰工程		1197.53	构成	311.38	26.00	758.76	63.36	10.94	0.91	51.99	4.34	64.46	5.38
安装工程		1085.97	构成	140.97	12.98	862.74	79.44	10.83	1.00	41.08	3.78	30.36	2.80
合计		5631.39	构成	900.36	15.99	4112.21	73.02	176.61	3.14	226.81	4.03	215.39	3.82
建筑工程	土石方工程	121.02	构成	27.63	22.83	1.55	1.28	60.54	50.02	13.67	11.29	17.63	14.57
建筑工程	基坑支护工程	133.14	构成	36.60	27.49	47.84	35.93	25.27	18.98	11.06	8.31	12.37	9.29
建筑工程	桩基础工程	63.69	构成	12.61	19.80	28.36	44.54	12.22	19.19	5.52	8.67	4.97	7.80
建筑工程	砌筑工程	128.67	构成	34.35	26.69	82.26	63.93	—	—	5.20	4.04	6.87	5.34
建筑工程	钢筋混凝土工程	1626.64	构成	156.13	9.60	1359.65	83.59	23.36	1.44	51.60	3.17	35.90	2.21
建筑工程	金属结构工程	628.76	构成	86.69	13.79	453.04	72.05	32.66	5.19	32.50	5.17	23.87	3.80
建筑工程	门窗工程	37.82	构成	1.09	2.87	36.36	96.14	—	—	0.16	0.42	0.22	0.57
建筑工程	屋面及防水工程	544.57	构成	76.29	14.01	440.90	80.96	0.45	0.08	11.58	2.13	15.35	2.82
建筑工程	保温隔热防腐工程	63.56	构成	16.63	26.17	40.74	64.11	0.34	0.53	2.45	3.86	3.39	5.34

续表

费用组成分析		分部分项工程费（万元）	构成	人工费		材料费		机械费		管理费		利润	
				万元	占比(%)	万元	占比(%)	万元	占比(%)	万元	占比(%)	万元	占比(%)
装饰工程	楼地面工程	428.02	构成	95.14	22.23	295.74	69.10	0.70	0.16	17.27	4.04	19.17	4.48
	内墙面工程	223.30		85.86	38.45	105.92	47.44	0.80	0.36	13.38	5.99	17.33	7.76
	天棚工程	65.65		24.18	36.84	32.98	50.24	—	—	3.65	5.55	4.84	7.37
	外墙面工程	32.06		15.08	47.05	11.64	36.31	—	—	2.32	7.24	3.02	9.41
	幕墙工程	225.80		44.23	19.59	161.03	71.32	3.57	1.58	7.41	3.28	9.56	4.23
	其他工程	222.71		46.87	21.05	151.44	68.00	5.88	2.64	7.96	3.58	10.55	4.74
安装工程	电气工程	302.51		34.23	11.32	249.42	82.45	1.48	0.49	10.24	3.38	7.14	2.36
	给排水工程	193.86		23.47	12.11	155.63	80.28	2.50	1.29	7.07	3.65	5.19	2.68
	通风空调工程	428.00		49.75	11.62	349.21	81.59	3.46	0.81	14.93	3.49	10.64	2.49
	消防电工程	44.30		12.25	27.67	25.65	57.90	0.31	0.71	3.57	8.05	2.51	5.67
	消防水工程	88.35		16.18	18.31	62.17	70.38	2.59	2.93	3.66	4.14	3.75	4.25
	智能化工程	3.22		1.39	43.11	1.13	34.98	0.02	0.75	0.40	12.40	0.28	8.77
	抗震支架工程	25.75		3.71	14.40	19.53	75.85	0.46	1.77	1.22	4.75	0.83	3.23

室外配套工程造价指标分析表

表 6-1-5

室外面积：19700.47m^2

专业	工程造价（万元）	经济指标（元/m^2）	备注
室外道路工程	631.91	320.76	
合计	631.91	320.76	

室外配套工程造价及工程费用分析表

表 6-1-6

室外面积：19700.47m^2

工程造价分析

工程造价组成分析	工程造价（万元）	单方造价（元/m^2）	构成	分部分项工程费		措施项目费		其他项目费		税金		总造价占比（%）
				万元	占比(%)	万元	占比(%)	万元	占比(%)	万元	占比(%)	
室外道路工程	631.91	320.76	构成	533.05	84.35	19.63	3.11	27.06	4.28	52.18	8.26	100.00
合计	631.91	320.76		533.05	84.35	19.63	3.11	27.06	4.28	52.18	8.26	100.00

续表

工程费用分析（分部分项工程费）												
费用组成分析	分部分项工程费（万元）	构成	人工费		材料费		机械费		管理费		利润	
			万元	占比(%)	万元	占比(%)	万元	占比(%)	万元	占比(%)	万元	占比(%)
室外道路工程	533.05		69.56	13.05	419.94	78.78	12.43	2.33	14.73	2.76	16.40	3.08
合计	533.05		69.56	13.05	419.94	78.78	12.43	2.33	14.73	2.76	16.40	3.08

建筑工程含量指标表

表 6-1-7

总建筑面积：12542.13m^2，其中：地上面积（±0.00 以上）：12542.13m^2，地下面积（±0.00 以下）：0.00m^2

部位	名称	单方含量	工程总量	总价（万元）	单方造价（元/m^2）	备注
地上	砌筑工程	0.16m^3/m^2	1966.40m^3	128.67	102.59	
	钢筋工程	108.80kg/m^2	1364581.00kg	733.85	585.11	
	混凝土工程	0.93m^3/m^2	11617.18m^3	887.21	707.39	
	模板工程	3.08m^2/m^2	38655.94m^2	357.43	284.99	
	门窗工程	0.05m^2/m^2	668.58m^2	37.82	30.16	
	屋面工程	0.43m^2/m^2	5346.96m^2	134.15	106.96	
	防水工程	3.28m^2/m^2	41076.74m^2	410.42	327.23	
	楼地面工程	1.05m^2/m^2	13164.08m^2	428.02	341.27	
	内墙面工程	1.98m^2/m^2	24773.58m^2	223.30	178.04	
	外墙面工程	0.35m^2/m^2	4345.76m^2	32.06	25.56	
	天棚工程	0.58m^2/m^2	7275.96m^2	65.65	52.34	
	幕墙工程	0.22m^2/m^2	2724.59m^2	225.80	180.03	

安装工程含量指标表

表 6-1-8

总建筑面积：12542.13m^2，其中：地上面积（±0.00 以上）：12542.13m^2，地下面积（±0.00 以下）：0.00m^2

部位	专业	名称	百方含量	工程总量	总价（万元）	单方造价（元/m^2）	备注
地上	电气工程	电气配管	89.81m/100m^2	11264.16m	16.72	13.33	
	电气工程	电线	328.65m/100m^2	41219.10m	24.66	19.66	
	电气工程	母线电缆	75.46m/100m^2	9464.79m	178.03	141.95	
	电气工程	桥架线槽	18.35m/100m^2	2300.90m	17.36	13.84	
	电气工程	开关插座	2.05 套/100m^2	257 套	0.72	0.57	
	电气工程	灯具	6.67 套/100m^2	837 套	25.56	20.38	
	电气工程	设备	1.47 台/100m^2	184 台	34.74	27.70	
	给排水工程	给水管道	23.08m/100m^2	2895.24m	21.46	17.11	
	给排水工程	排水管道	27.62m/100m^2	3464.64m	30.04	23.95	
	给排水工程	阀部件类	2.91 套/100m^2	365 套	22.19	17.69	
	给排水工程	卫生器具	4.38 套/100m^2	549 套	25.88	20.63	
	给排水工程	给排水设备	0.46 台/100m^2	58 台	93.64	74.66	
	消防电工程	消防电配管	40.81m/100m^2	5118.79m	8.96	7.15	
	消防电工程	消防电配线、缆	232.97m/100m^2	29219.48m	16.73	13.34	
	消防电工程	消防电末端装置	1.83 套/100m^2	229 套	2.54	2.02	
	消防电工程	消防电设备	2.38 台/100m^2	298 台	16.06	12.81	
	消防水工程	消防水管道	34.73m/100m^2	4356.01m	48.48	38.65	
	消防水工程	消防水阀类	1.20 套/100m^2	150 套	16.41	13.09	
	消防水工程	消防水末端装置	5.23 套/100m^2	656 套	3.38	2.70	
	消防水工程	消防水设备	1.21 台/100m^2	152 台	20.07	16.00	
	通风空调工程	通风管道	35.14m^2/100m^2	4407.08m^2	75.12	59.90	
	通风空调工程	通风阀部件	3.47 套/100m^2	435 套	23.70	18.90	
	通风空调工程	通风设备	0.30 台/100m^2	37 台	52.82	42.11	
	通风空调工程	空调水管道	22.54m/100m^2	2826.77m	32.41	25.84	
	通风空调工程	空调阀部件	1.56 套/100m^2	196 套	13.89	11.07	
	通风空调工程	空调末端	0.04 套/100m^2	5 套	0.08	0.06	
	通风空调工程	空调设备	0.75 台/100m^2	94 台	229.98	183.37	

项目费用组成图

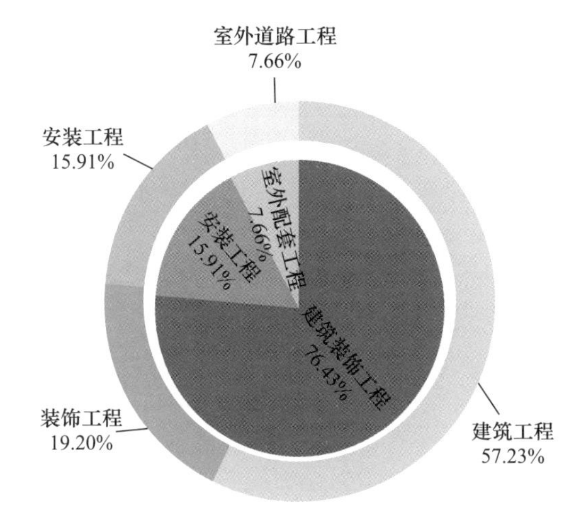

图 6-1-1 专业造价占比

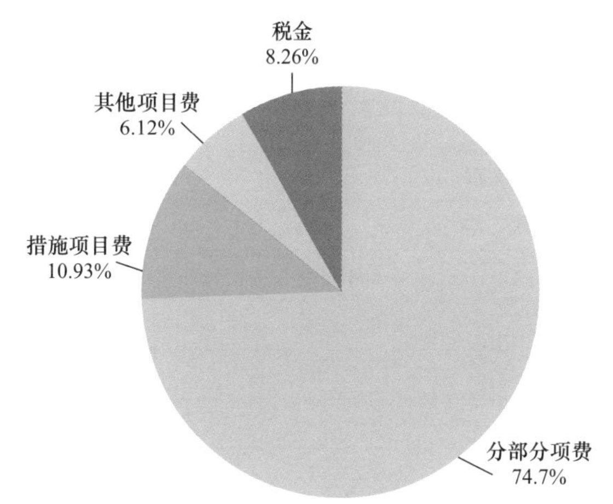

图 6-1-2 造价形成占比

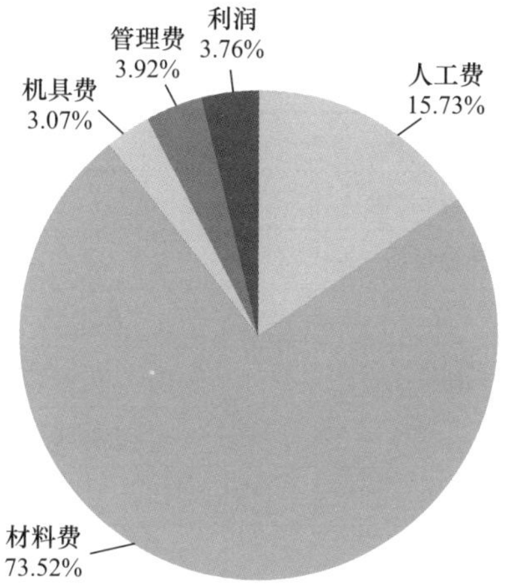

利润
3.76%
管理费
3.92%
机具费
3.07%
人工费
15.73%
材料费
73.52%

图 6-1-3 费用要素占比

专业名称	金额（元）	费用占比（%）
建筑装饰工程	63070163.45	76.43
安装工程	13132164.51	15.91
室外配套工程	6319124.16	7.66

费用名称	金额（元）	费用占比（%）
分部分项费	61644374.83	74.70
措施项目费	9016779.62	10.93
其他项目费	5046599.78	6.12
税金	6813697.89	8.26

费用名称	金额（元）	费用占比（%）
人工费	9699188.29	15.73
材料费	45321278.93	73.52
机具费	1890369.17	3.07
管理费	2415432.43	3.92
利润	2317906.81	3.76

2. 学校体育馆 2

工程概况表　　表 6-2-1

<table>
<tr><td>工程类别</td><td colspan="2">体育中心/场馆</td><td rowspan="3">计价依据</td><td>清单</td><td>国标 13 清单计价规范</td></tr>
<tr><td>工程所在地</td><td colspan="2">广东省汕头市</td><td>定额</td><td>广东省 2018 系列定额</td></tr>
<tr><td>建设性质</td><td colspan="2">新建</td><td>其他</td><td>—</td></tr>
<tr><td rowspan="3">建筑面积（m^2）</td><td>合计</td><td>116333.00</td><td colspan="2">计税形式</td><td>增值税</td></tr>
<tr><td>其中：±0.00 以上</td><td>116333.00</td><td colspan="2">采价时间</td><td>2019-7</td></tr>
<tr><td>±0.00 以下</td><td>—</td><td colspan="2">工程造价（万元）</td><td>112545.11</td></tr>
<tr><td>人防面积（m^2）</td><td colspan="2">—</td><td colspan="2">单方造价（元/m^2）</td><td>9674.39</td></tr>
<tr><td rowspan="2">其他规模</td><td>室外面积（m^2）</td><td>46677.11</td><td colspan="2" rowspan="2">资金来源</td><td rowspan="2">财政</td></tr>
<tr><td>其他规模</td><td>—</td></tr>
<tr><td rowspan="2">建筑高度（m）</td><td>±0.00 以上</td><td>39.80</td><td colspan="2">装修标准</td><td>初装</td></tr>
<tr><td>±0.00 以下</td><td>—</td><td colspan="2">绿色建筑标准</td><td>二星</td></tr>
<tr><td rowspan="2">层数</td><td>±0.00 以上</td><td>4</td><td colspan="2">装配率（%）</td><td>—</td></tr>
<tr><td>±0.00 以下</td><td>—</td><td colspan="2">文件形式</td><td>设计概算</td></tr>
<tr><td rowspan="4">层高（m）</td><td>首层</td><td>5.86</td><td colspan="2">场地类别</td><td>二类</td></tr>
<tr><td>标准层</td><td>5.62</td><td colspan="2">结构类型</td><td>框架</td></tr>
<tr><td>顶层</td><td>—</td><td colspan="2">抗震设防烈度</td><td>7</td></tr>
<tr><td>地下室</td><td>—</td><td colspan="2">抗震等级</td><td>三级</td></tr>
</table>

本工程主要包含：

1. 建筑工程：土石方工程，桩基础工程，砌筑工程，钢筋混凝土工程，金属结构工程，门窗工程，屋面及防水工程，保温隔热防腐工程，其他工程，模板工程，脚手架工程；
2. 装饰工程：楼地面工程，内墙面工程，天棚工程，外墙面工程，幕墙工程，其他工程；
3. 安装工程：电气工程，给排水工程，通风空调工程，消防水工程，消防电工程，气体灭火工程，智能化工程，高低压配电工程，发电机工程；
4. 室外配套工程：室外电气工程，室外弱电工程，室外道路工程，室外给排水工程

建设项目投资指标表

表 6-2-2

总建筑面积：116333.00m²，其中：地上面积（±0.00 以上）：116333.00m²，地下面积（±0.00 以下）：0.00m²

序号	名称	金额（万元）	单位指标（元/m²）	造价占比（%）	备注
1	建筑安装工程费用	112545.11	9674.39	100.00	
1.1	建筑工程	64016.67	5502.88	56.88	
1.2	装饰工程	16248.66	1396.74	14.44	
1.3	安装工程	23559.64	2025.19	20.93	
1.4	室外配套工程	8720.13	749.58	7.75	

工程造价指标分析表

表 6-2-3

总建筑面积：116333.00m²，其中：地上面积（±0.00 以上）：116333.00m²，地下面积（±0.00 以下）：0.00m²

专业			工程造价（万元）	经济指标（元/m²）	总造价占比（%）	备注
建筑工程			64016.67	5502.88	61.66	
装饰工程			16248.66	1396.74	15.65	
安装工程			23559.64	2025.19	22.69	
合计			103824.98	8924.81	100.00	
地上	建筑工程	土石方工程	362.93	31.20	0.35	
		桩基础工程	5463.34	469.63	5.26	
		砌筑工程	745.26	64.06	0.72	
		钢筋混凝土工程	14018.96	1205.07	13.50	
		金属结构工程	28503.88	2450.20	27.45	
		门窗工程	200.79	17.26	0.19	
		屋面及防水工程	528.49	45.43	0.51	
		保温隔热防腐工程	14.95	1.29	0.01	
		其他工程	414.20	35.60	0.40	
		脚手架工程	992.60	85.32	0.96	

续表

专业			工程造价（万元）	经济指标（元/m²）	总造价占比（%）	备注
地上	建筑工程	模板工程	3086.17	265.29	2.97	
		单价措施项目	1052.76	90.49	1.01	
		总价措施项目	1343.88	115.52	1.29	
		其他项目	2002.70	172.15	1.93	
		税金	5285.78	454.37	5.09	
	装饰工程	楼地面工程	7318.11	629.07	7.05	
		内墙面工程	350.49	30.13	0.34	
		天棚工程	504.90	43.40	0.49	
		外墙面工程	16.21	1.39	0.02	
		幕墙工程	5273.39	453.30	5.08	
		其他工程	629.35	54.10	0.61	
		总价措施项目	286.32	24.61	0.28	
		其他项目	528.26	45.41	0.51	
		税金	1341.63	115.33	1.29	
	安装工程	电气工程	5585.28	480.11	5.38	
		给排水工程	830.78	71.41	0.80	
		通风空调工程	3443.46	296.00	3.32	
		消防电工程	755.43	64.94	0.73	
		消防水工程	908.72	78.11	0.88	
		气体灭火工程	87.82	7.55	0.08	
		智能化工程	5271.60	453.15	5.08	
		高低压配电工程	3007.74	258.55	2.90	
		发电机工程	493.94	42.46	0.48	
		措施项目	494.23	42.48	0.48	
		其他项目	735.35	63.21	0.71	
		税金	1945.29	167.22	1.87	

工程造价及工程费用分析表 表 6-2-4

总建筑面积：116333.00m^2，其中：地上面积（±0.00 以上）：116333.00m^2，地下面积（±0.00 以下）：0.00m^2

工程造价分析

工程造价组成分析	工程造价（万元）	单方造价（元/m^2）		分部分项工程费		措施项目费		其他项目费		税金		总造价占比（%）
				万元	占比(%)	万元	占比(%)	万元	占比(%)	万元	占比(%)	
建筑工程	64016.67	5502.88	构成	50252.79	78.50	6475.41	10.12	2002.70	3.13	5285.78	8.26	61.66
装饰工程	16248.66	1396.74	构成	14092.45	86.73	286.32	1.76	528.26	3.25	1341.63	8.26	15.65
安装工程	23559.64	2025.19	构成	20384.77	86.52	494.23	2.10	735.35	3.12	1945.29	8.26	22.58
合计	103824.98	8924.81	构成	84730.01	81.61	7255.96	6.99	3266.31	3.15	8572.70	8.26	100.00

工程费用分析（分部分项工程费）

费用组成分析		分部分项工程费（万元）		人工费		材料费		机械费		管理费		利润	
				万元	占比(%)	万元	占比(%)	万元	占比(%)	万元	占比(%)	万元	占比(%)
建筑工程		50252.79	构成	3363.01	6.69	42920.11	85.41	1753.73	3.49	1192.90	2.37	1023.04	2.04
装饰工程		14092.45	构成	1455.65	10.33	12051.68	85.52	51.31	0.36	238.08	1.69	295.73	2.10
安装工程		20384.77	构成	1179.14	5.78	18544.42	90.97	58.91	0.29	354.51	1.74	247.81	1.22
合计		84730.01	构成	5997.79	7.08	73516.21	86.77	1863.95	2.20	1785.49	2.11	1566.57	1.85
建筑工程	土石方工程	362.93	构成	5.95	1.64	315.00	86.79	29.44	8.11	5.47	1.51	7.07	1.95
建筑工程	桩基础工程	5463.34	构成	89.31	1.63	5140.16	94.08	145.75	2.67	41.09	0.75	47.04	0.86
建筑工程	砌筑工程	745.26	构成	121.26	16.27	581.38	78.01	—	—	18.36	2.46	24.25	3.25
建筑工程	钢筋混凝土工程	14018.96	构成	612.61	4.37	12988.30	92.65	80.32	0.57	199.15	1.42	138.59	0.99
建筑工程	金属结构工程	28503.88	构成	2451.17	8.60	22851.27	80.17	1496.50	5.25	915.71	3.21	789.23	2.77
建筑工程	门窗工程	200.79	构成	15.79	7.86	177.44	88.37	1.52	0.76	2.58	1.28	3.46	1.72
建筑工程	屋面及防水工程	528.49	构成	66.91	12.66	437.51	82.78	0.12	0.02	10.54	1.99	13.41	2.54
建筑工程	保温隔热防腐工程	14.95	构成	—	—	14.95	100.00	—	—	—	—	—	—
建筑工程	其他工程	414.20	构成	—	—	414.20	100.00	—	—	—	—	—	—

续表

费用组成分析		分部分项工程费（万元）	构成	人工费		材料费		机械费		管理费		利润	
				万元	占比(%)	万元	占比(%)	万元	占比(%)	万元	占比(%)	万元	占比(%)
装饰工程	楼地面工程	7318.11		233.91	3.20	6991.95	95.54	2.97	0.04	41.90	0.57	47.38	0.65
	内墙面工程	350.49		136.50	38.94	163.15	46.55	1.95	0.56	21.21	6.05	27.68	7.90
	天棚工程	504.90		208.13	41.22	221.38	43.85	1.90	0.38	31.49	6.24	42.00	8.32
	外墙面工程	16.21		6.99	43.14	6.76	41.74	—	—	1.05	6.51	1.40	8.62
	幕墙工程	5273.39		828.07	15.70	4099.27	77.73	41.68	0.79	136.08	2.58	168.30	3.19
	其他工程	629.35		42.04	6.68	569.16	90.44	2.83	0.45	6.35	1.01	8.97	1.43
安装工程	电气工程	5585.28		351.95	6.30	5038.75	90.21	15.46	0.28	105.51	1.89	73.61	1.32
	给排水工程	830.78		130.08	15.66	631.15	75.97	5.03	0.61	37.49	4.51	27.04	3.25
	通风空调工程	3443.46		54.73	1.59	3356.71	97.48	3.19	0.09	17.24	0.50	11.58	0.34
	消防电工程	755.43		205.22	27.17	447.57	59.25	2.36	0.31	58.73	7.77	41.55	5.50
	消防水工程	908.72		175.00	19.26	637.85	70.19	8.45	0.93	50.71	5.58	36.71	4.04
	气体灭火工程	87.82		5.89	6.71	79.01	89.97	0.06	0.07	1.67	1.90	1.19	1.36
	智能化工程	5271.60		129.05	2.45	5066.94	96.12	6.85	0.13	41.59	0.79	27.18	0.52
	高低压配电工程	3007.74		114.92	3.82	2815.50	93.61	14.34	0.48	37.13	1.23	25.86	0.86
	发电机工程	493.94		12.36	2.50	470.92	95.34	3.12	0.63	4.44	0.90	3.10	0.63

室外配套工程造价指标分析表　　表 6-2-5

室外面积：46677.11m^2

专业	工程造价（万元）	经济指标（元/m^2）	备注
室外电气工程	1436.44	307.74	
室外弱电工程	327.44	70.15	
室外道路工程	5099.42	1092.49	
室外给排水工程	1856.81	397.81	
合计	8720.13	1868.18	

室外配套工程造价及工程费用分析表

表 6-2-6

室外面积：46677.11m^2

工程造价分析													
工程造价组成分析	工程造价（万元）	单方造价（元/m^2）		分部分项工程费		措施项目费		其他项目费		税金		总造价占比（%）
				万元	占比(%)	万元	占比(%)	万元	占比(%)	万元	占比(%)	
室外电气工程	1436.44	307.74	构成	799.07	55.63	486.47	33.87	32.29	2.25	118.60	8.26	16.47
室外弱电工程	327.44	70.15		287.32	87.75	3.56	1.09	9.52	2.91	27.04	8.26	3.75
室外道路工程	5099.42	1092.49		4164.93	81.67	287.79	5.64	225.65	4.43	421.05	8.26	58.48
室外给排水工程	1856.84	397.81		1538.71	82.87	92.64	4.99	70.97	3.82	154.52	8.32	21.29
合计	8720.13	1868.18		6790.02	77.87	870.47	9.98	338.43	3.88	721.21	8.27	100.00

工程费用分析（分部分项工程费）													
费用组成分析	分部分项工程费（万元）		人工费		材料费		机械费		管理费		利润	
			万元	占比(%)	万元	占比(%)	万元	占比(%)	万元	占比(%)	万元	占比(%)
室外电气工程	799.07	构成	87.70	10.98	629.45	78.77	31.08	3.89	27.08	3.39	23.76	2.97
室外弱电工程	287.32		8.50	2.96	273.76	95.28	0.50	0.18	2.76	0.96	1.80	0.63
室外道路工程	4164.93		773.10	18.56	2234.09	53.64	665.52	15.98	225.70	5.42	266.52	6.40
室外给排水工程	1538.71		159.90	10.39	1191.49	77.43	88.21	5.73	51.53	3.35	47.58	3.09
合计	6790.02		1029.20	15.16	4328.78	63.75	785.32	11.57	307.07	4.52	339.66	5.00

建筑工程含量指标表

表 6-2-7

总建筑面积：116333.00m^2，其中：地上面积（±0.00 以上）：116333.00m^2，地下面积（±0.00 以下）：0.00m^2

部位	名称	单方含量	工程总量	总价（万元）	单方造价（元/m^2）	备注
地上	砌筑工程	0.12m^3/m^2	13859.18m^3	745.26	64.06	
	钢筋工程	99.26kg/m^2	11547779.00kg	5945.95	511.11	
	混凝土工程	0.82m^3/m^2	95326.73m^3	7951.47	683.51	
	模板工程	2.49m^2/m^2	289191.54m^2	3086.17	265.29	
	门窗工程	0.02m^2/m^2	2158.97m^2	200.79	17.26	
	屋面工程	0.20m^2/m^2	23686.71m^2	173.20	14.89	
	防水工程	0.26m^2/m^2	30469.88m^2	355.28	30.54	

续表

部位	名称	单方含量	工程总量	总价（万元）	单方造价（元/m^2）	备注
地上	楼地面工程	0.99m^2/m^2	115639.88m^2	7318.11	629.07	
	内墙面工程	0.92m^2/m^2	107241.70m^2	350.49	30.13	
	外墙面工程	0.04m^2/m^2	4558.51m^2	16.21	1.39	
	天棚工程	0.59m^2/m^2	68212.36m^2	504.90	43.40	
	幕墙工程	0.25m^2/m^2	29507.87m^2	5273.39	453.30	

安装工程含量指标表

表 6-2-8

总建筑面积：116333.00m^2，其中：地上面积（±0.00 以上）：116333.00m^2，地下面积（±0.00 以下）：0.00m^2

部位	专业	名称	百方含量	工程总量	总价（万元）	单方造价（元/m^2）	备注
地上	电气工程	电气配管	69.55m/100m^2	80905.27m	188.61	16.21	
	电气工程	电线	274.81m/100m^2	319697.30m	153.07	13.16	
	电气工程	母线电缆	100.25m/100m^2	116620.16m	489.60	42.09	
	电气工程	桥架线槽	15.20m/100m^2	17680.19m	294.32	25.30	
	电气工程	开关插座	0.95 套/100m^2	1102 套	35.18	3.02	
	电气工程	灯具	8.85 套/100m^2	10293 套	3632.05	312.21	
	电气工程	设备	0.32 台/100m^2	376 台	730.28	62.77	
	给排水工程	给水管道	28.75m/100m^2	33442.08m	252.10	21.67	
	给排水工程	排水管道	13.02m/100m^2	15143.70m	149.69	12.87	
	给排水工程	阀部件类	0.58 套/100m^2	675 套	131.44	11.30	
	给排水工程	卫生器具	1.34 套/100m^2	1562 套	243.65	20.94	
	给排水工程	给排水设备	0.05 台/100m^2	59 台	53.90	4.63	
	消防电工程	消防电配管	86.51m/100m^2	100639.00m	172.51	14.83	
	消防电工程	消防电配线、缆	199.27m/100m^2	231816.00m	264.63	22.75	
	消防电工程	消防电末端装置	1.80 套/100m^2	2089 套	144.59	12.43	
	消防电工程	消防电设备	1.95 台/100m^2	2273 台	173.71	14.93	
	消防水工程	消防水管道	43.34m/100m^2	50421.59m	437.92	37.64	
	消防水工程	消防水阀类	0.34 套/100m^2	394 套	78.29	6.73	
	消防水工程	消防水末端装置	9.53 套/100m^2	11084 套	155.88	13.40	

续表

部位	专业	名称	百方含量	工程总量	总价（万元）	单方造价（元/m²）	备注
地上	消防水工程	消防水设备	0.90 台/100m²	1046 台	236.63	20.34	
	通风空调工程	通风管道	259.49m²/100m²	301872.38m²	2094.70	180.06	
	通风空调工程	通风设备	0.70 台/100m²	809 台	316.15	27.18	
	通风空调工程	空调水管道	—	—	15.00	1.29	独立费计算无工程量
	通风空调工程	空调末端	0.01 套/100m²	7 套	0.43	0.04	
	通风空调工程	空调设备	0.09 台/100m²	106 台	1017.18	87.44	

项目费用组成图

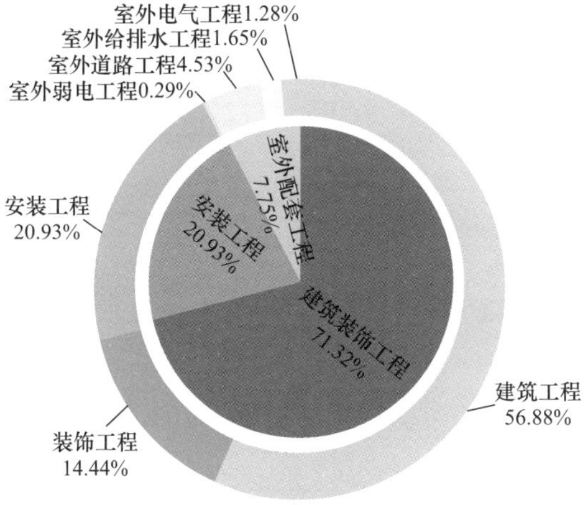

室外电气工程1.28%
室外给排水工程1.65%
室外道路工程4.53%
室外弱电工程0.29%
室外配套工程 7.75%
安装工程 20.93%
安装工程 20.93%
建筑装饰工程 71.32%
建筑工程 56.88%
装饰工程 14.44%

图 6-2-1 专业造价占比

专业名称	金额（元）	费用占比（%）
建筑装饰工程	802653382.67	71.32
安装工程	235596405.90	20.93
室外配套工程	87201313.44	7.75

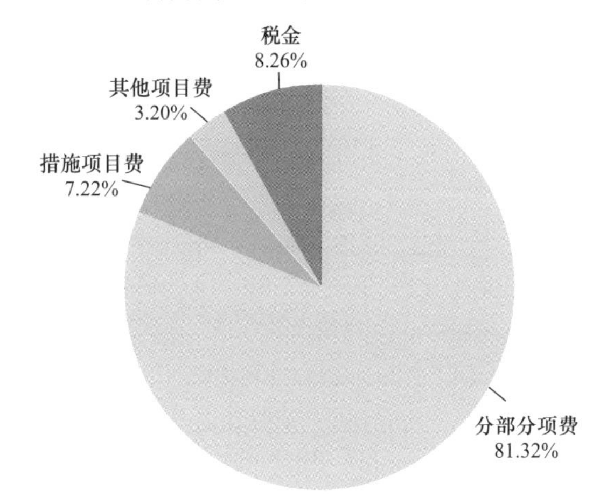

图 6-2-2 造价形成占比

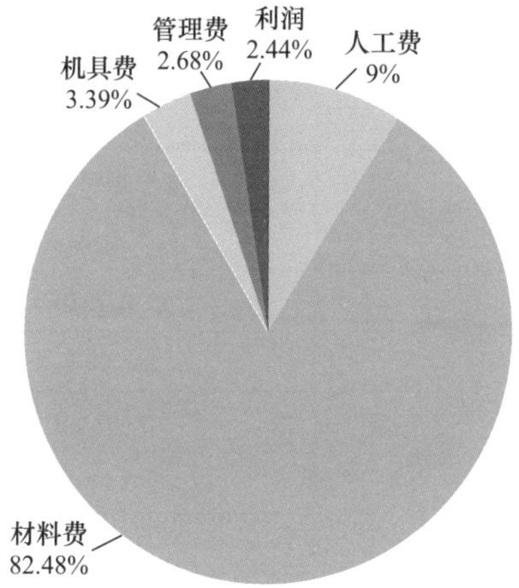

费用名称	金额（元）	费用占比（%）
分部分项费	915200367.99	81.32
措施项目费	81264217.20	7.22
其他项目费	36047369.93	3.20
税金	92939146.89	8.26

管理费 2.68%
利润 2.44%
人工费 9%
机具费 3.39%
材料费 82.48%

图 6-2-3 费用要素占比

费用名称	金额（元）	费用占比（%）
人工费	70269915.98	9.00
材料费	643940954.41	82.48
机具费	26492678.09	3.39
管理费	20925534.94	2.68
利润	19062358.30	2.44

3. 公共体育馆

工程概况表　　表 6-3-1

<table>
<tr><td>工程类别</td><td colspan="2">体育中心/场馆</td><td rowspan="3">计价依据</td><td>清单</td><td>国标 13 清单计价规范</td></tr>
<tr><td>工程所在地</td><td colspan="2">广东省广州市</td><td>定额</td><td>广东省 2018 系列定额</td></tr>
<tr><td>建设性质</td><td colspan="2">—</td><td>其他</td><td>—</td></tr>
<tr><td rowspan="3">建筑面积（m^2）</td><td>合计</td><td>180500.00</td><td colspan="2">计税形式</td><td>增值税</td></tr>
<tr><td>其中：±0.00 以上</td><td>180500.00</td><td colspan="2">采价时间</td><td>2023-10</td></tr>
<tr><td>±0.00 以下</td><td>—</td><td colspan="2">工程造价（万元）</td><td>282228.68</td></tr>
<tr><td>人防面积（m^2）</td><td colspan="2">—</td><td colspan="2">单方造价（元/m^2）</td><td>15635.94</td></tr>
<tr><td rowspan="2">其他规模</td><td>室外面积（m^2）</td><td>—</td><td colspan="2" rowspan="2">资金来源</td><td rowspan="2">财政</td></tr>
<tr><td>其他规模</td><td>180500</td></tr>
<tr><td rowspan="2">建筑高度（m）</td><td>±0.00 以上</td><td>63.80</td><td colspan="2">装修标准</td><td>初装</td></tr>
<tr><td>±0.00 以下</td><td>—</td><td colspan="2">绿色建筑标准</td><td>二星</td></tr>
<tr><td rowspan="2">层数</td><td>±0.00 以上</td><td>5</td><td colspan="2">装配率（%）</td><td>50</td></tr>
<tr><td>±0.00 以下</td><td>—</td><td colspan="2">文件形式</td><td>招标控制价</td></tr>
<tr><td rowspan="4">层高（m）</td><td>首层</td><td>7.20</td><td colspan="2">场地类别</td><td>三类</td></tr>
<tr><td>标准层</td><td>4.50</td><td colspan="2">结构类型</td><td>框架</td></tr>
<tr><td>顶层</td><td>—</td><td colspan="2">抗震设防烈度</td><td>7</td></tr>
<tr><td>地下室</td><td>—</td><td colspan="2">抗震等级</td><td>框架一级</td></tr>
</table>

本工程主要包含：
1. 建筑工程：土石方工程，桩基础工程，砌筑工程，钢筋混凝土工程，金属结构工程，门窗工程，屋面及防水工程，保温隔热防腐工程，模板工程，脚手架工程；
2. 装饰工程：楼地面工程，内墙面工程，天棚工程，外墙面工程，幕墙工程，其他工程；
3. 安装工程：电气工程，给排水工程，通风空调工程，消防水工程，消防电工程，气体灭火工程，智能化（弱电）工程，电梯工程，抗震支架工程；
4. 其他工程：标识工程

建设项目投资指标表

表 6-3-2

总建筑面积：180500.00m^2，其中：地上面积（±0.00 以上）：180500.00m^2，地下面积（±0.00 以下）：0.00m^2

序号	名称	金额（万元）	单位指标（元/m^2）	造价占比（%）	备注
1	建筑安装工程费用	282228.68	15635.94	100.00	
1.1	建筑工程	167293.79	9268.35	59.28	
1.2	装饰工程	65138.57	3608.79	23.08	
1.3	安装工程	48992.04	2714.24	17.36	
1.4	其他工程	804.27	44.56	0.28	包含标识工程等

工程造价指标分析表

表 6-3-3

总建筑面积：180500.00m^2，其中：地上面积（±0.00 以上）：180500.00m^2，地下面积（±0.00 以下）：0.00m^2

专业			工程造价（万元）	经济指标（元/m^2）	总造价占比（%）	备注
建筑工程			167293.79	9268.35	59.45	
装饰工程			65138.57	3608.79	23.15	
安装工程			48992.04	2714.24	17.41	
合计			281424.41	15591.38	100.00	
地上	建筑工程	土石方工程	2820.74	156.27	1.00	
		桩基础工程	27024.47	1497.20	9.60	
		砌筑工程	1041.41	57.70	0.37	
		钢筋混凝土工程	24565.51	1360.97	8.73	
		金属结构工程	44834.86	2483.93	15.93	
		门窗工程	313.27	17.36	0.11	
		屋面及防水工程	15748.94	872.52	5.60	
		保温隔热防腐工程	754.82	41.82	0.27	
		脚手架工程	2902.02	160.78	1.03	

续表

专业			工程造价（万元）	经济指标（元/m²）	总造价占比（%）	备注
地上	建筑工程	模板工程	3435.78	190.35	1.22	
		单价措施项目	17428.53	965.57	6.19	
		总价措施项目	5108.56	283.02	1.82	
		其他项目	7501.63	415.60	2.67	
		税金	13813.25	765.28	4.91	
	装饰工程	楼地面工程	7494.65	415.22	2.66	
		内墙面工程	3120.39	172.87	1.11	
		天棚工程	2539.79	140.71	0.90	
		外墙面工程	436.88	24.20	0.16	
		幕墙工程	36395.20	2016.35	12.93	
		其他工程	5047.79	279.66	1.79	
		单价措施项目	443.43	24.57	0.16	
		总价措施项目	1559.38	86.39	0.55	
		其他项目	2722.65	150.84	0.97	
		税金	5378.41	297.97	1.91	
	安装工程	电气工程	9510.31	526.89	3.38	
		给排水工程	1772.61	98.21	0.63	
		通风空调工程	3301.57	182.91	1.17	
		消防电工程	821.35	45.50	0.29	
		消防水工程	1207.23	66.88	0.43	
		气体灭火工程	249.97	13.85	0.09	
		智能化（弱电）工程	9776.81	541.65	3.47	

续表

专业			工程造价（万元）	经济指标（元/m²）	总造价占比（%）	备注
地上	安装工程	电梯工程	809.66	44.86	0.29	
		抗震支架工程	1142.74	63.31	0.41	
		措施项目	1589.65	88.07	0.56	
		其他项目	14764.92	818.00	5.25	
		税金	4045.21	224.11	1.44	

工程造价及工程费用分析表

表 6-3-4

总建筑面积：180500.00m²，其中：地上面积（±0.00 以上）：180500.00m²，地下面积（±0.00 以下）：0.00m²

工程造价分析

工程造价组成分析	工程造价（万元）	单方造价（元/m²）		分部分项工程费		措施项目费		其他项目费		税金		总造价占比（%）
				万元	占比(%)	万元	占比(%)	万元	占比(%)	万元	占比(%)	
建筑工程	167293.79	9268.35	构成	117104.02	70.00	28874.89	17.26	7501.63	4.48	13813.25	8.26	59.45
装饰工程	65138.57	3608.79		55034.70	84.49	2002.80	3.07	2722.65	4.18	5378.41	8.26	23.15
安装工程	48992.04	2714.24		28592.26	58.36	1589.65	3.24	14764.92	30.14	4045.21	8.26	17.41
合计	281424.41	15591.38		200730.98	71.33	32467.34	11.54	24989.20	8.88	23236.88	8.26	100.00

工程费用分析（分部分项工程费）

费用组成分析		分部分项工程费（万元）		人工费		材料费		机械费		管理费		利润	
				万元	占比(%)	万元	占比(%)	万元	占比(%)	万元	占比(%)	万元	占比(%)
建筑工程		117104.02	构成	14452.16	12.34	84370.29	72.05	8873.83	7.58	4925.94	4.21	4481.81	3.83
装饰工程		55034.70		6762.51	12.29	44876.11	81.54	627.91	1.14	1291.74	2.35	1476.43	2.68
安装工程		28592.26		2970.90	10.39	23910.86	83.63	183.51	0.64	896.32	3.13	630.66	2.21
合计		200730.98		24185.57	12.05	153157.26	76.30	9685.25	4.82	7113.99	3.54	6588.90	3.28
建筑工程	土石方工程	2820.74		274.58	9.73	897.51	31.82	1397.05	49.53	100.46	3.56	151.14	5.36

续表

费用组成分析		分部分项工程费（万元）	构成	人工费		材料费		机械费		管理费		利润	
				万元	占比(%)	万元	占比(%)	万元	占比(%)	万元	占比(%)	万元	占比(%)
建筑工程	桩基础工程	27024.47		3575.44	13.23	17150.88	63.46	3567.71	13.20	1301.83	4.82	1428.61	5.29
	砌筑工程	1041.41		338.38	32.49	585.77	56.25	—	—	49.57	4.76	67.68	6.50
	钢筋混凝土工程	24565.51		2998.26	12.21	19495.30	79.36	434.88	1.77	950.48	3.87	686.58	2.79
	金属结构工程	44834.86		4126.90	9.20	34581.69	77.13	3006.73	6.71	1692.89	3.78	1426.66	3.18
	门窗工程	313.27		14.77	4.71	293.38	93.65	0.05	0.02	2.10	0.67	2.96	0.95
	屋面及防水工程	15748.94		3010.64	19.12	10762.58	68.34	467.37	2.97	812.79	5.16	695.57	4.42
	保温隔热防腐工程	754.82		113.05	14.98	603.34	79.93	—	—	15.82	2.10	22.61	3.00
装饰工程	楼地面工程	7494.65		462.97	6.18	6823.89	91.05	26.79	0.36	84.68	1.13	96.32	1.29
	内墙面工程	3120.39		676.94	21.69	2190.68	70.21	12.20	0.39	102.77	3.29	137.79	4.42
	天棚工程	2539.79		227.78	8.97	2232.59	87.90	0.49	0.02	33.29	1.31	45.65	1.80
	外墙面工程	436.88		215.92	49.42	139.40	31.91	4.56	1.04	32.91	7.53	44.09	10.09
	幕墙工程	36395.20		4776.48	13.12	29088.03	79.92	506.84	1.39	967.19	2.66	1056.67	2.90
	其他工程	5047.79		402.42	7.97	4401.48	87.20	77.08	1.53	70.91	1.40	95.90	1.90
安装工程	电气工程	9510.31		938.40	9.87	8064.08	84.79	34.37	0.36	279.01	2.93	194.46	2.04
	给排水工程	1772.61		243.96	13.76	1341.47	75.68	48.09	2.71	80.67	4.55	58.43	3.30
	通风空调工程	3301.57		467.22	14.15	2552.42	77.31	42.24	1.28	137.81	4.17	101.90	3.09
	消防电工程	821.35		224.56	27.34	484.60	59.00	2.58	0.31	64.26	7.82	45.35	5.52
	消防水工程	1207.23		348.00	28.83	632.42	52.39	42.71	3.54	105.95	8.78	78.15	6.47
	气体灭火工程	249.97		38.93	15.57	190.85	76.35	1.02	0.41	11.19	4.47	7.99	3.20
	智能化（弱电）工程	9776.81		582.82	5.96	8896.17	90.99	6.08	0.06	174.04	1.78	117.70	1.20
	电梯工程	809.66		46.37	5.73	725.44	89.60	6.31	0.78	21.00	2.59	10.54	1.30
	抗震支架工程	1142.74		80.76	7.07	1023.44	89.56	—	—	22.39	1.96	16.15	1.41

其他工程造价指标分析表

表 6-3-5

总建筑面积：180500.00m^2

专业	工程造价（万元）	经济指标（元/m^2）	备注
标识工程	804.27	44.56	
合计	804.27	44.56	

建筑工程含量指标表

表 6-3-6

总建筑面积：180500.00m^2，其中：地上面积（±0.00 以上）：180500.00m^2，地下面积（±0.00 以下）：0.00m^2

部位	名称	单方含量	工程总量	总价（万元）	单方造价（元/m^2）	备注
地上	砌筑工程	0.09m^3/m^2	16557.22m^3	1041.41	57.70	
	钢筋工程	100.01kg/m^2	18051326.00kg	10405.02	576.46	
	混凝土工程	0.77m^3/m^2	138968.89m^3	13724.25	760.35	
	模板工程	1.94m^2/m^2	349835.46m^2	3435.78	190.35	
	门窗工程	0.02m^2/m^2	3914.00m^2	313.27	17.36	
	屋面工程	1.00m^2/m^2	181133.23m^2	12955.87	717.78	
	防水工程	1.22m^2/m^2	220854.82m^2	2793.07	154.74	
	楼地面工程	0.81m^2/m^2	145455.89m^2	7494.65	415.22	
	内墙面工程	0.76m^2/m^2	136592.87m^2	3120.39	172.87	
	外墙面工程	0.14m^2/m^2	24646.83m^2	436.88	24.20	
	天棚工程	0.42m^2/m^2	75141.06m^2	2539.79	140.71	
	幕墙工程	1.31m^2/m^2	236331.72m^2	36395.20	2016.35	

安装工程含量指标表

表 6-3-7

总建筑面积：180500.00m^2，其中：地上面积（±0.00 以上）：180500.00m^2，地下面积（±0.00 以下）：0.00m^2

部位	专业	名称	百方含量	工程总量	总价（万元）	单方造价（元/m^2）	备注
地上	电气工程	电气配管	202.50m/100m^2	365510.61m	818.10	45.32	
	电气工程	电线	518.33m/100m^2	935582.65m	639.42	35.42	
	电气工程	母线电缆	122.96m/100m^2	221940.05m	3401.75	188.46	
	电气工程	桥架线槽	36.15m/100m^2	65253.44m	588.23	32.59	

续表

部位	专业	名称	百方含量	工程总量	总价（万元）	单方造价（元/m^2）	备注
地上	电气工程	开关插座	2.17 套/100m^2	3915 套	9.08	0.50	
	电气工程	灯具	17.04 套/100m^2	30751 套	2977.24	164.94	
	电气工程	设备	0.55 台/100m^2	997 台	880.19	48.76	
	给排水工程	给水管道	22.33m/100m^2	40310.21m	546.37	30.27	
	给排水工程	排水管道	21.56m/100m^2	38913.60m	749.91	41.55	
	给排水工程	阀部件类	1.21 套/100m^2	2176 套	116.16	6.44	
	给排水工程	卫生器具	2.76 套/100m^2	4986 套	196.21	10.87	
	给排水工程	给排水设备	0.06 台/100m^2	110 台	163.96	9.08	
	消防电工程	消防电配管	50.04m/100m^2	90323.80m	174.10	9.65	
	消防电工程	消防电配线、缆	174.73m/100m^2	315390.00m	352.45	19.53	
	消防电工程	消防电末端装置	1.52 套/100m^2	2746 套	113.79	6.30	
	消防电工程	消防电设备	2.27 台/100m^2	4094 台	181.02	10.03	
	消防水工程	消防水管道	47.45m/100m^2	85649.45m	899.16	49.81	
	消防水工程	消防水阀类	0.09 套/100m^2	169 套	16.29	0.90	
	消防水工程	消防水末端装置	16.07 套/100m^2	29008 套	178.48	9.89	
	消防水工程	消防水设备	0.43 台/100m^2	779 台	95.89	5.31	
	通风空调工程	通风管道	24.33m^2/100m^2	43923.88m^2	1060.78	58.77	
	通风空调工程	通风阀部件	2.78 套/100m^2	5010 套	218.00	12.08	
	通风空调工程	通风设备	0.59 台/100m^2	1070 台	350.59	19.42	
	通风空调工程	空调水管道	14.85m/100m^2	26811.30m	294.05	16.29	
	通风空调工程	空调阀部件	3.28 套/100m^2	5919 套	493.14	27.32	
	通风空调工程	空调末端	—	3 套	2.17	0.12	
	通风空调工程	空调设备	0.20 台/100m^2	354 台	882.83	48.91	

项目费用组成图

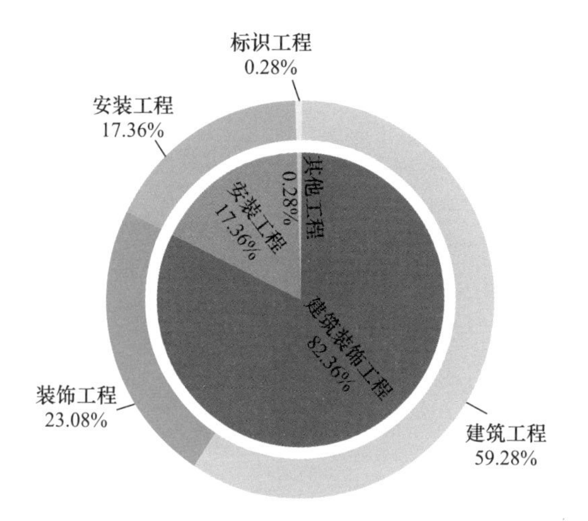

图 6-3-1　专业造价占比

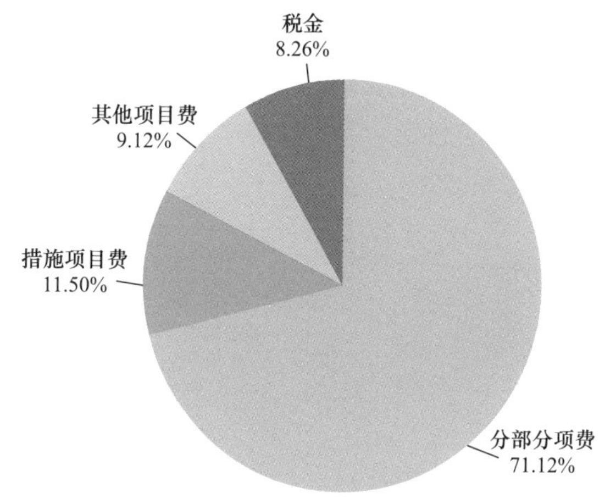

图 6-3-2　造价形成占比

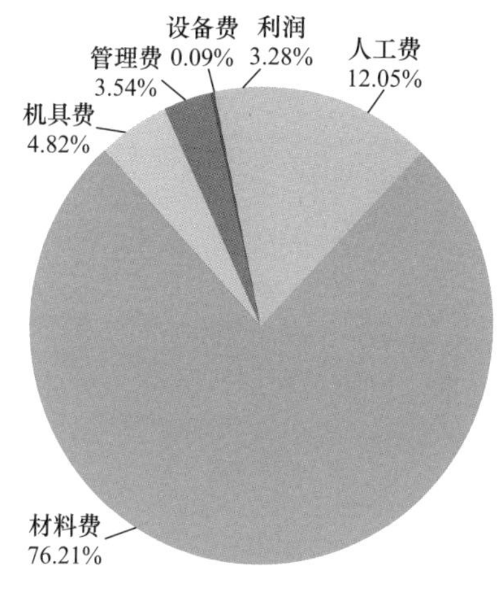

图 6-3-3　费用要素占比

专业名称	金额（元）	费用占比（%）
建筑装饰工程	2324323606.92	82.36
安装工程	489920448.82	17.36
其他工程	8042700.00	0.28

费用名称	金额（元）	费用占比（%）
分部分项费	2007309795.28	71.12
措施项目费	324673449.05	11.50
其他项目费	257270660.01	9.12
税金	233032851.40	8.26

费用名称	金额（元）	费用占比（%）
人工费	241855734.66	12.05
材料费	1529908186.42	76.21
机具费	96852487.61	4.82
管理费	71139945.71	3.54
设备费	1826560.70	0.09
利润	65889038.05	3.28

第七章 厂房建筑

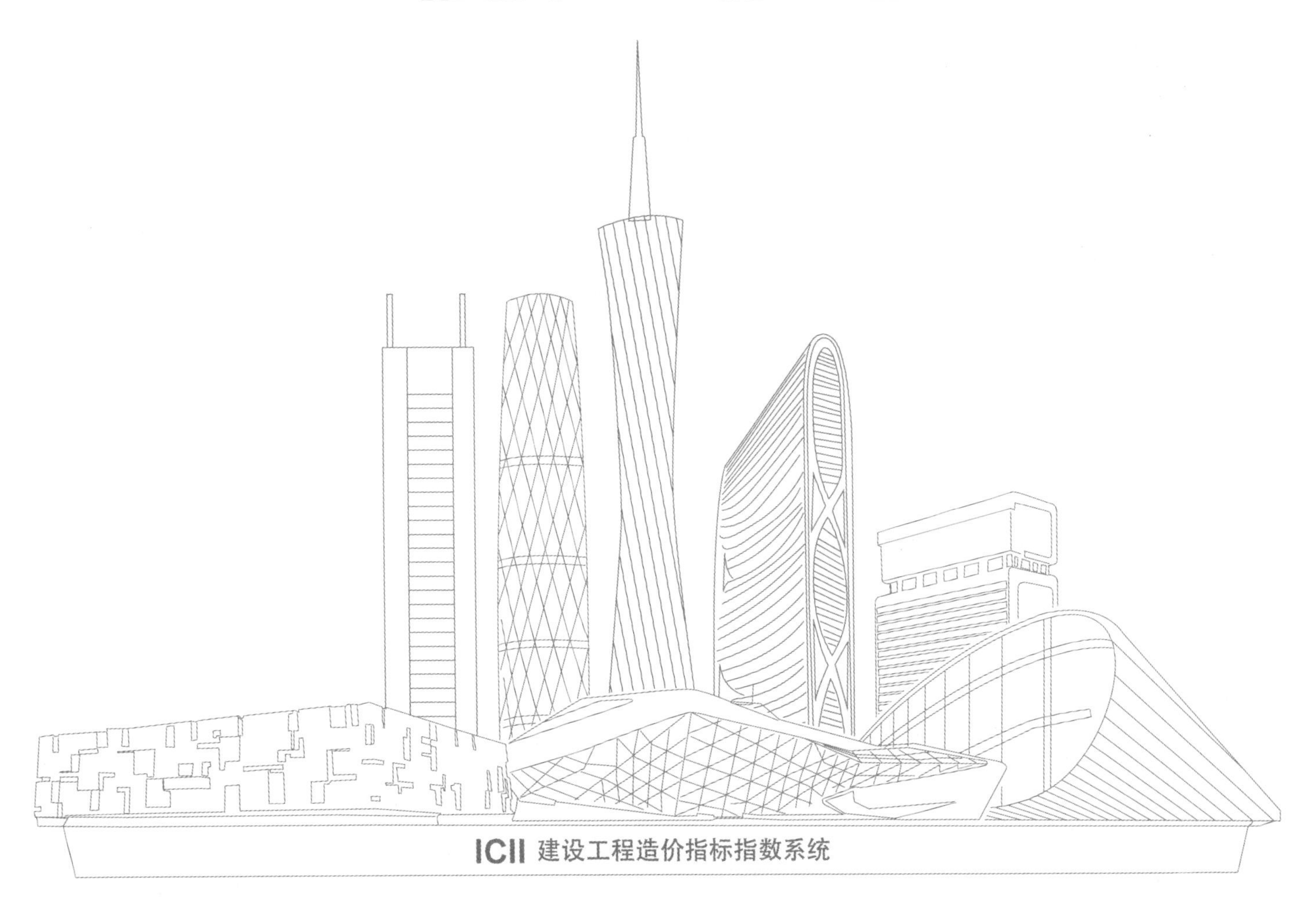

1. 产业园厂房 1

工程概况表　　表 7-1-1

<table>
<tr><td>工程类别</td><td colspan="2">工厂</td><td rowspan="3">计价依据</td><td>清单</td><td>国标 13 清单计价规范</td></tr>
<tr><td>工程所在地</td><td colspan="2">广东省江门市</td><td>定额</td><td>广东省 2010 系列定额</td></tr>
<tr><td>建设性质</td><td colspan="2">—</td><td>其他</td><td>—</td></tr>
<tr><td rowspan="3">建筑面积（m²）</td><td>合计</td><td>12447.10</td><td colspan="2">计税形式</td><td>增值税</td></tr>
<tr><td>其中：±0.00 以上</td><td>12447.10</td><td colspan="2">采价时间</td><td>2019-1</td></tr>
<tr><td>±0.00 以下</td><td>—</td><td colspan="2">工程造价（万元）</td><td>3048.14</td></tr>
<tr><td>人防面积（m²）</td><td colspan="2">—</td><td colspan="2">单方造价（元/m²）</td><td>2448.87</td></tr>
<tr><td rowspan="2">其他规模</td><td>室外面积（m²）</td><td>—</td><td colspan="2" rowspan="2">资金来源</td><td rowspan="2">企业自筹</td></tr>
<tr><td>其他规模</td><td>—</td></tr>
<tr><td rowspan="2">建筑高度（m）</td><td>±0.00 以上</td><td>27.60</td><td colspan="2">装修标准</td><td>初装</td></tr>
<tr><td>±0.00 以下</td><td>—</td><td colspan="2">绿色建筑标准</td><td>基本级</td></tr>
<tr><td rowspan="2">层数</td><td>±0.00 以上</td><td>4</td><td colspan="2">装配率（%）</td><td>—</td></tr>
<tr><td>±0.00 以下</td><td>—</td><td colspan="2">文件形式</td><td>招标控制价</td></tr>
<tr><td rowspan="4">层高（m）</td><td>首层</td><td>9.60</td><td colspan="2">场地类别</td><td>二类</td></tr>
<tr><td>标准层</td><td>4.50</td><td colspan="2">结构类型</td><td>框架-剪力墙</td></tr>
<tr><td>顶层</td><td>4.50</td><td colspan="2">抗震设防烈度</td><td>7</td></tr>
<tr><td>地下室</td><td>—</td><td colspan="2">抗震等级</td><td>框架三级</td></tr>
</table>

本工程主要包含：
1. 建筑工程：土石方工程，砌筑工程，钢筋混凝土工程，金属结构工程，门窗工程，屋面及防水工程，保温隔热防腐工程，模板工程，脚手架工程；
2. 装饰工程：楼地面工程，内墙面工程，天棚工程，外墙面工程，幕墙工程，其他工程；
3. 安装工程：电气工程，给排水工程，通风空调工程，消防水工程，消防电工程

建设项目投资指标表

表 7-1-2

总建筑面积：12447.10m²，其中：地上面积（±0.00 以上）：12447.10m²，地下面积（±0.00 以下）：0.00m²

序号	名称	金额（万元）	单位指标（元/m²）	造价占比（%）	备注
1	建筑安装工程费用	3048.14	2448.87	100.00	
1.1	建筑工程	1990.81	1599.41	65.31	
1.2	装饰工程	617.54	496.13	20.26	
1.3	安装工程	439.79	353.32	14.43	

工程造价指标分析表

表 7-1-3

总建筑面积：12447.10m²，其中：地上面积（±0.00 以上）：12447.10m²，地下面积（±0.00 以下）：0.00m²

专业			工程造价（万元）	经济指标（元/m²）	总造价占比（%）	备注
建筑工程			1990.81	1599.41	65.31	
装饰工程			617.54	496.13	20.26	
安装工程			439.79	353.32	14.43	
合计			3048.14	2448.87	100.00	
地上	建筑工程	土石方工程	11.77	9.45	0.39	
		砌筑工程	65.20	52.38	2.14	
		钢筋混凝土工程	938.73	754.18	30.80	
		金属结构工程	7.19	5.77	0.24	
		门窗工程	93.69	75.27	3.07	
		屋面及防水工程	74.94	60.20	2.46	
		保温隔热防腐工程	14.17	11.39	0.46	
		脚手架工程	56.88	45.70	1.87	
		模板工程	247.59	198.91	8.12	
		单价措施项目	64.13	51.52	2.10	
		总价措施项目	57.77	46.41	1.90	
		其他项目	194.38	156.17	6.38	
		税金	164.38	132.06	5.39	

续表

专业			工程造价（万元）	经济指标（元/m²）	总造价占比（%）	备注
地上	装饰工程	楼地面工程	93.17	74.86	3.06	
		内墙面工程	74.11	59.54	2.43	
		天棚工程	10.16	8.16	0.33	
		外墙面工程	101.51	81.55	3.33	
		幕墙工程	164.85	132.44	5.41	
		其他工程	19.82	15.92	0.65	
		单价措施项目	5.63	4.53	0.18	
		总价措施项目	22.21	17.85	0.73	
		其他项目	75.08	60.32	2.46	
		税金	50.99	40.97	1.67	
	安装工程	电气工程	55.73	44.78	1.83	
		给排水工程	15.10	12.13	0.50	
		通风空调工程	22.82	18.33	0.75	
		消防电工程	17.06	13.70	0.56	
		消防水工程	60.22	48.38	1.98	
		措施项目	24.86	19.97	0.82	
		其他项目	207.69	166.86	6.81	
		税金	36.31	29.17	1.19	

工程造价及工程费用分析表　　表 7-1-4

总建筑面积：12447.10m²，其中：地上面积（±0.00 以上）：12447.10m²，地下面积（±0.00 以下）：0.00m²

工程造价分析												
工程造价组成分析	工程造价（万元）	单方造价（元/m²）		分部分项工程费		措施项目费		其他项目费		税金		总造价占比（%）
				万元	占比(%)	万元	占比(%)	万元	占比(%)	万元	占比(%)	
建筑工程	1990.81	1599.41	构成	1205.68	60.56	426.36	21.42	194.38	9.76	164.38	8.26	65.31
装饰工程	617.54	496.13		463.62	75.08	27.85	4.51	75.08	12.16	50.99	8.26	20.26
安装工程	439.79	353.32		170.93	38.87	24.86	5.65	207.69	47.23	36.31	8.26	14.43
合计	3048.14	2448.87		1840.23	60.37	479.07	15.72	477.15	15.65	251.68	8.26	100.00

续表

工程费用分析（分部分项工程费）													
费用组成分析		分部分项工程费（万元）	构成	人工费		材料费		机械费		管理费		利润	
				万元	占比(%)	万元	占比(%)	万元	占比(%)	万元	占比(%)	万元	占比(%)
建筑工程		1205.68		170.64	14.15	972.11	80.63	11.90	0.99	20.32	1.69	30.71	2.55
装饰工程		463.62		129.15	27.86	297.91	64.26	3.05	0.66	10.26	2.21	23.25	5.02
安装工程		170.93		45.70	26.74	107.82	63.08	3.43	2.00	5.75	3.37	8.22	4.81
合计		1840.23		345.50	18.77	1377.85	74.87	18.37	1.00	36.33	1.97	62.19	3.38
建筑工程	土石方工程	11.77		5.85	49.76	—	—	4.03	34.21	0.83	7.04	1.05	8.96
	砌筑工程	65.20		14.87	22.81	46.71	71.64	—	—	0.94	1.45	2.68	4.11
	钢筋混凝土工程	938.73		127.19	13.55	764.11	81.40	7.66	0.82	16.89	1.80	22.89	2.44
	金属结构工程	7.19		3.73	51.94	2.49	34.64	0.02	0.24	0.28	3.84	0.67	9.34
	门窗工程	93.69		2.17	2.31	90.88	97.00	0.09	0.10	0.16	0.17	0.39	0.42
	屋面及防水工程	74.94		14.63	19.52	56.47	75.36	0.11	0.14	1.10	1.46	2.63	3.51
	保温隔热防腐工程	14.17		2.20	15.51	11.44	80.76	—	—	0.13	0.93	0.40	2.80
装饰工程	楼地面工程	93.17		22.48	24.12	63.96	68.65	0.08	0.09	2.61	2.80	4.05	4.34
	内墙面工程	74.11		30.81	41.58	35.47	47.87	0.02	0.03	2.25	3.04	5.55	7.49
	天棚工程	10.16		4.08	40.16	5.06	49.81	0.02	0.20	0.26	2.60	0.73	7.23
	外墙面工程	101.51		38.74	38.16	51.20	50.43	1.66	1.64	2.94	2.89	6.98	6.87
	幕墙工程	164.85		30.78	18.67	125.37	76.05	1.14	0.69	2.02	1.22	5.54	3.36
	其他工程	19.82		2.27	11.43	16.85	85.00	0.12	0.61	0.18	0.91	0.41	2.06
安装工程	电气工程	55.73		11.50	20.63	40.06	71.87	0.63	1.12	1.48	2.66	2.07	3.71
	给排水工程	15.10		3.14	20.76	10.97	72.65	0.03	0.19	0.40	2.66	0.56	3.73
	通风空调工程	22.82		7.54	33.02	12.84	56.25	0.23	1.01	0.86	3.78	1.36	5.94
	消防电工程	17.06		5.25	30.80	9.81	57.54	0.36	2.09	0.69	4.05	0.94	5.53
	消防水工程	60.22		18.28	30.36	34.15	56.71	2.18	3.63	2.32	3.85	3.29	5.46

建筑工程含量指标表

表 7-1-5

总建筑面积：12447.10m^2，其中：地上面积（±0.00 以上）：12447.10m^2，地下面积（±0.00 以下）：0.00m^2

部位	名称	单方含量	工程总量	总价（万元）	单方造价（元/m^2）	备注
地上	砌筑工程	0.08m^3/m^2	1042.40m^3	65.20	52.38	
	钢筋工程	70.07kg/m^2	872159.00kg	467.09	375.26	
	混凝土工程	0.50m^3/m^2	6161.67m^3	470.55	378.04	
	模板工程	2.80m^2/m^2	34894.49m^2	247.59	198.91	
	门窗工程	0.10m^2/m^2	1203.44m^2	93.69	75.27	
	屋面工程	0.28m^2/m^2	3491.01m^2	45.89	36.87	
	防水工程	0.58m^2/m^2	7218.80m^2	29.04	23.33	
	楼地面工程	0.56m^2/m^2	6950.09m^2	93.17	74.86	
	内墙面工程	0.80m^2/m^2	9921.40m^2	74.11	59.54	
	外墙面工程	0.32m^2/m^2	3950.19m^2	101.51	81.55	
	天棚工程	0.15m^2/m^2	1874.66m^2	10.16	8.16	
	幕墙工程	0.13m^2/m^2	1569.85m^2	164.85	132.44	

安装工程含量指标表

表 7-1-6

总建筑面积：12447.10m^2，其中：地上面积（±0.00 以上）：12447.10m^2，地下面积（±0.00 以下）：0.00m^2

部位	专业	名称	百方含量	工程总量	总价（万元）	单方造价（元/m^2）	备注
地上	电气工程	电气配管	45.47m/100m^2	5659.13m	5.85	4.70	
	电气工程	电线	132.84m/100m^2	16534.40m	6.26	5.03	
	电气工程	母线电缆	10.57m/100m^2	1315.72m	23.35	18.76	
	电气工程	桥架线槽	6.11m/100m^2	761.01m	4.96	3.98	

续表

部位	专业	名称	百方含量	工程总量	总价（万元）	单方造价（元/m^2）	备注
地上	电气工程	开关插座	0.76套/100m^2	94套	0.15	0.12	
	电气工程	灯具	3.24套/100m^2	403套	4.20	3.38	
	电气工程	设备	0.71台/100m^2	88台	8.57	6.89	
	给排水工程	给水管道	8.13m/100m^2	1012.31m	5.29	4.25	
	给排水工程	排水管道	4.06m/100m^2	504.77m	2.15	1.72	
	给排水工程	阀部件类	0.19套/100m^2	24套	0.56	0.45	
	给排水工程	卫生器具	1.76套/100m^2	219套	7.10	5.70	
	消防电工程	消防电配管	41.04m/100m^2	5108.86m	5.00	4.01	
	消防电工程	消防电配线、缆	74.65m/100m^2	9291.14m	4.42	3.55	
	消防电工程	消防电末端装置	1.93套/100m^2	240套	2.35	1.88	
	消防电工程	消防电设备	0.88台/100m^2	109台	5.29	4.25	
	消防水工程	消防水管道	46.80m/100m^2	5824.69m	49.05	39.41	
	消防水工程	消防水阀类	0.31套/100m^2	39套	2.54	2.04	
	消防水工程	消防水末端装置	12.17套/100m^2	1515套	4.97	3.99	
	消防水工程	消防水设备	0.81台/100m^2	101台	3.66	2.94	
	通风空调工程	通风管道	13.31m^2/100m^2	1656.37m^2	17.63	14.16	
	通风空调工程	通风阀部件	0.58套/100m^2	72套	2.74	2.20	
	通风空调工程	通风设备	0.03台/100m^2	4台	2.46	1.97	

项目费用组成图

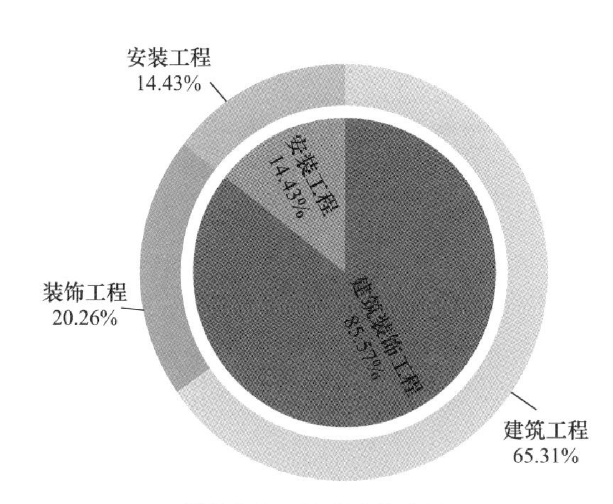

图 7-1-1　专业造价占比

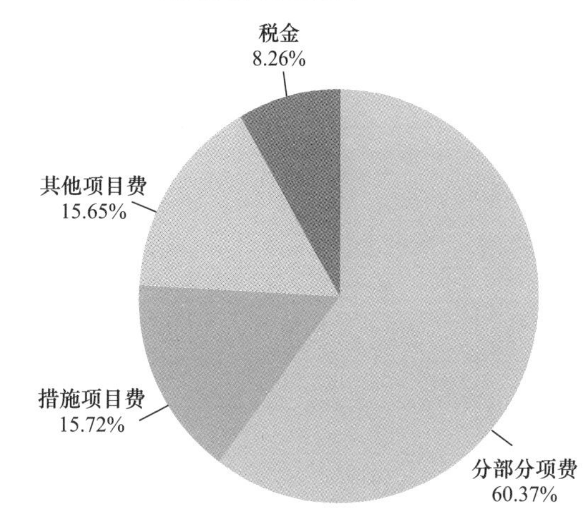

图 7-1-2　造价形成占比

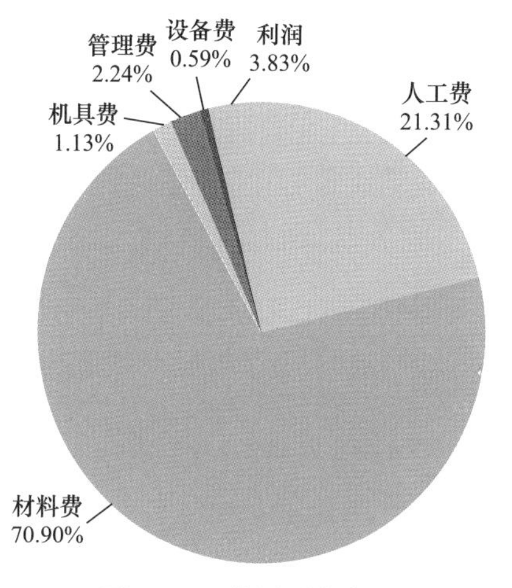

图 7-1-3　费用要素占比

专业名称	金额（元）	费用占比（%）
建筑装饰工程	26083491.26	85.57
安装工程	4397860.12	14.43

费用名称	金额（元）	费用占比（%）
分部分项费	18402336.86	60.37
措施项目费	4790668.58	15.72
其他项目费	4771537.11	15.65
税金	2516808.83	8.26

费用名称	金额（元）	费用占比（%）
人工费	3454994.41	21.31
材料费	11497426.09	70.90
机具费	183691.69	1.13
管理费	363316.40	2.24
设备费	95491.19	0.59
利润	621871.54	3.83

2. 产业园厂房 2

工程概况表　　表 7-2-1

<table>
<tr><td>工程类别</td><td colspan="2">工厂</td><td rowspan="3">计价依据</td><td>清单</td><td>国标 13 清单计价规范</td></tr>
<tr><td>工程所在地</td><td colspan="2">广东省广州市</td><td>定额</td><td>广东省 2018 系列定额</td></tr>
<tr><td>建设性质</td><td colspan="2">新建</td><td>其他</td><td>—</td></tr>
<tr><td rowspan="3">建筑面积（m²）</td><td>合计</td><td>28964.00</td><td colspan="2">计税形式</td><td>增值税</td></tr>
<tr><td>其中：±0.00 以上</td><td>23117.20</td><td colspan="2">采价时间</td><td>2021-2</td></tr>
<tr><td>±0.00 以下</td><td>5846.80</td><td colspan="2">工程造价（万元）</td><td>10268.19</td></tr>
<tr><td>人防面积（m²）</td><td colspan="2">2188.00</td><td colspan="2">单方造价（元/m²）</td><td>3545.16</td></tr>
<tr><td rowspan="2">其他规模</td><td>室外面积（m²）</td><td>6215.00</td><td colspan="2" rowspan="2">资金来源</td><td rowspan="2">企业自筹</td></tr>
<tr><td>其他规模</td><td>5846.80</td></tr>
<tr><td rowspan="2">建筑高度（m）</td><td>±0.00 以上</td><td>40.50</td><td colspan="2">装修标准</td><td>初装</td></tr>
<tr><td>±0.00 以下</td><td>5.50</td><td colspan="2">绿色建筑标准</td><td>一星</td></tr>
<tr><td rowspan="2">层数</td><td>±0.00 以上</td><td>8</td><td colspan="2">装配率（%）</td><td>—</td></tr>
<tr><td>±0.00 以下</td><td>1</td><td colspan="2">文件形式</td><td>招标控制价</td></tr>
<tr><td rowspan="4">层高（m）</td><td>首层</td><td>6.00</td><td colspan="2">场地类别</td><td>二类</td></tr>
<tr><td>标准层</td><td>4.50</td><td colspan="2">结构类型</td><td>框架</td></tr>
<tr><td>顶层</td><td>3</td><td colspan="2">抗震设防烈度</td><td>6</td></tr>
<tr><td>地下室</td><td>5.5</td><td colspan="2">抗震等级</td><td>三级</td></tr>
</table>

本工程主要包含：
1. 建筑工程：土石方工程，桩基础工程，砌筑工程，钢筋混凝土工程，金属结构工程，门窗工程，屋面及防水工程，保温隔热防腐工程，模板工程，脚手架工程；
2. 装饰工程：楼地面工程，内墙面工程，天棚工程，外墙面工程，幕墙工程，其他工程；
3. 安装工程：电气工程，给排水工程，通风空调工程，消防水工程，消防电工程，气体灭火工程，电梯工程，高低压配电工程；
4. 室外配套工程：室外照明工程；
5. 其他工程：污水处理工程

建设项目投资指标表

表 7-2-2

总建筑面积：28964.00m²，其中：地上面积（±0.00 以上）：23117.20m²，地下面积（±0.00 以下）：5846.80m²

序号	名称	金额（万元）	单位指标（元/m²）	造价占比（%）	备注
1	建筑安装工程费用	10268.19	3545.16	100.00	
1.1	建筑工程	5622.37	1941.16	54.76	
1.2	装饰工程	1884.16	650.52	18.35	
1.3	安装工程	2368.77	817.83	23.07	
1.4	室外配套工程	11.39	3.93	0.11	
1.5	其他工程	381.50	131.72	3.72	包含污水处理工程等

工程造价指标分析表

表 7-2-3

总建筑面积：28964.00m²，其中：地上面积（±0.00 以上）：23117.20m²，地下面积（±0.00 以下）：5846.80m²

专业			工程造价（万元）	经济指标（元/m²）	总造价占比（%）	备注
建筑工程			5622.37	1941.16	56.93	
装饰工程			1884.16	650.52	19.08	
安装工程			2368.77	817.83	23.99	
合计			9875.30	3409.51	100.00	
地上	建筑工程	砌筑工程	123.40	53.38	1.25	
		钢筋混凝土工程	1300.42	562.54	13.17	
		金属结构工程	17.66	7.64	0.18	
		门窗工程	31.39	13.58	0.32	
		屋面及防水工程	95.83	41.45	0.97	
		保温隔热防腐工程	22.15	9.58	0.22	
		脚手架工程	113.73	49.20	1.15	
		模板工程	375.67	162.51	3.80	

续表

专业			工程造价（万元）	经济指标（元/m²）	总造价占比（%）	备注
地上	建筑工程	单价措施项目	112.16	48.52	1.14	
		总价措施项目	47.76	20.66	0.48	
		其他项目	186.28	80.58	1.89	
		税金	218.38	94.47	2.21	
	装饰工程	楼地面工程	160.89	69.60	1.63	
		内墙面工程	233.61	101.05	2.37	
		天棚工程	97.94	42.37	0.99	
		外墙面工程	77.80	33.66	0.79	
		幕墙工程	664.44	287.42	6.73	
		其他工程	22.71	9.82	0.23	
		单价措施项目	7.72	3.34	0.08	
		总价措施项目	57.36	24.81	0.58	
		其他项目	158.40	68.52	1.60	
		税金	133.28	57.65	1.35	
	安装工程	电气工程	226.68	98.06	2.30	
		给排水工程	82.04	35.49	0.83	
		通风空调工程	269.21	116.45	2.73	
		消防电工程	81.75	35.36	0.83	
		消防水工程	154.40	66.79	1.56	
		气体灭火工程	29.29	12.67	0.30	
		电梯工程	135.76	58.73	1.37	

续表

专业			工程造价（万元）	经济指标（元/m^2）	总造价占比（%）	备注
地上	安装工程	高低压配电工程	535.78	231.77	5.43	
		措施项目	68.77	29.75	0.70	
		其他项目	179.63	77.70	1.82	
		税金	158.70	68.65	1.61	
地下	建筑工程	土石方工程	264.38	452.18	2.68	
		桩基础工程	499.14	853.69	5.05	
		砌筑工程	70.71	120.94	0.72	
		钢筋混凝土工程	1155.85	1976.89	11.70	
		金属结构工程	5.45	9.33	0.06	
		门窗工程	52.16	89.21	0.53	
		防水工程	159.00	271.95	1.61	
		脚手架工程	23.38	39.99	0.24	
		模板工程	103.40	176.85	1.05	
		单价措施项目	68.77	117.61	0.70	
		总价措施项目	69.31	118.55	0.70	
		其他项目	260.13	444.91	2.63	
		税金	245.85	420.49	2.49	
	装饰工程	楼地面工程	121.00	206.95	1.23	
		内墙面工程	76.93	131.57	0.78	
		天棚工程	0.36	0.62	0.00	
		其他工程	4.76	8.14	0.05	

续表

专业			工程造价（万元）	经济指标（元/m²）	总造价占比（%）	备注
地下	装饰工程	总价措施项目	15.52	26.54	0.16	
		其他项目	29.14	49.84	0.30	
		税金	22.29	38.13	0.23	
	安装工程	电气工程	199.64	341.46	2.02	
		给排水工程	21.42	36.63	0.22	
		通风空调工程	52.52	89.82	0.53	
		消防电工程	27.45	46.95	0.28	
		消防水工程	33.76	57.74	0.34	
		措施项目	33.20	56.78	0.34	
		其他项目	41.89	71.65	0.42	
		税金	36.89	63.09	0.37	

工程造价及工程费用分析表

表 7-2-4

总建筑面积：28964.00m²，其中：地上面积（±0.00 以上）：23117.20m²，地下面积（±0.00 以下）：5846.80m²

工程造价分析

工程造价组成分析	工程造价（万元）	单方造价（元/m²）		分部分项工程费		措施项目费		其他项目费		税金		总造价占比（%）
				万元	占比(%)	万元	占比(%)	万元	占比(%)	万元	占比(%)	
建筑工程	5622.37	1941.16	构成	3797.55	67.54	914.18	16.26	446.41	7.94	464.23	8.26	56.93
装饰工程	1884.16	650.52		1460.45	77.51	80.60	4.28	187.54	9.95	155.57	8.26	19.08
安装工程	2368.77	817.83		1849.70	78.09	101.97	4.30	221.52	9.35	195.59	8.26	23.99
合计	9875.30	3409.51		7107.70	71.97	1096.74	11.11	855.47	8.66	815.39	8.26	100.00

续表

工程费用分析（分部分项工程费）														
费用组成分析		分部分项工程费（万元）		人工费		材料费		机械费		管理费		利润	
				万元	占比(%)	万元	占比(%)	万元	占比(%)	万元	占比(%)	万元	占比(%)
建筑工程		3797.55	构成	449.04	11.82	2967.09	78.13	130.53	3.44	134.98	3.55	115.91	3.05
装饰工程		1460.45		354.95	24.30	970.33	66.44	5.81	0.40	57.20	3.92	72.15	4.94
安装工程		1849.70		192.18	10.39	1541.06	83.31	16.69	0.90	57.97	3.13	41.79	2.26
合计		7107.70		996.17	14.02	5478.48	77.08	153.04	2.15	250.16	3.52	229.85	3.23
建筑工程	土石方工程	264.38		24.07	9.11	193.75	73.29	25.54	9.66	11.09	4.19	9.92	3.75
	桩基础工程	499.14		59.15	11.85	332.61	66.64	61.52	12.33	21.72	4.35	24.13	4.83
	砌筑工程	194.11		51.23	26.39	124.80	64.29	0.05	0.03	7.77	4.00	10.26	5.28
	钢筋混凝土工程	2456.27		255.39	10.40	2013.85	81.99	42.25	1.72	85.26	3.47	59.52	2.42
	金属结构工程	23.12		8.63	37.35	11.41	49.35	—	—	1.34	5.80	1.73	7.48
	门窗工程	83.55		3.94	4.72	78.24	93.64	—	—	0.58	0.69	0.79	0.94
	屋面及防水工程	254.84		42.18	16.55	196.28	77.02	1.16	0.46	6.54	2.57	8.67	3.40
	保温隔热防腐工程	22.15		4.44	20.02	16.14	72.86	—	—	0.69	3.10	0.89	4.01
装饰工程	楼地面工程	281.89		91.62	32.50	155.87	55.29	0.14	0.05	15.91	5.64	18.35	6.51
	内墙面工程	310.54		109.65	35.31	159.93	51.50	1.61	0.52	17.09	5.50	22.25	7.17
	天棚工程	98.30		34.96	35.57	51.07	51.96	0.01	0.01	5.26	5.35	7.00	7.12
	外墙面工程	77.80		32.37	41.60	33.74	43.37	0.15	0.20	5.03	6.47	6.51	8.36
	幕墙工程	664.44		83.41	12.55	546.45	82.24	3.71	0.56	13.47	2.03	17.42	2.62
	其他工程	27.47		2.94	10.70	23.28	84.72	0.19	0.69	0.44	1.60	0.63	2.28
安装工程	电气工程	426.32		38.96	9.14	364.10	85.41	2.88	0.68	12.00	2.81	8.38	1.97
	给排水工程	103.46		15.47	14.95	76.60	74.04	2.68	2.59	5.07	4.90	3.63	3.51
	通风空调工程	321.72		48.01	14.92	251.64	78.22	0.68	0.21	11.65	3.62	9.74	3.03
	消防电工程	109.20		22.82	20.90	74.95	68.64	0.27	0.25	6.54	5.99	4.62	4.23
	消防水工程	188.15		41.13	21.86	120.56	64.07	4.89	2.60	12.37	6.57	9.21	4.89
	气体灭火工程	29.29		2.14	7.32	25.97	88.65	0.11	0.38	0.62	2.11	0.45	1.54
	电梯工程	135.76		9.86	7.27	117.56	86.59	1.52	1.12	4.54	3.34	2.28	1.68
	高低压配电工程	535.78		13.79	2.57	509.67	95.13	3.65	0.68	5.18	0.97	3.49	0.65

室外配套工程造价指标分析表

表 7-2-5

室外面积：6215.00m²

专业	工程造价（万元）	经济指标（元/m²）	备注
室外照明工程	11.39	18.33	
合计	11.39	18.33	

室外配套工程造价及工程费用分析表

表 7-2-6

室外面积：6215.00m²

工程造价分析

工程造价组成分析	工程造价（万元）	单方造价（元/m²）	构成	分部分项工程费		措施项目费		其他项目费		税金		总造价占比（%）
				万元	占比(%)	万元	占比(%)	万元	占比(%)	万元	占比(%)	
室外照明工程	11.39	18.33		9.50	83.40	—	—	0.95	8.34	0.94	8.26	100.00
合计	11.39	18.33		9.50	83.40	—	—	0.95	8.34	0.94	8.26	100.00

工程费用分析（分部分项工程费）

费用组成分析	分部分项工程费（万元）	构成	人工费		材料费		机械费		管理费		利润	
			万元	占比(%)	万元	占比(%)	万元	占比(%)	万元	占比(%)	万元	占比(%)
室外照明工程	9.50		—	—	9.50	100.00	—	—	—	—	—	—
合计	9.50		—	—	9.50	100.00	—	—	—	—	—	—

其他工程造价指标分析表

表 7-2-7

总建筑面积：28964.00m²

专业	工程造价（万元）	经济指标（元/m²）	备注
污水处理工程	381.50	131.72	
合计	381.50	131.72	

建筑工程含量指标表

表 7-2-8

总建筑面积：28964.00m²，其中：地上面积（±0.00 以上）：23117.20m²，地下面积（±0.00 以下）：5846.80m²

部位	名称	单方含量	工程总量	总价（万元）	单方造价（元/m²）	备注
地上	砌筑工程	0.09m³/m²	2160.60m³	123.40	53.38	
	钢筋工程	48.95kg/m²	1131490.00kg	681.68	294.88	
	混凝土工程	0.35m³/m²	8179.66m³	565.25	244.52	
	模板工程	2.04m²/m²	47165.74m²	375.67	162.51	
	门窗工程	0.02m²/m²	552.40m²	31.39	13.58	
	屋面工程	0.11m²/m²	2473.87m²	26.44	11.44	
	防水工程	0.36m²/m²	8327.35m²	69.39	30.02	
	楼地面工程	1.04m²/m²	23976.39m²	160.89	69.60	
	内墙面工程	1.23m²/m²	28536.48m²	233.61	101.05	
	外墙面工程	0.21m²/m²	4959.73m²	77.80	33.66	
	天棚工程	1.38m²/m²	31898.51m²	97.94	42.37	
	幕墙工程	0.43m²/m²	9973.06m²	664.44	287.42	
地下	土石方开挖工程	0.02m³/m²	113.23m³	0.10	0.18	
	土石方回填工程	0.87m³/m²	5066.06m³	235.69	403.10	
	灌注桩工程	0.75m³/m²	4405.81m³	499.14	853.69	
	砌筑工程	0.25m³/m²	1490.87m³	70.71	120.94	
	钢筋工程	186.40kg/m²	1089830.00kg	625.25	1069.39	
	混凝土工程	1.25m³/m²	7281.85m³	529.67	905.92	
	模板工程	2.38m²/m²	13906.42m²	103.40	176.85	
	防火门工程	0.16m²/m²	960.65m²	52.11	89.13	
	普通门工程	0.02m²/m²	1.40m²	0.05	0.09	
	防水工程	1.67m²/m²	9736.83m²	104.20	178.22	
	楼地面工程	0.95m²/m²	5577.75m²	121.00	206.95	
	墙柱面工程	2.54m²/m²	14863.62m²	76.93	131.57	
	天棚工程	0.25m²/m²	14.48m²	0.36	0.62	

安装工程含量指标表

表 7-2-9

总建筑面积：28964.00m²，其中：地上面积（±0.00 以上）：23117.20m²，地下面积（±0.00 以下）：5846.80m²

部位	专业	名称	百方含量	工程总量	总价（万元）	单方造价（元/m²）	备注
地上	电气工程	电气配管	76.07m/100m²	17585.56m	30.65	13.26	
	电气工程	电线	40.62m/100m²	9389.55m	3.57	1.54	
	电气工程	母线电缆	9.63m/100m²	2226.01m	126.75	54.83	
	电气工程	桥架线槽	5.19m/100m²	1199.60m	6.43	2.78	
	电气工程	开关插座	—	—	0.20	0.08	
	电气工程	灯具	1.60 套/100m²	369 套	5.17	2.24	
	电气工程	设备	0.21 台/100m²	49 台	48.03	20.78	
	给排水工程	给水管道	3.86m/100m²	891.62m	6.52	2.82	
	给排水工程	排水管道	7.66m/100m²	1771.67m	30.92	13.38	
	给排水工程	阀部件类	0.03 套/100m²	8 套	17.67	7.64	
	给排水工程	卫生器具	—	—	0.46	0.20	
	给排水工程	给排水设备	—	1 台	26.47	11.45	
	消防电工程	消防电配管	52.82m/100m²	12210.08m	15.64	6.77	
	消防电工程	消防电配线、缆	95.72m/100m²	22127.87m	17.76	7.68	
	消防电工程	消防电末端装置	3.23 套/100m²	746 套	13.78	5.96	
	消防电工程	消防电设备	0.03 台/100m²	6 台	34.57	14.95	
	消防水工程	消防水管道	49.31m/100m²	11398.80m	110.83	47.94	
	消防水工程	消防水阀类	0.25 套/100m²	57 套	10.64	4.60	
	消防水工程	消防水末端装置	12.13 套/100m²	2804 套	14.69	6.35	
	消防水工程	消防水设备	—	—	18.23	7.89	
	通风空调工程	通风管道	11.58m²/100m²	2676.29m²	64.68	27.98	
	通风空调工程	通风阀部件	1.40 套/100m²	324 套	197.30	85.35	
	通风空调工程	通风设备	0.06 台/100m²	13 台	7.23	3.13	

续表

部位	专业	名称	百方含量	工程总量	总价（万元）	单方造价（元/m²）	备注
地下	电气工程	电气配管	80.75m/100m²	4721.09m	6.54	11.19	
	电气工程	电线	320.86m/100m²	18760.03m	6.75	11.55	
	电气工程	母线电缆	35.21m/100m²	2058.51m	17.08	29.22	
	电气工程	桥架线槽	19.49m/100m²	1139.67m	146.16	249.98	
	电气工程	开关插座	—	—	0.10	0.17	
	电气工程	灯具	6.53套/100m²	382套	4.03	6.89	
	电气工程	设备	0.46台/100m²	27台	14.94	25.55	
	给排水工程	给水管道	6.85m/100m²	400.42m	2.40	4.10	
	给排水工程	排水管道	5.00m/100m²	292.16m	5.87	10.04	
	给排水工程	阀部件类	—	—	6.21	10.62	
	给排水工程	卫生器具	—	—	0.07	0.11	
	给排水工程	给排水设备	0.38台/100m²	22台	6.87	11.75	
	给排水工程	消防水设备	—	—	3.46	5.92	
	消防电工程	消防电配管	52.91m/100m²	3093.40m	3.97	6.79	
	消防电工程	消防电配线、缆	130.30m/100m²	7618.61m	11.28	19.30	
	消防电工程	消防电末端装置	4.21套/100m²	246套	4.54	7.77	
	消防电工程	消防电设备	0.02台/100m²	1台	7.66	13.10	
	消防水工程	消防水管道	39.90m/100m²	2332.76m	27.21	46.54	
	消防水工程	消防水阀类	0.02套/100m²	1套	0.22	0.38	
	消防水工程	消防水末端装置	10.23套/100m²	598套	2.86	4.89	
	通风空调工程	通风管道	23.88m²/100m²	1396.39m²	34.31	58.68	
	通风空调工程	通风阀部件	1.28套/100m²	75套	7.95	13.60	
	通风空调工程	通风设备	0.10台/100m²	6台	10.26	17.55	

项目费用组成图

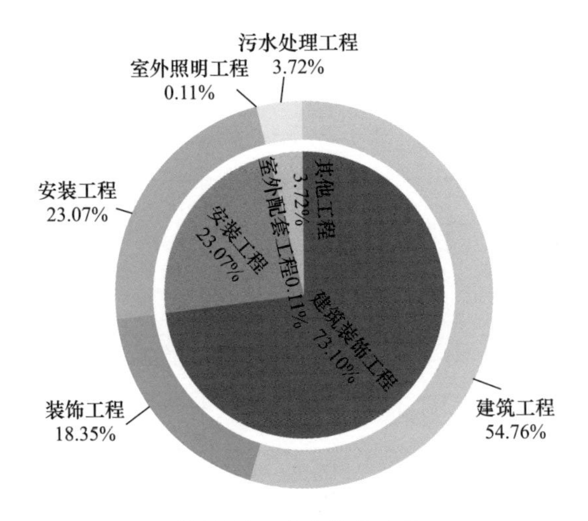

图 7-2-1　专业造价占比

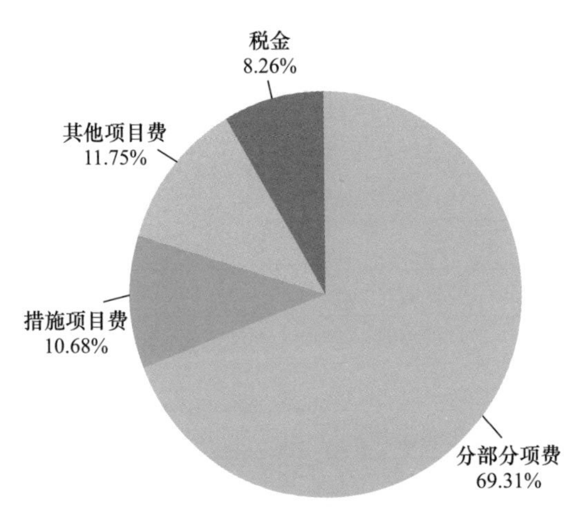

图 7-2-2　造价形成占比

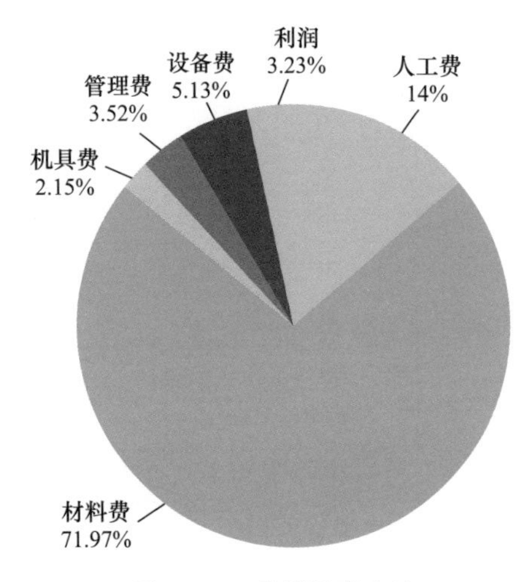

图 7-2-3　费用要素占比

专业名称	金额（元）	费用占比（%）
建筑装饰工程	75065293.09	73.10
安装工程	23687737.27	23.07
室外配套工程	113905.00	0.11
其他工程	3815000.00	3.72

费用名称	金额（元）	费用占比（%）
分部分项费	71171969.20	69.31
措施项目费	10967449.79	10.68
其他项目费	12064191.42	11.75
税金	8478324.95	8.26

费用名称	金额（元）	费用占比（%）
人工费	9961729.57	14.00
材料费	51213447.98	71.97
机具费	1530357.02	2.15
管理费	2501562.86	3.52
设备费	3652049.31	5.13
利润	2298501.36	3.23

3. 产业园厂房 3

工程概况表 表 7-3-1

工程类别	工厂		计价依据	清单	国标 13 清单计价规范
工程所在地	广东省广州市			定额	广东省 2018 系列定额
建设性质	—			其他	—
建筑面积（m²）	合计	64457.34	计税形式		增值税
	其中：±0.00 以上	46896.08	采价时间		2021-10
	±0.00 以下	17561.26	工程造价（万元）		26631.10
人防面积（m²）	1149.00		单方造价（元/m²）		4131.59
其他规模	室外面积（m²）	3094.06	资金来源		企业自筹
	其他规模	—			
建筑高度（m）	±0.00 以上	57.80	装修标准		初装
	±0.00 以下	6.30	绿色建筑标准		基本级
层数	±0.00 以上	12	装配率（%）		—
	±0.00 以下	1	文件形式		招标控制价
层高（m）	首层	6.60	场地类别		二类
	标准层	4.50	结构类型		框架
	顶层	3.85	抗震设防烈度		7
	地下室	5.5	抗震等级		三级

本工程主要包含：
1. 建筑工程：土石方工程，基坑支护工程，桩基础工程，砌筑工程，钢筋混凝土工程，金属结构工程，门窗工程，屋面及防水工程，保温隔热防腐工程，模板工程，脚手架工程，人防门工程；
2. 装饰工程：楼地面工程，内墙面工程，天棚工程，外墙面工程，其他工程；
3. 安装工程：电气工程，给排水工程，通风空调工程，消防水工程，消防电工程，气体灭火工程，智能化工程，高低压配电工程，人防安装工程；
4. 室外配套工程：园建工程，室外给排水工程，室外电气工程，室外智能化工程

建设项目投资指标表

表 7-3-2

总建筑面积：64457.34m²，其中：地上面积（±0.00 以上）：46896.08m²，地下面积（±0.00 以下）：17561.26m²

序号	名称	金额（万元）	单位指标（元/m²）	造价占比（%）	备注
1	建筑安装工程费用	26631.10	4131.59	100.00	
1.1	建筑工程	16558.84	2568.96	62.18	
1.2	装饰工程	3347.13	519.28	12.57	
1.3	安装工程	5132.87	796.32	19.27	
1.4	人防工程	51.06	7.92	0.19	
1.5	室外配套工程	1541.20	239.10	5.79	

工程造价指标分析表

表 7-3-3

总建筑面积：64457.34m²，其中：地上面积（±0.00 以上）：46896.08m²，地下面积（±0.00 以下）：17561.26m²

专业			工程造价（万元）	经济指标（元/m²）	总造价占比（%）	备注
建筑工程			16558.84	2568.96	66.00	
装饰工程			3347.13	519.28	13.34	
安装工程			5132.87	796.32	20.46	
人防工程			51.06	444.41	0.20	以人防面积计算
合计			25089.90	3892.48	100.00	
地上	建筑工程	土石方工程	6.31	1.35	0.03	
		砌筑工程	208.06	44.37	0.83	
		钢筋混凝土工程	3338.83	711.96	13.31	
		金属结构工程	42.75	9.12	0.17	
		门窗工程	722.52	154.07	2.88	
		屋面及防水工程	155.18	33.09	0.62	
		保温隔热防腐工程	23.63	5.04	0.09	
		脚手架工程	331.26	70.64	1.32	
		模板工程	853.61	182.02	3.40	
		单价措施项目	241.71	51.54	0.96	
		总价措施项目	106.57	22.72	0.42	

续表

专业			工程造价（万元）	经济指标（元/m²）	总造价占比（%）	备注
地上	建筑工程	其他项目	713.85	152.22	2.85	
		税金	606.98	129.43	2.42	
	装饰工程	楼地面工程	536.29	114.36	2.14	
		内墙面工程	246.34	52.53	0.98	
		天棚工程	492.10	104.93	1.96	
		外墙面工程	271.63	57.92	1.08	
		其他工程	97.42	20.77	0.39	
		总价措施项目	106.86	22.79	0.43	
		其他项目	285.94	60.97	1.14	
		税金	183.29	39.08	0.73	
	安装工程	电气工程	442.79	94.42	1.76	
		给排水工程	153.81	32.80	0.61	
		通风空调工程	242.04	51.61	0.96	
		消防电工程	176.31	37.60	0.70	
		消防水工程	327.23	69.78	1.30	
		气体灭火工程	56.37	12.02	0.22	
		智能化工程	202.76	43.24	0.81	
		高低压配电工程	340.69	72.65	1.36	
		措施项目	155.60	33.18	0.62	
		其他项目	1135.79	242.19	4.53	
		税金	291.00	62.05	1.16	
地下	建筑工程	土石方工程	706.93	402.55	2.82	
		基坑支护工程	93.17	53.05	0.37	
		桩基础工程	1103.05	628.12	4.40	
		砌筑工程	55.28	31.48	0.22	
		钢筋混凝土工程	3689.16	2100.74	14.70	

续表

专业			工程造价（万元）	经济指标（元/m²）	总造价占比（%）	备注
地下	建筑工程	金属结构工程	27.59	15.71	0.11	
		门窗工程	26.91	15.32	0.11	
		防水工程	564.34	321.36	2.25	
		保温隔热防腐工程	14.49	8.25	0.06	
		脚手架工程	75.27	42.86	0.30	
		模板工程	338.59	192.81	1.35	
		单价措施项目	127.32	72.50	0.51	
		总价措施项目	220.46	125.54	0.88	
		其他项目	1404.77	799.92	5.60	
		税金	760.26	432.92	3.03	
	装饰工程	楼地面工程	476.14	271.13	1.90	
		内墙面工程	163.24	92.95	0.65	
		天棚工程	177.12	100.86	0.71	
		其他工程	11.47	6.53	0.05	
		总价措施项目	59.94	34.13	0.24	
		其他项目	146.28	83.30	0.58	
		税金	93.08	53.00	0.37	
	安装工程	电气工程	299.56	170.58	1.19	
		给排水工程	281.83	160.49	1.12	
		通风空调工程	132.12	75.24	0.53	
		消防电工程	70.18	39.97	0.28	
		消防水工程	296.09	168.60	1.18	
		气体灭火工程	2.22	1.27	0.01	
		智能化工程	69.48	39.57	0.28	

续表

专业			工程造价（万元）	经济指标（元/m²）	总造价占比（%）	备注
地下	安装工程	措施项目	131.18	74.70	0.52	
		其他项目	192.99	109.90	0.77	
		税金	132.81	75.63	0.53	
	人防工程	人防门工程	23.73	206.50	0.09	
		人防给排水工程	1.08	9.43	0.00	
		人防通风工程	13.97	121.59	0.06	
		措施项目	1.96	17.02	0.01	
		其他项目	6.11	53.18	0.02	
		税金	4.22	36.69	0.02	

工程造价及工程费用分析表

表 7-3-4

总建筑面积：64457.34m²，其中：地上面积（±0.00 以上）：46896.08m²，地下面积（±0.00 以下）：17561.26m²

工程造价分析

工程造价组成分析	工程造价（万元）	单方造价（元/m²）		分部分项工程费		措施项目费		其他项目费		税金		总造价占比（%）
				万元	占比(%)	万元	占比(%)	万元	占比(%)	万元	占比(%)	
建筑工程	16558.84	2568.96	构成	10778.20	65.09	2294.77	13.86	2118.62	12.79	1367.24	8.26	66.00
装饰工程	3347.13	519.28		2471.75	73.85	166.80	4.98	432.21	12.91	276.37	8.26	13.34
安装工程	5132.87	796.32		3093.49	60.27	286.79	5.59	1328.78	25.89	423.81	8.26	20.46
人防工程	51.06	444.41		38.78	75.95	1.96	3.83	6.11	11.97	4.22	8.26	0.30
合计	25089.90	3892.48		16382.22	65.29	2750.31	10.96	3885.73	15.49	2071.64	8.26	100.00

工程费用分析（分部分项工程费）

费用组成分析	分部分项工程费（万元）		人工费		材料费		机械费		管理费		利润	
			万元	占比(%)	万元	占比(%)	万元	占比(%)	万元	占比(%)	万元	占比(%)
建筑工程	10778.20	构成	1031.66	9.57	8358.94	77.55	689.52	6.40	353.94	3.28	344.14	3.19
装饰工程	2471.75		874.14	35.37	1283.45	51.92	3.73	0.15	134.79	5.45	175.64	7.11
安装工程	3093.49		503.17	16.27	2283.38	73.81	44.42	1.44	153.00	4.95	109.51	3.54
人防工程	38.78		2.73	7.05	34.45	88.84	0.20	0.51	0.81	2.09	0.59	1.51
合计	16382.22		2411.70	14.72	11960.23	73.01	737.87	4.50	642.54	3.92	629.87	3.84

续表

费用组成分析		分部分项工程费（万元）		人工费		材料费		机械费		管理费		利润	
				万元	占比(%)	万元	占比(%)	万元	占比(%)	万元	占比(%)	万元	占比(%)
建筑工程	土石方工程	713.24		40.90	5.73	4.72	0.66	481.94	67.57	81.18	11.38	104.49	14.65
	基坑支护工程	93.17		28.06	30.11	41.06	44.07	9.75	10.47	6.73	7.23	7.56	8.12
	桩基础工程	1103.05		59.72	5.41	889.47	80.64	95.73	8.68	27.05	2.45	31.08	2.82
	砌筑工程	263.35		80.53	30.58	154.94	58.84	—	—	11.76	4.47	16.11	6.12
	钢筋混凝土工程	7027.98		594.26	8.46	6009.56	85.51	94.17	1.34	192.31	2.74	137.69	1.96
	金属结构工程	70.34		29.41	41.82	30.13	42.84	0.26	0.38	4.58	6.52	5.94	8.45
	门窗工程	749.43		62.27	8.31	662.28	88.37	2.51	0.34	9.41	1.26	12.96	1.73
	屋面及防水工程	719.52		121.86	16.94	548.26	76.20	5.16	0.72	18.84	2.62	25.40	3.53
	保温隔热防腐工程	38.13		14.58	38.25	18.55	48.67	—	—	2.07	5.44	2.91	7.64
装饰工程	楼地面工程	1012.43		250.10	24.70	667.83	65.96	1.28	0.13	42.92	4.24	50.30	4.97
	内墙面工程	409.58		182.69	44.60	163.00	39.80	—	—	27.35	6.68	36.55	8.92
	天棚工程	669.22	构成	348.45	52.07	200.23	29.92	—	—	50.82	7.59	69.72	10.42
	外墙面工程	271.63		81.99	30.19	159.43	58.69	1.43	0.53	12.09	4.45	16.69	6.14
	其他工程	108.89		10.92	10.03	92.96	85.38	1.01	0.93	1.61	1.48	2.39	2.19
安装工程	电气工程	742.34		108.39	14.60	570.50	76.85	7.24	0.98	33.09	4.46	23.12	3.11
	给排水工程	435.64		47.76	10.96	356.22	81.77	5.87	1.35	15.06	3.46	10.73	2.46
	通风空调工程	374.16		98.96	26.45	219.12	58.56	6.66	1.78	28.29	7.56	21.13	5.65
	消防电工程	246.50		69.13	28.04	140.56	57.02	2.38	0.96	20.13	8.17	14.29	5.80
	消防水工程	623.32		122.06	19.58	420.64	67.48	15.27	2.45	37.89	6.08	27.46	4.41
	气体灭火工程	58.59		3.33	5.68	53.59	91.47	0.06	0.10	0.94	1.60	0.68	1.16
	智能化工程	272.25		41.87	15.38	203.87	74.88	3.96	1.45	13.38	4.92	9.17	3.37
	高低压配电工程	340.69		11.68	3.43	318.90	93.60	2.98	0.87	4.21	1.24	2.93	0.86
人防工程	人防门工程	23.73		—	—	23.73	100.00	—	—	—	—	—	—
	人防给排水工程	1.08		0.25	23.05	0.69	63.43	0.02	1.75	0.07	6.81	0.05	4.96
	人防通风工程	13.97		2.48	17.78	10.04	71.85	0.18	1.28	0.74	5.28	0.53	3.81

室外配套工程造价指标分析表 表 7-3-5

室外面积：3094.06m^2

专业	工程造价（万元）	经济指标（元/m^2）	备注
室外电气工程	92.03	297.43	
室外智能化工程	71.38	230.70	
园建工程	858.74	2775.45	
室外给排水工程	519.05	1677.56	
合计	1541.20	4981.15	

室外配套工程造价及工程费用分析表 表 7-3-6

室外面积：3094.06m^2

工程造价分析

工程造价组成分析	工程造价（万元）	单方造价（元/m^2）		分部分项工程费		措施项目费		其他项目费		税金		总造价占比（%）
				万元	占比(%)	万元	占比(%)	万元	占比(%)	万元	占比(%)	
室外电气工程	92.03	297.43	构成	66.62	72.40	6.10	6.63	11.70	12.71	7.60	8.26	5.97
室外智能化工程	71.38	230.70		49.42	69.23	6.77	9.49	9.30	13.02	5.89	8.26	4.63
园建工程	858.74	2775.45		656.38	76.44	13.78	1.60	117.67	13.70	70.91	8.26	55.72
室外给排水工程	519.05	1677.56		390.79	75.29	20.93	4.03	64.47	12.42	42.86	8.26	33.68
合计	1541.20	4981.15		1163.21	75.47	47.59	3.09	203.14	13.18	127.25	8.26	100.00

工程费用分析（分部分项工程费）

费用组成分析	分部分项工程费（万元）		人工费		材料费		机械费		管理费		利润	
			万元	占比(%)	万元	占比(%)	万元	占比(%)	万元	占比(%)	万元	占比(%)
室外电气工程	66.62	构成	11.81	17.72	43.25	64.92	5.26	7.90	3.24	4.86	3.07	4.60
室外智能化工程	49.42		18.00	36.43	21.41	43.33	0.82	1.66	5.42	10.97	3.76	7.61
园建工程	656.38		78.71	11.99	534.48	81.43	15.74	2.40	12.45	1.90	15.00	2.29
室外给排水工程	390.79		41.17	10.53	310.70	79.51	17.35	4.44	9.86	2.52	11.71	3.00
合计	1163.21		149.68	12.87	909.85	78.22	39.18	3.37	30.97	2.66	33.53	2.88

建筑工程含量指标表

表 7-3-7

总建筑面积：64457.34m²，其中：地上面积（±0.00 以上）：46896.08m²，地下面积（±0.00 以下）：17561.26m²

部位	名称	单方含量	工程总量	总价（万元）	单方造价（元/m²）	备注
地上	砌筑工程	0.07m³/m²	3082.07m³	208.06	44.37	
	钢筋工程	49.52kg/m²	2322460.00kg	1731.64	369.25	
	混凝土工程	0.36m³/m²	17048.88m³	1601.85	341.57	
	模板工程	2.44m²/m²	114530.68m²	853.61	182.02	
	门窗工程	0.23m²/m²	10799.14m²	722.52	154.07	
	屋面工程	0.10m²/m²	4875.66m²	50.75	10.82	
	防水工程	0.53m²/m²	24671.20m²	104.43	22.27	
	楼地面工程	1.28m²/m²	59954.65m²	536.29	114.36	
	内墙面工程	1.05m²/m²	49413.59m²	246.34	52.53	
	外墙面工程	0.36m²/m²	16692.74m²	271.63	57.92	
	天棚工程	1.41m²/m²	66165.35m²	492.10	104.93	
地下	土石方开挖工程	7.27m³/m²	127720.85m³	72.47	41.27	
	土石方回填工程	1.09m³/m²	19079.07m³	118.96	67.74	
	管桩工程	1.42m/m²	24988.00m	1103.05	628.12	
	支护工程	—	—	93.17	53.05	
	砌筑工程	0.04m³/m²	747.73m³	55.28	31.48	
	钢筋工程	132.18kg/m²	2321255.00kg	1633.70	930.29	
	混凝土工程	1.30m³/m²	22912.69m³	2053.71	1169.46	
	模板工程	2.48m²/m²	43561.94m²	338.59	192.81	
	防火门工程	0.02m²/m²	363.40m²	26.42	15.04	
	普通门工程	0.06m²/m²	10.14m²	0.49	0.28	
	防水工程	2.06m²/m²	36100.60m²	424.53	241.74	
	楼地面工程	0.98m²/m²	17150.62m²	476.14	271.13	
	墙柱面工程	1.12m²/m²	19728.72m²	163.24	92.95	
	天棚工程	1.23m²/m²	21627.34m²	177.12	100.86	
	人防门工程	0.06m²/m²	63.66m²	23.73	206.50	

安装工程含量指标表

表 7-3-8

总建筑面积：64457.34m²，其中：地上面积（±0.00 以上）：46896.08m²，地下面积（±0.00 以下）：17561.26m²

部位	专业	名称	百方含量	工程总量	总价（万元）	单方造价（元/m²）	备注
地上	电气工程	电气配管	42.31m/100m²	19840.63m	36.37	7.76	
	电气工程	电线	93.78m/100m²	43980.75m	17.89	3.82	
	电气工程	母线电缆	20.08m/100m²	9415.29m	285.96	60.98	
	电气工程	桥架线槽	4.23m/100m²	1984.50m	42.22	9.00	
	电气工程	开关插座	0.56 套/100m²	261 套	1.07	0.23	
	电气工程	灯具	2.28 套/100m²	1067 套	18.32	3.91	
	电气工程	设备	0.18 台/100m²	83 台	19.19	4.09	
	给排水工程	给水管道	6.91m/100m²	3238.57m	19.47	4.15	
	给排水工程	排水管道	7.98m/100m²	3742.83m	54.13	11.54	
	给排水工程	阀部件类	1.75 套/100m²	819 套	24.62	5.25	
	给排水工程	卫生器具	1.86 套/100m²	871 套	47.42	10.11	
	给排水工程	给排水设备	0.01 台/100m²	5 台	6.37	1.36	
	消防电工程	消防电配管	44.29m/100m²	20770.88m	33.03	7.04	
	消防电工程	消防电配线、缆	113.46m/100m²	53207.99m	53.16	11.34	
	消防电工程	消防电末端装置	2.76 套/100m²	1293 套	16.92	3.61	
	消防电工程	消防电设备	4.09 台/100m²	1920 台	73.20	15.61	
	消防水工程	消防水管道	47.90m/100m²	22464.33m	247.88	52.86	
	消防水工程	消防水阀类	0.52 套/100m²	242 套	20.12	4.29	
	消防水工程	消防水末端装置	20.99 套/100m²	9844 套	33.84	7.22	
	消防水工程	消防水设备	0.77 台/100m²	360 台	25.38	5.41	
	通风空调工程	通风管道	17.95m²/100m²	8417.37m²	163.82	34.93	
	通风空调工程	通风阀部件	2.67 套/100m²	1251 套	47.72	10.18	
	通风空调工程	通风设备	0.10 台/100m²	48 台	30.49	6.50	

续表

部位	专业	名称	百方含量	工程总量	总价（万元）	单方造价（元/m²）	备注
地下	电气工程	电气配管	59.57m/100m²	10461.76m	18.01	10.25	
	电气工程	电线	256.37m/100m²	45022.25m	17.73	10.10	
	电气工程	母线电缆	69.45m/100m²	12196.98m	156.84	89.31	
	电气工程	桥架线槽	31.44m/100m²	5521.41m	36.15	20.58	
	电气工程	开关插座	0.80套/100m²	140套	0.70	0.40	
	电气工程	灯具	6.94套/100m²	1218套	16.32	9.29	
	电气工程	设备	0.30台/100m²	52台	28.18	16.04	
	给排水工程	给水管道	13.47m/100m²	2365.61m	46.50	26.48	
	给排水工程	排水管道	6.63m/100m²	1164.10m	21.78	12.40	
	给排水工程	阀部件类	3.28套/100m²	576套	85.98	48.96	
	给排水工程	卫生器具	0.17套/100m²	29套	0.34	0.20	
	给排水工程	给排水设备	0.42台/100m²	73台	127.24	72.45	
	给排水工程	消防水设备	0.64台/100m²	113台	25.59	14.57	
	消防电工程	消防电配管	45.89m/100m²	8058.91m	12.97	7.38	
	消防电工程	消防电配线、缆	200.28m/100m²	35171.19m	36.20	20.61	
	消防电工程	消防电末端装置	3.31套/100m²	582套	7.59	4.32	
	消防电工程	消防电设备	2.89台/100m²	508台	13.43	7.65	
	消防水工程	消防水管道	63.18m/100m²	11095.42m	159.13	90.61	
	消防水工程	消防水阀类	2.57套/100m²	452套	104.91	59.74	
	消防水工程	消防水末端装置	10.86套/100m²	1908套	6.46	3.68	
	通风空调工程	通风管道	24.86m²/100m²	4366.48m²	87.13	49.61	
	通风空调工程	通风阀部件	1.45套/100m²	254套	23.31	13.27	
	通风空调工程	通风设备	0.21台/100m²	36台	21.69	12.35	

项目费用组成图

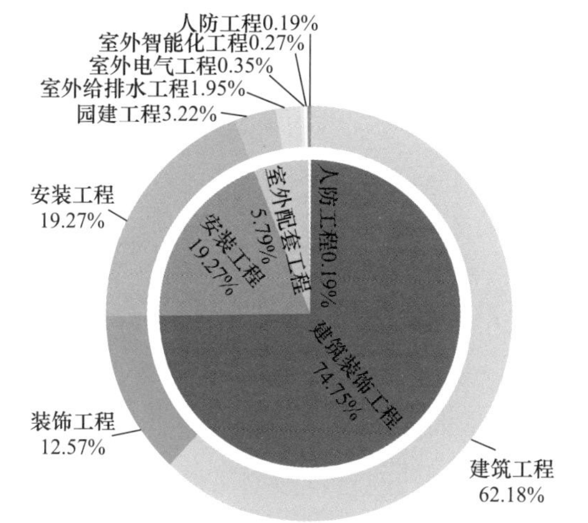

图 7-3-1 专业造价占比

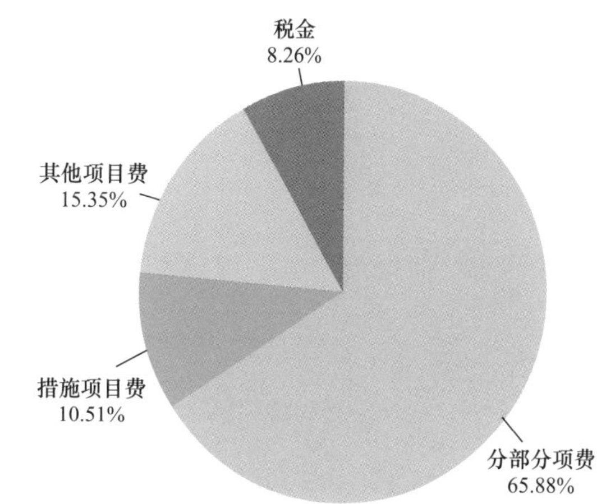

图 7-3-2 造价形成占比

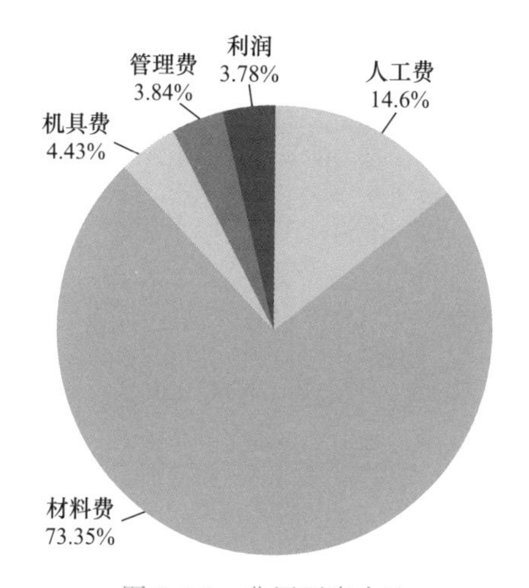

图 7-3-3 费用要素占比

专业名称	金额（元）	费用占比（%）
建筑装饰工程	199059697.50	74.75
安装工程	51328693.58	19.27
室外配套工程	15411964.98	5.79
人防工程	510630.52	0.19

费用名称	金额（元）	费用占比（%）
分部分项费	175454260.40	65.88
措施项目费	27979056.79	10.51
其他项目费	40888688.83	15.35
税金	21988980.55	8.26

费用名称	金额（元）	费用占比（%）
人工费	25613886.23	14.60
材料费	128692015.30	73.35
机具费	7770524.43	4.43
管理费	6735087.57	3.84
利润	6634012.50	3.78

第八章 其他建筑

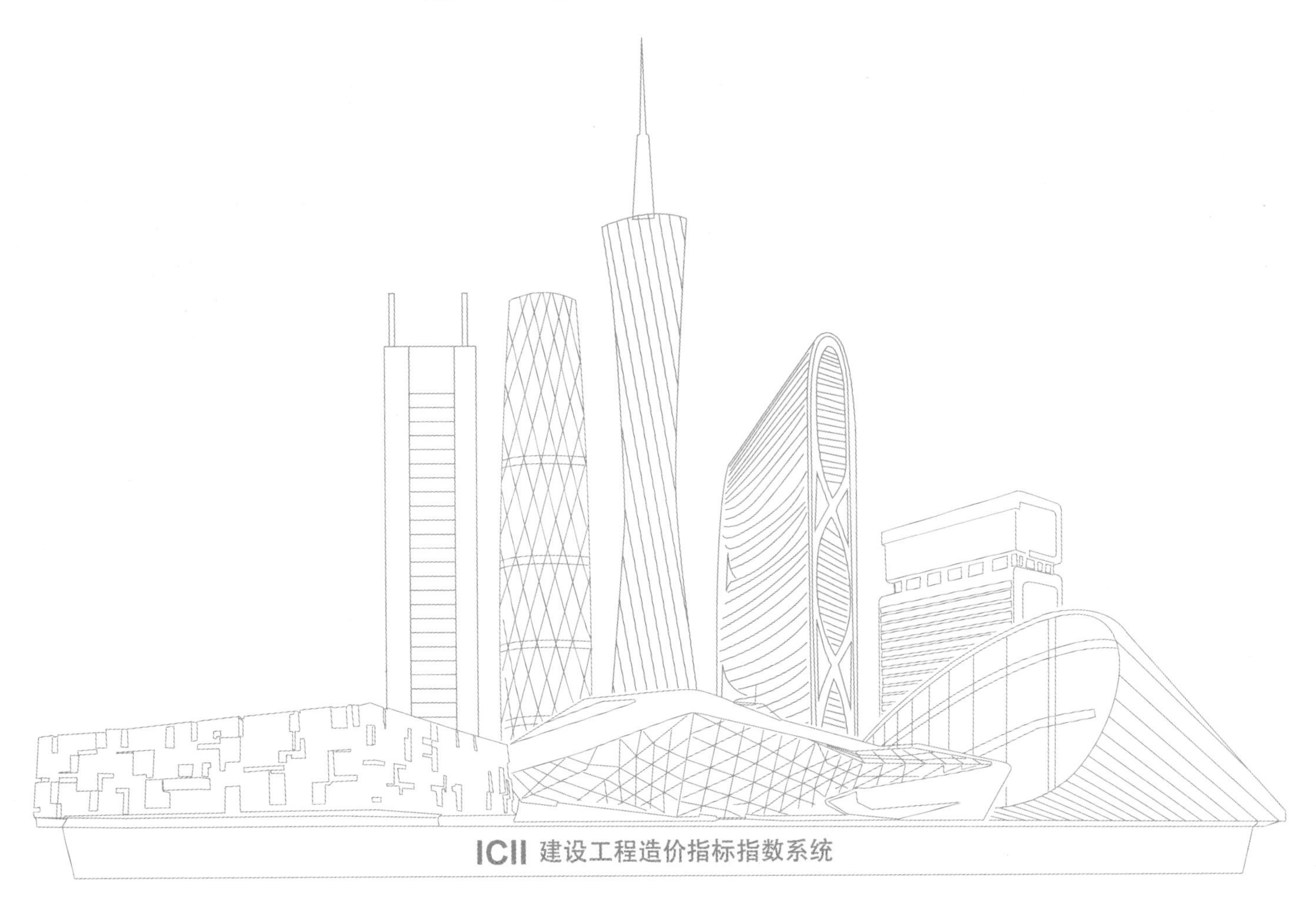

1. 污水处理厂 1

工程概况表　　　　表 8-1-1

工程类别	市政配套设施		计价依据	清单	国标 13 清单计价规范
工程所在地	广东省广州市			定额	广东省 2010 系列定额
建设性质	—			其他	—
容量体积（m^3）	合计	550000.00	计税形式		增值税
	其中：±0.00 以上	550000.00	采价时间		2018-10
	±0.00 以下	—	工程造价（万元）		13149.48
人防面积（m^2）	—		单方造价（元/m^3）		239.08
其他规模	室外面积（m^2）	—	资金来源		财政
	其他规模	—			
建筑高度（m）	±0.00 以上	21.40	装修标准		初装
	±0.00 以下	—	绿色建筑标准		基本级
层数	±0.00 以上	2	装配率（%）		—
	±0.00 以下	—	文件形式		招标控制价
层高（m）	首层	5.60	场地类别		二类
	标准层	5.40	结构类型		框架
	顶层	0.6	抗震设防烈度		7
	地下室	—	抗震等级		框架三级

本工程主要包含：

1. 建筑工程：土石方工程，基坑支护工程，桩基础工程，砌筑工程，钢筋混凝土工程，金属结构工程，门窗工程，屋面及防水工程，拆除工程，模板工程，脚手架工程；
2. 装饰工程：楼地面工程，内墙面工程，天棚工程，外墙面工程，其他工程；
3. 安装工程：电气工程，给排水工程，通风空调工程，气体灭火工程，智能化工程，高低压配电工程，电梯工程

建设项目投资指标表　　　　表 8-1-2

总建筑容量：550000.00m^3

序号	名称	金额（万元）	单位指标（元/m^3）	造价占比（%）	备注
1	建筑安装工程费用	13149.48	239.08	100.00	

续表

序号	名称	金额（万元）	单位指标（元/m³）	造价占比（%）	备注
1.1	建筑工程	9295.14	169.00	70.69	
1.2	装饰工程	313.65	5.70	2.39	
1.3	安装工程	3540.69	64.38	26.93	

工程造价指标分析表

表 8-1-3

总建筑容量：550000.00m³

专业			工程造价（万元）	经济指标（元/m³）	总造价占比（%）	备注
建筑工程			9295.14	169.00	70.69	
装饰工程			313.65	5.70	2.39	
安装工程			3540.69	64.38	26.93	
合计			13149.48	239.08	100.00	
地上	建筑工程	土石方工程	818.48	14.88	6.22	
		基坑支护工程	1440.89	26.20	10.96	
		桩基础工程	426.73	7.76	3.25	
		砌筑工程	43.48	0.79	0.33	
		钢筋混凝土工程	4180.57	76.01	31.79	
		金属结构工程	41.96	0.76	0.32	
		门窗工程	38.90	0.71	0.30	
		屋面及防水工程	279.47	5.08	2.13	
		拆除工程	4.85	0.09	0.04	
		脚手架工程	34.76	0.63	0.26	
		模板工程	526.40	9.57	4.00	
		单价措施项目	15.13	0.28	0.12	
		总价措施项目	318.15	5.78	2.42	
		其他项目	357.87	6.51	2.72	
		税金	767.49	13.95	5.84	
	装饰工程	楼地面工程	47.15	0.86	0.36	
		内墙面工程	115.88	2.11	0.88	

续表

专业			工程造价（万元）	经济指标（元/m^3）	总造价占比（%）	备注
地上	装饰工程	天棚工程	23.41	0.43	0.18	
		外墙面工程	59.51	1.08	0.45	
		其他工程	17.15	0.31	0.13	
		总价措施项目	11.50	0.21	0.09	
		其他项目	13.15	0.24	0.10	
		税金	25.90	0.47	0.20	
	安装工程	电气工程	812.00	14.76	6.18	
		给排水工程	1341.56	24.39	10.20	
		通风空调工程	82.13	1.49	0.62	
		消防水工程	0.41	0.01	0.00	
		气体灭火工程	11.09	0.20	0.08	
		智能化工程	378.72	6.89	2.88	
		电梯工程	37.42	0.68	0.28	
		高低压配电工程	202.28	3.68	1.54	
		措施项目	240.28	4.37	1.83	
		其他项目	142.45	2.59	1.08	
		税金	292.35	5.32	2.22	

工程造价及工程费用分析表

表 8-1-4

总建筑容量：550000.00m^3

工程造价分析												
工程造价组成分析	工程造价（万元）	单方造价（元/m^3）		分部分项工程费		措施项目费		其他项目费		税金		总造价占比（%）
				万元	占比(%)	万元	占比(%)	万元	占比(%)	万元	占比(%)	
建筑工程	9295.14	169.00	构成	7275.34	78.27	894.43	9.62	357.87	3.85	767.49	8.26	70.69
装饰工程	313.65	5.70		263.10	83.88	11.50	3.67	13.15	4.19	25.90	8.26	2.39
安装工程	3540.69	64.38		2865.61	80.93	240.28	6.79	142.45	4.02	292.35	8.26	26.93
合计	13149.48	239.08		10404.06	79.12	1146.21	8.72	513.48	3.90	1085.74	8.26	100.00

工程费用分析（分部分项工程费）

费用组成分析		分部分项工程费（万元）		人工费		材料费		机械费		管理费		利润	
				万元	占比(%)	万元	占比(%)	万元	占比(%)	万元	占比(%)	万元	占比(%)
建筑工程		7275.34	构成	1357.96	18.67	4650.76	63.92	833.63	11.46	184.55	2.54	248.44	3.41
装饰工程		263.10		124.72	47.40	102.92	39.12	1.02	0.39	11.21	4.26	23.23	8.83
安装工程		2865.61		529.38	18.47	2083.00	72.69	90.22	3.15	67.72	2.36	95.29	3.33
合计		10404.06		2012.06	19.34	6836.68	65.71	924.87	8.89	263.48	2.53	366.97	3.53
建筑工程	土石方工程	818.48		101.91	12.45	373.54	45.64	289.07	35.32	32.31	3.95	21.65	2.64
	基坑支护工程	1440.89		402.24	27.92	508.47	35.29	391.74	27.19	66.03	4.58	72.41	5.03
	桩基础工程	426.73		91.34	21.41	203.46	47.68	95.12	22.29	20.12	4.71	16.69	3.91
	砌筑工程	43.48		10.55	24.27	30.13	69.29	0.06	0.14	0.83	1.92	1.90	4.37
	钢筋混凝土工程	4180.57		669.54	16.02	3278.93	78.43	52.48	1.26	58.80	1.41	120.82	2.89
	金属结构工程	41.96		10.88	25.94	27.43	65.37	0.65	1.54	1.04	2.48	1.96	4.67
	门窗工程	38.90		2.37	6.09	35.89	92.26	0.02	0.06	0.19	0.48	0.43	1.12
	屋面及防水工程	279.47		68.55	24.53	192.79	68.99	0.48	0.17	5.16	1.85	12.49	4.47
	拆除工程	4.85		0.57	11.72	0.11	2.35	4.00	82.34	0.07	1.48	0.10	2.11
装饰工程	楼地面工程	47.15		18.38	38.98	23.59	50.04	0.08	0.18	1.71	3.62	3.38	7.18
	内墙面工程	115.88		59.38	51.25	39.68	34.24	0.34	0.30	5.25	4.53	11.23	9.69
	天棚工程	23.41		12.62	53.92	7.28	31.10	0.07	0.30	0.99	4.25	2.44	10.43
	外墙面工程	59.51		29.87	50.19	21.29	35.78	0.16	0.26	2.82	4.73	5.38	9.03
	其他工程	17.15		4.47	26.04	11.07	64.58	0.36	2.11	0.44	2.57	0.80	4.69
安装工程	电气工程	812.00		175.04	21.56	570.43	70.25	15.53	1.91	19.50	2.40	31.51	3.88
	给排水工程	1341.56		232.71	17.35	974.05	72.61	61.40	4.58	31.51	2.35	41.89	3.12
	通风空调工程	82.13		6.35	7.73	71.57	87.14	1.98	2.42	1.09	1.32	1.14	1.39
	消防水工程	0.41		0.04	8.79	0.36	88.39	—	—	0.01	1.23	0.01	1.58
	气体灭火工程	11.09		0.80	7.23	10.02	90.39	0.03	0.26	0.09	0.81	0.14	1.30
	智能化工程	378.72		89.89	23.74	257.29	67.94	3.20	0.84	12.16	3.21	16.18	4.27
	电梯工程	37.42		1.49	3.98	35.19	94.04	0.17	0.46	0.30	0.80	0.27	0.72
	高低压配电工程	202.28		23.07	11.40	164.08	81.11	7.91	3.91	3.08	1.52	4.15	2.05

建筑工程含量指标表

表 8-1-5

总建筑容量：550000.00m³

部位	名称	单方含量	工程总量	总价（万元）	单方造价（元/m^3）	备注
地上	砌筑工程	0.16m^3/m^3	881.20m^3	43.48	0.79	
	钢筋工程	6.53kg/m^3	3588835.00kg	2123.88	38.62	
	混凝土工程	0.20m^3/m^3	107353.89m^3	2056.69	37.39	
	模板工程	0.17m^2/m^3	92932.42m^2	526.40	9.57	
	门窗工程	0.17m^2/m^3	953.79m^2	38.90	0.71	
	防水工程	0.15m^2/m^3	80614.95m^2	279.47	5.08	
	楼地面工程	0.01m^2/m^3	6087.93m^2	47.15	0.86	
	内墙面工程	0.03m^2/m^3	14504.04m^2	115.88	2.11	
	外墙面工程	0.01m^2/m^3	3866.95m^2	59.51	1.08	
	天棚工程	0.01m^2/m^3	4857.25m^2	23.41	0.43	

安装工程含量指标表

表 8-1-6

总建筑容量：550000.00m³

部位	专业	名称	百方含量	工程总量	总价（万元）	单方造价（元/m^3）	备注
地上	电气工程	电气配管	2.22m/100m^3	12193.99m	155.25	2.82	
	电气工程	电线	1.30m/100m^3	7153.00m	2.74	0.05	
	电气工程	母线电缆	11.22m/100m^3	61731.40m	438.33	7.97	
	电气工程	桥架线槽	0.20m/100m^3	1111.42m	56.42	1.03	
	电气工程	开关插座	0.02 套/100m^3	110 套	0.38	0.01	
	电气工程	灯具	0.03 套/100m^3	185 套	5.50	0.10	
	电气工程	设备	0.14 台/100m^3	760 台	134.27	2.44	
	给排水工程	给水管道	0.59m/100m^3	3239.90m	260.81	4.74	
	给排水工程	排水管道	0.85m/100m^3	4684.20m	257.71	4.69	
	给排水工程	阀部件类	1.83 套/100m^3	10060 套	686.71	12.49	
	给排水工程	卫生器具		2 套	0.15	—	
	给排水工程	给排水设备	0.04 台/100m^3	241 台	135.78	2.47	

续表

部位	专业	名称	百方含量	工程总量	总价（万元）	单方造价（元/m³）	备注
地上	消防水工程	消防水设备	—	26 台	0.41	0.01	
	通风空调工程	通风阀部件	0.01 套/100m³	33 套	26.64	0.48	
	通风空调工程	通风设备	0.01 台/100m³	35 台	7.96	0.14	
	通风空调工程	空调水管道	0.02m/100m³	98.00m	46.25	0.84	
	通风空调工程	空调设备	—	2 台	1.28	0.02	

项目费用组成图

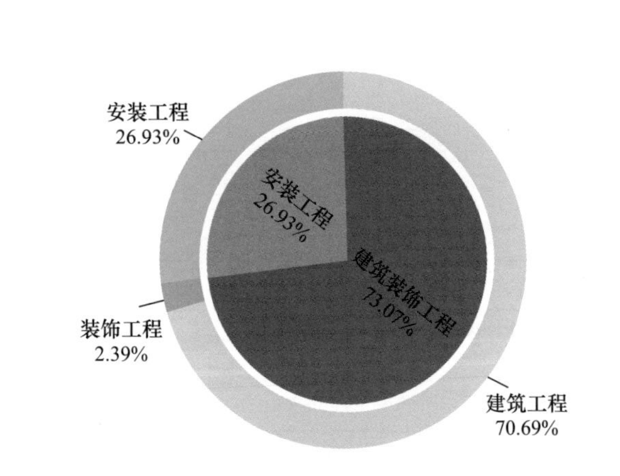

图 8-1-1　专业造价占比

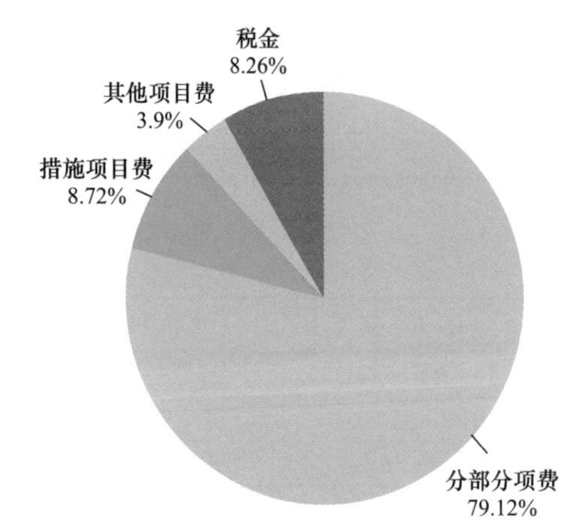

图 8-1-2　造价形成占比

管理费
2.56%
利润
3.57%
机具费
9%
人工费
19.57%
材料费
65.3%

图 8-1-3　费用要素占比

专业名称	金额（元）	费用占比（%）
建筑装饰工程	96087850.32	73.07
安装工程	35406939.10	26.93

费用名称	金额（元）	费用占比（%）
分部分项费	104040562.20	79.12
措施项目费	11462075.26	8.72
其他项目费	5134784.06	3.90
税金	10857367.95	8.26

费用名称	金额（元）	费用占比（%）
人工费	20120644.66	19.57
材料费	67130571.07	65.30
机具费	9248657.11	9.00
管理费	2634830.35	2.56
利润	3669677.87	3.57

2. 污水处理厂 2

工程概况表　　表 8-2-1

工程类别	市政配套设施		计价依据	清单	国标 13 清单计价规范
工程所在地	广东省广州市			定额	广东省 2010 系列定额
建设性质	—			其他	—
容量体积（m^3）	合计	1200000.00	计税形式		营业税计税法
	其中：±0.00 以上	1200000.00	采价时间		2015-6
	±0.00 以下	—	工程造价（万元）		29318.54
人防面积（m^2）	—		单方造价（元/m^3）		244.32
其他规模	室外面积（m^2）	4483.79	资金来源		财政
	其他规模	—			
建筑高度（m）	±0.00 以上	18.50	装修标准		初装
	±0.00 以下	0.35	绿色建筑标准		基本级
层数	±0.00 以上	3.00	装配率（%）		—
	±0.00 以下	—	文件形式		招标控制价
层高（m）	首层	6.00	场地类别		二类
	标准层	6.00	结构类型		框架
	顶层	3.5	抗震设防烈度		7
	地下室	—	抗震等级		三级

本工程主要包含：
1. 建筑工程：土石方工程，基坑支护工程，桩基础工程，砌筑工程，钢筋混凝土工程，金属结构工程，门窗工程，屋面及防水工程，保温隔热防腐工程，模板工程，脚手架工程；
2. 装饰工程：楼地面工程，内墙面工程，天棚工程，外墙面工程，其他工程；
3. 安装工程：电气工程，给排水工程，通风空调工程，消防电工程，消防水工程，拆除迁移工程，高低压配电工程；
4. 室外配套工程：室外给排水工程，室外道路工程

建设项目投资指标表

表 8-2-2

建筑容量：1200000.00m^3

序号	名称	金额（万元）	单位指标（元/m^3）	造价占比（%）	备注
1	建筑安装工程费用	29318.54	244.32	100.00	
1.1	建筑工程	3271.44	27.26	11.16	
1.2	装饰工程	466.87	3.89	1.59	
1.3	安装工程	25371.60	211.43	86.54	
1.4	室外配套工程	208.63	1.74	0.71	

工程造价指标分析表

表 8-2-3

建筑容量：1200000.00m^3

专业			工程造价（万元）	经济指标（元/m^3）	总造价占比（%）	备注
建筑工程			3271.44	27.26	11.24	
装饰工程			466.87	3.89	1.60	
安装工程			25371.60	211.43	87.15	
合计			29109.90	242.58	100.00	
地上	建筑工程	土石方工程	35.93	0.30	0.12	
		基坑支护工程	5.82	0.05	0.02	
		桩基础工程	489.32	4.08	1.68	
		砌筑工程	81.64	0.68	0.28	
		钢筋混凝土工程	1278.04	10.65	4.39	
		金属结构工程	348.88	2.91	1.20	
		门窗工程	204.13	1.70	0.70	
		屋面及防水工程	96.48	0.80	0.33	
		保温隔热防腐工程	21.13	0.18	0.07	

续表

专业			工程造价（万元）	经济指标（元/m³）	总造价占比（%）	备注
地上	建筑工程	脚手架工程	43.14	0.36	0.15	
		模板工程	432.04	3.60	1.48	
		单价措施项目	0.64	0.01	0.00	
		总价措施项目	79.95	0.67	0.27	
		其他项目	41.20	0.34	0.14	
		税金	113.08	0.94	0.39	
	装饰工程	楼地面工程	81.43	0.68	0.28	
		内墙面工程	96.76	0.81	0.33	
		天棚工程	89.55	0.75	0.31	
		外墙面工程	91.00	0.76	0.31	
		其他工程	20.02	0.17	0.07	
		总价措施项目	64.98	0.54	0.22	
		其他项目	6.99	0.06	0.02	
		税金	16.14	0.13	0.06	
	安装工程	电气工程	2374.04	19.78	8.16	
		给排水工程	21872.91	182.27	75.16	
		通风空调工程	694.83	5.79	2.39	
		消防电工程	3.74	0.03	0.01	
		消防水工程	0.66	0.01	0.00	
		高低压配电工程	25.38	0.21	0.09	
		拆除迁移工程	69.30	0.58	0.24	
		措施项目	149.98	1.25	0.52	
		其他项目	60.35	0.50	0.21	
		税金	120.41	0.95	0.39	

工程造价及工程费用分析表 表 8-2-4

建筑容量：1200000.00m^3

工程造价分析

工程造价组成分析	工程造价（万元）	单方造价（元/m^3）		分部分项工程费		措施项目费		其他项目费		税金		总造价占比（%）
				万元	占比(%)	万元	占比(%)	万元	占比(%)	万元	占比(%)	
建筑工程	3271.44	27.26	构成	2560.45	78.27	556.70	17.02	41.20	1.26	113.08	3.46	11.34
装饰工程	466.87	3.89		378.77	81.13	64.98	13.92	6.99	1.50	16.14	3.46	1.60
安装工程	25371.60	211.43		25040.85	98.72	149.98	0.59	60.35	0.24	120.41	0.45	87.15
合计	29109.90	242.58		27980.06	96.14	771.67	2.65	108.54	0.37	249.64	0.83	100.00

工程费用分析（分部分项工程费）

费用组成分析		分部分项工程费（万元）		人工费		材料费		机械费		管理费		利润	
				万元	占比(%)	万元	占比(%)	万元	占比(%)	万元	占比(%)	万元	占比(%)
建筑工程		2560.45	构成	441.58	17.25	1838.29	71.80	125.53	4.90	75.57	2.95	79.48	3.10
装饰工程		378.77		173.95	45.93	156.75	41.38	2.09	0.55	14.67	3.87	31.31	8.27
安装工程		25040.85		486.87	1.94	24267.44	96.91	123.16	0.49	75.76	0.30	87.61	0.35
合计		27980.06		1102.41	3.94	26262.49	93.86	250.77	0.90	166.00	0.59	198.40	0.71
建筑工程	土石方工程	35.93		8.34	23.21	0.32	0.89	22.02	61.29	3.75	10.45	1.50	4.17
	基坑支护工程	5.82		0.30	5.10	5.14	88.35	0.27	4.61	0.06	1.03	0.05	0.92
	桩基础工程	489.32		54.71	11.18	333.33	68.12	74.31	15.19	17.14	3.50	9.84	2.01
	砌筑工程	81.64		20.88	25.57	55.23	67.65	0.18	0.22	1.60	1.95	3.76	4.60
	钢筋混凝土工程	1278.04		239.74	18.76	938.30	73.42	18.22	1.43	38.62	3.02	43.15	3.38
	金属结构工程	348.88		77.35	22.17	236.75	67.86	9.64	2.76	11.22	3.22	13.92	3.99
	门窗工程	204.13		12.98	6.36	187.16	91.69	0.62	0.31	1.03	0.50	2.34	1.14
	屋面及防水工程	96.48		24.02	24.90	65.92	68.33	0.29	0.30	1.92	1.99	4.32	4.48
	保温隔热防腐工程	21.13		3.74	17.69	16.45	77.85	—	—	0.27	1.26	0.67	3.19

续表

费用组成分析		分部分项工程费（万元）		人工费		材料费		机械费		管理费		利润	
				万元	占比(%)	万元	占比(%)	万元	占比(%)	万元	占比(%)	万元	占比(%)
装饰工程	楼地面工程	81.43	构成	22.54	27.68	52.46	64.43	0.36	0.45	2.01	2.47	4.06	4.98
	内墙面工程	96.76		48.48	50.10	34.70	35.86	0.60	0.62	4.25	4.39	8.74	9.03
	天棚工程	89.55		56.65	63.26	17.60	19.65	0.79	0.88	4.32	4.83	10.19	11.38
	外墙面工程	91.00		42.30	46.48	37.20	40.88	0.14	0.15	3.75	4.12	7.61	8.36
	其他工程	20.02		3.98	19.89	14.79	73.88	0.19	0.96	0.34	1.69	0.72	3.58
安装工程	电气工程	2374.04		158.70	6.68	2150.39	90.58	13.32	0.56	23.09	0.97	28.53	1.20
	给排水工程	21872.91		221.89	1.01	21476.13	98.19	96.77	0.44	38.17	0.17	39.95	0.18
	通风空调工程	694.83		84.20	12.12	576.34	82.95	7.84	1.13	11.29	1.63	15.16	2.18
	消防电工程	3.74		0.79	21.21	2.67	71.37	0.02	0.59	0.11	3.02	0.14	3.81
	消防水工程	0.66		—	—	0.66	99.49	—	—	—	—	—	—
	高低压配电工程	25.38		3.38	13.33	20.53	80.89	0.44	1.74	0.42	1.64	0.61	2.40
	拆除迁移工程	69.30		17.90	25.83	40.74	58.78	4.76	6.87	2.67	3.86	3.22	4.65

室外配套工程造价指标分析表　　表 8-2-5

室外面积：4483.79m^2

专业	工程造价（万元）	经济指标（元/m^3）	备注
室外道路工程	202.34	451.26	
室外给排水工程	6.30	14.04	
合计	208.63	465.31	

室外配套工程造价及工程费用分析表

表 8-2-6

室外面积：4483.79m^2

工程造价分析

工程造价组成分析	工程造价（万元）	单方造价（元/m^3）	构成	分部分项工程费		措施项目费		其他项目费		税金		总造价占比（%）
				万元	占比(%)	万元	占比(%)	万元	占比(%)	万元	占比(%)	
室外道路工程	202.34	451.26		184.62	91.25	7.03	3.47	3.69	1.82	6.99	3.46	96.98
室外给排水工程	6.30	14.04		3.36	53.35	2.65	42.12	0.07	1.07	0.22	3.46	3.02
合计	208.63	465.31		187.98	90.10	9.68	4.64	3.76	1.80	7.21	3.46	100.00

工程费用分析（分部分项工程费）

费用组成分析	分部分项工程费（万元）	构成	人工费		材料费		机械费		管理费		利润	
			万元	占比(%)	万元	占比(%)	万元	占比(%)	万元	占比(%)	万元	占比(%)
室外道路工程	184.62		31.64	17.14	122.00	66.08	20.93	11.34	4.36	2.36	5.69	3.08
室外给排水工程	3.36		1.73	51.37	0.24	7.21	0.89	26.44	0.19	5.73	0.31	9.25
合计	187.98		33.37	17.75	122.24	65.03	21.82	11.61	4.55	2.42	6.00	3.19

建筑工程含量指标表

表 8-2-7

建筑容量：1200000.00m^3

部位	名称	单方含量	工程总量	总价（万元）	单方造价（元/m^3）	备注
地上	砌筑工程	0.16m^3/m^3	1912.14m^3	81.64	0.68	
	钢筋工程	1.48kg/m^3	1781222.00kg	625.19	5.21	
	混凝土工程	0.01m^3/m^3	12233.95m^3	647.28	5.39	
	模板工程	0.04m^2/m^3	52224.22m^2	432.04	3.60	
	门窗工程	0.38m^2/m^3	4611.89m^2	204.13	1.70	
	屋面工程	0.01m^2/m^3	7814.94m^2	64.81	0.54	
	防水工程	0.01m^2/m^3	7344.47m^2	31.67	0.26	
	楼地面工程	0.01m^2/m^3	9780.39m^2	81.43	0.68	
	内墙面工程	0.02m^2/m^3	26649.81m^2	96.76	0.81	
	外墙面工程	0.01m^2/m^3	9503.55m^2	91.00	0.76	
	天棚工程	0.02m^2/m^3	21385.61m^2	89.55	0.75	

安装工程含量指标表

表 8-2-8

建筑容量：1200000.00m³

部位	专业	名称	百方含量	工程总量	总价（万元）	单方造价（元/m³）	备注
地上	电气工程	电气配管	1.14m/100m³	13723.36m	40.57	0.34	
	电气工程	电线	0.81m/100m³	9765.09m	3.47	0.03	
	电气工程	母线电缆	16.46m/100m³	197530.15m	882.47	7.35	
	电气工程	桥架线槽	0.14m/100m³	1632.73m	89.41	0.75	
	电气工程	开关插座	—	15 套	0.17	—	
	电气工程	灯具	0.09 套/100m³	1032 套	25.07	0.21	
	电气工程	设备	0.18 台/100m³	2150 台	1315.67	10.96	
	给排水工程	给水管道	0.08m/100m³	970.09m	24.72	0.21	
	给排水工程	排水管道	0.96m/100m³	11545.31m	164.04	1.37	
	给排水工程	阀部件类	0.37 套/100m³	4487 套	412.47	3.44	
	给排水工程	卫生器具	—	8 套	0.22	—	
	给排水工程	给排水设备	0.03 台/100m³	387 台	21255.37	177.13	
	消防电工程	消防电配管	0.02m/100m³	220.00m	0.30	—	
	消防电工程	消防电配线、缆	0.08m/100m³	976.00m	2.00	0.02	
	消防电工程	消防电末端装置	—	9 套	0.19	—	
	消防电工程	消防电设备	—	10 台	1.25	0.01	
	通风空调工程	通风管道	0.55m²/100m³	6560.11m²	207.65	1.73	
	通风空调工程	通风阀部件	0.04 套/100m³	427 套	23.35	0.19	
	通风空调工程	通风设备	0.01 台/100m³	85 台	444.83	3.71	
	通风空调工程	空调水管道	0.03m/100m³	384.36m	10.22	0.09	
	通风空调工程	空调设备	—	19 台	8.78	0.07	

项目费用组成图

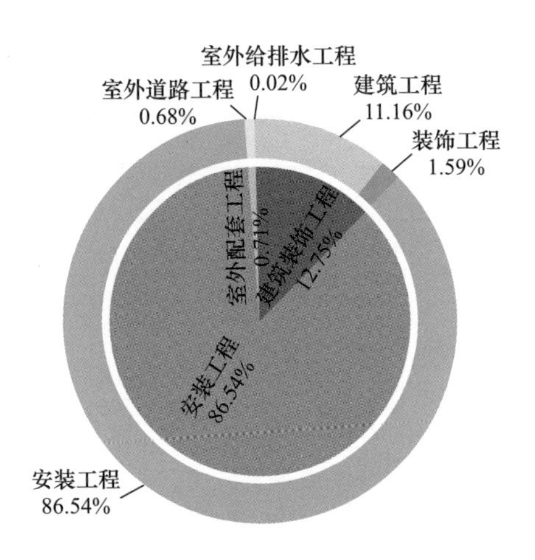

图 8-2-1 专业造价占比

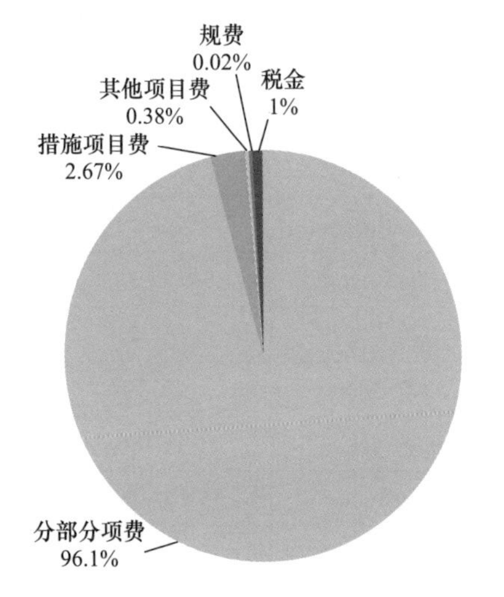

图 8-2-2 造价形成占比

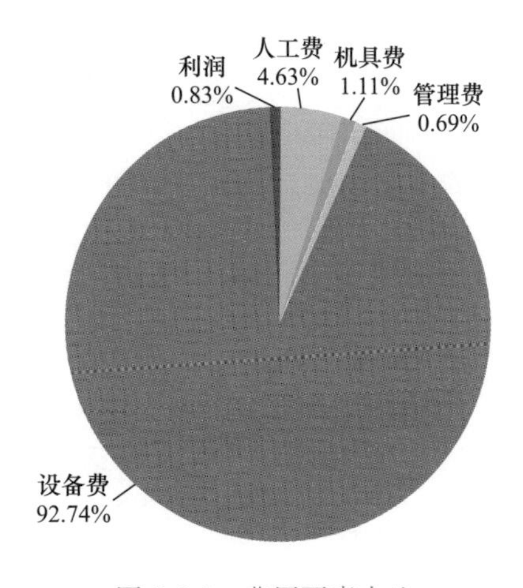

图 8-2-3 费用要素占比

专业名称	金额（元）	费用占比（%）
建筑装饰工程	37383082.06	12.75
安装工程	253715960.01	86.54
室外配套工程	2086334.03	0.71

费用名称	金额（元）	费用占比（%）
分部分项费	281680447.18	96.10
措施项目费	7813444.39	2.67
其他项目费	1122991.61	0.38
规费	71736.05	0.02
税金	2496756.87	1.00

费用名称	金额（元）	费用占比（%）
人工费	11357753.40	4.63
机具费	2725942.55	1.11
管理费	1705495.08	0.69
设备费	227651379.23	92.74
利润	2044001.14	0.83